[英] 杰姬·希金斯 著 王晨 译

感官奇迹

跨越物种的人类感知冒险之旅

What Animals Reveal
About Our Senses

Jackie Higgins

Sentient

天津出版传媒集团

天津科学技术出版社

著作权合同登记号：图字 02-2023-096

图书在版编目（CIP）数据

感官奇迹 / (英) 杰姬·希金斯著；王晨译. -- 天
津：天津科学技术出版社，2023.8（2024.5重印）
　书名原文：Sentient：What Animals Reveal About
Our Senses
　ISBN 978-7-5742-1355-5

　Ⅰ.①感… Ⅱ.①杰… ②王… Ⅲ.①动物 - 感觉器
官 - 普及读物 Ⅳ.①Q954.53-49

中国国家版本馆CIP数据核字(2023)第118338号

感官奇迹

GANGUAN QIJI

选题策划：联合天际

责任编辑：胡艳杰

出　　版：天津出版传媒集团
　　　　　天津科学技术出版社

地　　址：天津市西康路35号

邮　　编：300051

电　　话：（022）23332695

网　　址：www.tjkjcbs.com.cn

发　　行：未读（天津）文化传媒有限公司

印　　刷：三河市冀华印务有限公司

关注未读好书

客服咨询

开本 710 × 1000　1/16　印张19　字数240 000

2024年5月第1版第2次印刷

定价：68.00元

献给我的母亲，

感谢她和我分享自己的好奇心。

目录

前言

我们常常被描述为"有感知力的生物",但这是什么意思呢？"有感知力的"（sentient）这个词源于拉丁语词汇*"sentire"*，意为"to feel"，也就是感觉或感知。鉴于它是如此善变，哲学家丹尼尔·丹尼特（Daniel Dennett）甚至曾用开玩笑的口吻说："既然它没有确定的含义……那我们便可以自由地选择其中一种。"有人将"感知"（sentience）与"意识"（consciousness）一词互换使用，而"意识"这一现象本身就令人难以捉摸，连最坚定的科学头脑都有可能被魔法咒语迷惑。

作为查尔斯·达尔文最忠诚的捍卫者之一，T. H. 赫胥黎惊叹大脑组织竟然可以创造意识，从有形的物质中孕育出无形的非物质，并说："那情形就像阿拉丁用手擦油灯时，灯神一下就出现了一样难以解释。"后来，神经外科医生亨利·马什（Henry Marsh）在用仪器探查病人脑部柔软的胶质细胞时，也认为自己手里的微型吸引器正在穿过病人的思想和感受，他觉得这个想法"太奇怪了，奇怪到让人无法理解"。因此，在一些科学家看来，感知力是自然界研究中的一个难题，甚至可能是最难的问题。

然而，关于它，有一个更简单的定义。另外，感知力还描述了我们感知周围世界的能力。这种敏感性让我们能够拥有对这本书的体验：看到它乳白色的内文纸张、感受它在我们手中的分量，以及察觉翻页时窸窸窣窣的声响；而感知则是接下来"意识"这一幻象浮现的基础。科学家和哲学家对于动物是否有意识一直都争论不休，但大多数人倾向于认为，它们只拥有简化版的感知力。这本书思考的内容是，那些与我们共享地球这颗星球的有感知力的生物如何为我们如何感知甚至理解世界，以及解答作为人类意味着什么，提供不一样的视角。

正如列奥纳多·达·芬奇曾感叹："凡人视而不见，听而不闻，触而无感，食不知味……呼吸时香臭不分，说话且不经大脑。"我们是有罪的，罪名是没有充分赏识（并且低估了）我们的感知能力，毕竟，它限制着每一个清醒的时刻。生物学家理查德·道金斯[1]观察到，熟悉会让我们的感官变得迟钝，让我们对存在这一奇迹感到麻木，他提出"通过以不熟悉的方式看待我们自己的世界，我们可以重新获得那种在新世界刚刚开始生活的感觉"。观察我们的进化树就是这样一种方式。我们与地球上的所有生物共同拥有一个历史悠久的过去，而我在本书中所选择的这些物种——来自海洋、陆地和天空——集中体现了一种或多种不同的感官。

后肛鱼有一种不可思议的能力，可以探测到深海区的光。星鼻鼹鼠通过触觉在没有阳光的地下隧道中穿行，而在没有月光的夜晚，雄性大孔雀蛾则可以通过嗅觉发现数千米外的雌性大孔雀蛾。对这些感官极其灵敏的动物进行的相关研究表明，我们和它们之间的相似之处多于不同。关于人类感官体验的所有不足和过量之处，我们长着皮毛、鳍或羽毛的亲戚提供了别样的见解。通过它们的眼睛、耳朵、皮肤、舌头和鼻子，我们熟悉、普通的感官变得陌生且非凡，并出现了不寻常的新感官。

我们自幼儿园起开始鹦鹉学舌般地重复那些描述感官的词语——视觉、嗅觉、听觉、触觉和味觉——其实早在两千多年前，也就是公元前350年，亚里士多德就已经在《论灵魂》（De Anima）中将它们一一列出。后来他的"五种感觉"概念通过莎士比亚的"五智或五种官能"延续下来，而且直到现在，仍然是一种近乎通用的跨文化表达，不仅出现在日常对话中，在

---

[1] 理查德·道金斯（Richard Dawkins，1941—），英国著名演化生物学家、动物行为学家和科普作家，同时是当代著名的直言不讳的无神论者和演化论拥护者之一，有"达尔文的斗犬"（Darwin's Rottweiler）之称，代表作有《自私的基因》《魔鬼的牧师》等。——译者注（后文若无特殊说明，均为译者注）

科学文献中也能找到其踪迹。然而，现代科学已经证明亚里士多德的观点是错误的。如今，人类的"第六感"——曾经只出现在伪科学领域的心灵感应或其他超感官知觉的故事中——不仅被证明是科学事实，而且还增添了第七感、第八感、第九感，甚至更多感官。哲学家巴里·史密斯（Barry Smith）说："我们仍然受制于亚里士多德的感官理论，但如果我们去问神经科学家，他们会说我们至少拥有22种感官。"神经生物学家科林·布莱克莫尔（Colin Blakemore）证实了这一点，说："现代认知神经科学正在挑战这一观点，因为如今我们可以数出的感官多达33种，而不是5种，全都由专门的感受器负责。"由此可见，亚里士多德的感官机制正在不断扩容。

专家们对最终的统计结果意见不一，因为到目前为止，对于如何定义感官还没有达成共识。当科学家们开始探究我们的各种感官系统背后的基质时，这一情况发生了变化。有人认为，试图清点独立感官的数量是愚蠢的，因为感知是将所有感官的信息整合在一起，从根本上说是一种多感官体验。在日常对话中，人们通过唤起对失落和爱、内疚和正义以及艺术的感觉，使这个问题变得更令人困惑。尽管争论仍在继续，但毋庸置疑的是，我们的眼睛、耳朵、皮肤、舌头和鼻子能够以不止一种方式去看、去听、去触摸、去品尝和闻，而亚里士多德未能识别出在他的意识之下不知疲倦地运作的许多其他感官。科学已经表明，我们的眼睛不仅能够感知空间，还能感知时间。有人怀疑它甚至能像导航罗盘一样感知方位。我们的内耳不仅能听到声音，还能感知我们是否处于平衡状态，并使我们保持平稳。我们的舌头能够"闻"气味，我们的鼻子可以"品尝"味道，我们身体的其他部位也可以做这些。我们的鼻子甚至能察觉到空气中那些没有气味的信息。我们的肌肉中存在一种奇怪的触觉变体，它让我们能够知道自己身体所在的位置，从而不假思索地协调身体的动作，进行移动；而另一种触觉变体则可能赋予我们深刻的自我意识。

像亚里士多德一样，许多人并不知道它们的工作原理，所以对这些感官仍然一无所知。然而，这些感官和更多感官融会在一起，便产生了感知力。有着"医学界桂冠诗人"之称的神经病学专家奥利弗·萨克斯（Oliver Sacks）在去世前几个月，曾在为《纽约时报》撰写的最后一篇文章中指出："我不能假装自己不害怕。但我最大的感受是感恩……尤其是在这颗美丽的星球上，我曾是个有感知力的存在，一个会思考的动物，而这本身就是一种巨大的特权，一场伟大的冒险之旅。"打开你的眼睛、耳朵、皮肤、舌头、鼻子和更多其他器官，去感知日常生活中的奇迹吧。

第1章

雀尾螳螂虾和我们的色觉

动物界威力最大的一击

雀尾螳螂虾又名彩绘螳螂虾或小丑螳螂虾，正如其各种各样的名字一样，它是大堡礁颜色最鲜艳的物种之一。它的拉丁学名是 "*Odontodactyllus scyllarus*"，既不是虾也不是螳螂，更像一种小型龙虾，拥有万花筒般绚烂的甲壳，呈现出各种色调的靛蓝、钢青和瓶绿色。然而，迷人的外表之下却隐藏着暴躁的性情。1998 年春季的一天，在英国海滨小镇大雅茅斯的海洋生物中心，一只特别好斗、名叫泰森的雀尾螳螂虾击穿了自己栖身的水族箱的厚实玻璃侧壁，震惊了游客。"它抓紧钳子，再猛地打开。没有人敢碰它，"该中心的管理人对一家国家级的媒体说，"所有游客都以为我们的鲨鱼是食人杀手，但和泰森相比，它们就像温顺的小猫咪。泰森的力量大到让人难以置信。"泰森并不是第一只尝试如此越狱的雀尾螳螂虾，这些被称为口足类的海洋甲壳动物在水族馆管理员和科学家那里声名卓著。事实上，已有研究表明，雀尾螳螂虾用它的螯棒挥出的击打比任何重量级拳击手都更快、更有力。

加州大学伯克利分校的一名科学家将探究雀尾螳螂虾的攻击行为作为自己的重要任务，但这只是因为她最初的研究计划遇到了问题。"当时我决定暂时先不管它们是怎么产生声音的，而是毫不犹豫地去观察它们经常表现出的一种行为，"希拉·帕特克（Sheila Patek）解释道，"这是个经典的例子，说明失败可以为我们开启意想不到的新旅程。"她的第一个挑战是找到一个足够快的摄像系统。"标准的高速摄像机以每秒 1000 帧的速度拍摄，但这太慢了，无法捕捉到这种动物攻击的瞬间。它们只能显示一幅模糊的画面。"幸运的是，这时出现了一个可以与英国广播公司摄制组合作的机会，使她可以在弱光条件下使用最新的高速摄像技术。她说："在拍摄这些动物时，弱光照是关键问题，因为如果光照太强的话，它们会被灼伤。"

这个实验设置起来很简单：一只雀尾螳螂虾和一只被松散地拴在小棍上的倒霉蜗牛。其中，雀尾螳螂虾极具攻击性，乐于攻击摆在它们面前的任何东西。果然，他们很快就拍到了雀尾螳螂虾击碎蜗牛壳的画面。他们以每秒5000帧的速度拍摄了这次攻击，并在回放时将速度调慢了300倍。"那速度仍然相当快，"帕特克告诉我，"只需要粗略计算一下这次攻击的速度和加速度，就会发现它们处于人类从未见过的外部极限。"最终的计算结果更令人惊讶。这是动物界有记录以来速度最快的攻击。"作为一名科学家，能够首次看到某样事物并意识到它有多特别，这是一个光荣的时刻。"帕特克补充道。钙化的螯棒像枪里的子弹一样加速，在千分之三秒内抵达目标，其速度接近每小时80千米。但故事到这里还没有结束。

帕特克决定用更快的速度拍摄这一行为。"在每秒20000帧的速度下，我们看到钳子击中蜗牛的那一瞬间发出了一道不可思议的闪光，随后闪光扩散到蜗牛壳上，"她说，"我一眼就看到了它。"她观察到的这种强有力的现象名为"空穴作用"（cavitation），当速度差异巨大的水流相遇并导致压力下降时就会发生。"这会导致水分蒸发，而蒸汽泡破裂时的破坏力巨大，以至于会发出声音、热量和光。"实验表明，雀尾螳螂虾拳头迸发的力量是如此大，以至于真的会火花飞溅。猛烈的击打意味着水族箱侧壁和任何凑上来的倒霉蜗牛的厄运。帕特克的研究促使吉尼斯世界纪录宣布，相对于动物的体重而言，这是"动物界威力最大的一击"。而且雀尾螳螂虾在"拳击场外"也显示出了非凡的技能。

眼睛比钳子更强大

位于大堡礁和珊瑚海内陆不远处的昆士兰大学大脑研究所看上去不太可能成为世界口足类动物科学研究的中心。"我一生中最重要的研究对象就是这种螳螂虾。"负责感官神经生物学研究小组的贾斯汀·马歇尔（Justin Marshall）坦言。他和团队的成员经常将身上的实验室白大褂换成浮潜或潜水装备，然后勇敢地去捕捉这些凶猛的甲壳类动物，以保证他们的水族箱里有充足的储备。"当地渔民叫它们拇指分离器，所以我们必须小心，"他对我说，"几周前，我们在利泽德岛附近的礁石上捕到这只雀尾螳螂虾。它们是行踪隐秘的生物，经常会躲起来。这一只当时趴在两块岩石之间，所以我们把网放在一头，然后故意去戳另一头，这样一来，它直接蹿进了我们的陷阱。"当马歇尔低头盯着下面的玻璃水箱时，水箱里一双突出的紫色眼睛回敬了他的目光。"这双眼睛非常特别，"他解释道，"就连它们看你的方式都令人不安。雀尾螳螂虾会盯着你看，时而转过身去挠挠自己的尾巴，然后再转过身来直勾勾地盯着你，就像猴子一样：仿佛它们拥有灵长类动物那样的意识。"似乎没有什么能逃过雀尾螳螂虾的眼睛。看似好奇的双眼在眼柄上旋转，它们是彼此独立的，很少朝着同一个方向或者同时转动。科学家们已经证明，在感知深度时，我们需要使用两只眼睛，但雀尾螳螂虾只需要一只眼睛。这是众多视觉天赋中的第一种。正如马歇尔告诉我的："它的眼睛比它的右钳子更强大。"

马歇尔对泰森及其同胞的痴迷始于大约35年前，发生在世界的另一端。他当时正在萨塞克斯大学的迈克·兰德（Mike Land）门下攻读博士学位并四处寻找研究课题，而当时一位外国政要的来访帮他做出了最终的决定。"当时有一位极具传奇色彩的非洲公主穿着一身五彩斑斓的宽大长袖女袍去参观水族馆，"他回忆道，"在她走进门的那一瞬间，所有的口足类动物都蹿到了'关押'它们的水箱前，并在里面挥舞起自己的钳子。我开始怀疑它们能看到颜色，对于这样一种脑子很小的甲壳类动物来说，这太不可思议了。"马歇尔决定仔细观察一番。在光学显微镜下，雀尾螳螂虾眼睛的表面可以分解成数千个紧密排列的六边形透镜，被称为"小眼"（ommatidia），就像构成苍蝇复眼的那些小眼一样。一条横跨中央的水平线引起了马歇尔的兴趣。他说："我可以看到一条中央带，由6列平行的小眼构成，其中的每一只小眼都比眼睛其他部位中的小眼更大也更突出。"为了了解这些元素是如何运作的，他必须更近距离地观察，并掌握它们的内部结构。

马歇尔将中央带非常小心地冷冻起来，然后将其切成薄片，再将切片放在显微镜下观察。他透过目镜看到的景象非同寻常："每只小眼都由感光细胞堆叠而成；前四列小眼有三层细胞，下面的两列小眼有两层细胞。"然而，它们的微观结构并不是最令人吃惊的。"我原以为会在显微镜下看到透明的东西，但是仔细一瞧，看到的却是一个个鲜艳的、颜色各异的微型小块。"红色、橙色、黄色、粉色和紫色遍布在小眼中，仿佛有一道彩虹藏在这种动物的眼睛里。类似的彩色油滴在鸟类等动物身上也曾被观察到，它们可以过滤光线并使动物产生色觉。"这是一条非常有说服力的线索，说明这些动物能看到颜色，"马歇尔告诉我，"当时我嘴里迸发出一连串感叹词，然后去找迈克了。"

马歇尔需要一件稀有的科学设备。"当时全世界只有四台这样的设备，"他解释道，"于是迈克把我送到位于巴尔的摩的汤姆·克罗宁（Tom Cronin）的实验室待了几个月。汤姆有那套设备，他是甲壳类动物视觉研究方面的专家。"显微分光光度计将狭窄的光束穿过细胞的显微切片，然后通过测量抵达另一端的光线来判断它们吸收的是什么光。这将让马歇尔能够检查雀尾螳螂虾眼睛里接收光线并对此做出反应的感觉细胞，即它的光感受器。这项工作必须在近乎黑暗的条件下进行，对准直径仅千分之一毫米的光感受器。通过对小眼进行逐列分析，马歇尔开始注意到这些小眼中的不同细胞吸收了不同波长的光。在前四列小眼中，他发现了多达8种光感受器，每一种都对应不同的颜色波长。这就证明了他看到的彩色油滴的确是过滤器，也证明了雀尾螳螂虾的世界充满色彩。"这8种光感受器意味着雀尾螳螂虾的色觉比当时研究过的其他任何动物都更复杂，也超出了我能够想象的程度。"马歇尔说。"贾斯汀从美国带回来的故事太惊人了，"兰德附和道，"有些鸟类和蝴蝶可能有多达5种光感受器，但雀尾螳螂虾可是有8种啊！"马歇尔总结道："如果这就足以令人震惊的话，那还会有更多惊人的发现。"

马歇尔在后来的研究中又发现了另外4种光感受器，它们可以感知到我们肉眼看不见的光的波长。紫外光视觉在动物界可能并不罕见——在鸟类、蜜蜂和蝴蝶中已经发现了这一现象——但它扩展了雀尾螳螂虾的色觉，使其光感受器的种类增加到12种。"这种色彩感知能力简直过量到荒谬的程度，让我很困惑。这根本说不通啊。"马歇尔坦言。与此同时，兰德意识到"这里存在着一种完全不同于人类或其他已知动物的颜色系统"。

进一步的研究揭示了更多的过量现象：另外8种光感受器，其中6种用于感知光的偏振特性——它决定了光的振动方式。色盲的章鱼能看到偏振光模式，而雀尾螳螂虾不仅能探测到颜色和普通偏振光，还能探测到以不同方式振动的圆偏振光。这最后一项技能让口足类动物从太阳光中提取更多信息。据我们所知，没有其他动物能看到圆偏振光，所以雀尾螳螂虾把它作为彼此交流的秘密手段。"这些生物的视力令人敬畏，"马歇尔告诉我，"4亿年前，它们当中有一只拿到了一本光学课本，而现在它们是上了一门生动的物理课。"当泰森盯着水箱外的世界时，它使用的是获得吉尼斯世界纪录认证的"所有动物中最复杂的眼睛"和"最优秀的色觉"。这只雀尾螳螂虾拥有20种不同的光感受器，没有其他动物能接近这个数字。马歇尔说："我们现在知道，雀尾螳螂虾的眼睛出类拔萃。"然而，它们也告诉了我们一些关于人类看世界的方式。

在光中传递的信息即使不是无限的，也是多种多样的。为了利用这一点，雀尾螳螂虾的眼睛支持多种不同的观看方式；这里仅举几例，它们能感知紫外光、普通偏振光和圆偏振光。同样，科学可以将人类的视觉分成不同的感官。正如本书前言中提到的那样，专家们对确切的数字仍有争议，而他们得出的数字取决于他们如何定义感官。在《大脑的重大迷思》（*Great Myths of the Brain*）一书中，认知神经学家克里斯蒂安·贾勒特（Christian Jarrett）反驳了"我们只有5种感官的错误观念"，他认为，如果根据光感受器来分类，人类的视觉可以细分为4种感官，但如果根据视觉体验来分类，这个数字会大得多。虽然我们的眼睛和雀尾螳螂虾的截然不同，但我们也拥有一些和雀尾螳螂虾相同的视觉感官，而且它最强大的视觉技能——对色彩的偏爱——揭示了我们是如何看到彩虹的。要想全面了解人类的色觉，必须考虑它的对立面：人类色盲。这并不是相对常见的无法区分红色和绿色的红绿色盲，而是阳光下的每一种色调都彻底消失的色盲。

苹果真是红色的吗？

在巴布亚新几内亚北部遥远的南太平洋上，坐落着密克罗尼西亚群岛和平格拉普环礁。这片被海滩和珊瑚礁环绕的环礁面积约为3平方千米，其中央有一个清澈的潟湖，岛上有一条主街、一所学校和众多教堂建筑群。平格拉普岛是一个风景如画的"天堂"。然而，在当地大约250名居民中，有相当多的人天生就有一种罕见的生理缺陷，即全色盲（achromatopsia）：这种疾病会消除他们视野里的全部色彩。他们从未见过像海水一样碧蓝的天空，从未见过当地单斑蝴蝶鱼（teardrop butterflyfish）身上那像阳光一样明媚的黄色，也没见过小军舰鸟（great frigatebird）在发出求偶声时充血的深红色脖子。他们的世界里只有渐变的灰色和加深的阴影。

1994年，神经科学家奥利弗·萨克斯从纽约出发，开始了长达12000千米的朝圣之旅，前往他所说的"色盲岛"。自从孩提时代在一场特别令人不快的偏头痛中经历了一次突发性的短时间全色盲以来，他一直对这种疾病十分着迷。虽然这段经历只持续了几分钟，但给他留下了不可磨灭的印象。萨克斯写道："这一体验吓到我了，但它也让我感到好奇，我很想知道生活在一个完全没有色彩的世界里是什么样的感觉，不只是几分钟而已，而是永久性的。"多年后，他遇到了其笔下患有全色盲的乔纳森一世（Jonathan I.）。乔纳森一世是一名画家，在车祸中丧失了色觉。他将自己的情况比作"看黑白电视屏幕"。"我的棕色狗变成了深灰色，番茄酱是黑色的，"他补充道，"人们看起来就像有生命的灰色雕像，肌肤是老鼠一样的颜色，所有东西看起来都像是用铅铸成的。"他的世界变得贫乏，甚至怪异，萨克斯怀疑这是不是因为尽管他已经不能再记起或梦到颜色，但他仍然知道事物本来应该是什么样子。

平格拉普岛可以为萨克斯提供新的视角，因为这里的色盲岛民从出生时起就是色盲。"我对岛民的全色盲文化有一种半幻想式的想象，"他若有所思地说，"在那里，人们的感官和想象方式和我们截然不同，而且由于'颜色'完全没有指涉或意义，所以没有关于颜色的名词，没有关于颜色的隐喻，也没有表达颜色的语言。"他和挪威视觉科学家克努特·诺德比（Knut Nordby）一起踏上了前往平格拉普岛的旅程。诺德比和岛上的居民一样，天生就是全色盲患者。当时萨克斯和诺德比走下轻型螺旋桨飞机，来到平格拉普岛的混凝土跑道上，在那里，一群眯着眼睛的孩子对他们表示欢迎。萨克斯意识到，这是岛民第一次看到来自其他地方的全色盲患者，也是诺德比第一次见到这么多自己的同类。"这是一场奇怪的相遇。肤色苍白的克努特·诺德比穿着西服，脖子上挂着相机……被一群全色盲孩子环绕着——画面非常动人。"

该研究小组很快发现，这些色盲岛民会竭尽全力地避免刺目的阳光。他们只会在清晨和傍晚出门，很多人从事夜间捕鱼的工作。那些勇敢面对白天的人只有在遮阳面罩、宽檐帽和太阳镜的保护下才敢出门捕鱼。全色盲不只是简单的颜色缺失。正如诺德比解释的："如果暴露在强光下，我很容易目眩，实际上什么也看不着。"尽管存在诸多不便，但当地人并没有对色盲持负面看法。萨克斯了解到，全色盲在当地神话中有着特殊的地位，被视为他们的神灵"夜之神"（Isoahpahu）的孩子。诺德比写道："虽然我已经扎实掌握关于色彩的物理学及颜色受体机制等生理学方面的理论知识，但这些都不能帮助我理解颜色的真实本质。"不过，对于自己的情况，他也发现了一些积极的方面："画家乔纳森一世曾反馈说颜色会变得'肮脏''不纯''污浊'或'褪色'，但我从未有过这样的体验，而且在我过往的经历中，我的世界并不是苍白无趣的，或者在某种意义上是不完整的。"

当萨克斯看着诺德比拍摄的这座岛屿的照片时，给他留下深刻印象的是，色盲似乎并没有抑制诺德比对美的感受。他怀疑诺德比"是不是比我们其他人看得更清楚"，繁茂的植被在我们这些色觉正常的人看来是一团混乱的绿色，但在他眼里会不会是"一首由亮度、色调、形状和质感构成的复调乐曲"。这个想法暴露了他遇到的两次全色盲患者经历之间的鸿沟：乔纳森一世认为这是一场灾难，而诺德比和岛民们似乎很感激它的恩赐。后来又有一名全色盲患者对萨克斯说："我们看，我们感受，我们闻，我们知道——我们将一切都纳入考虑范围，而你们却只考虑颜色！"这一观点引出了这样一个问题，即颜色是不是蒙蔽了我们这些色觉正常的人，让我们对世界所提供的很多东西都视而不见了。

在对现实的体验方面，全色盲患者想必和雀尾螳螂虾截然不同。如果色觉存在连续性，那么全色盲患者信息量丰富，但是单色的视角将在一端，而这种甲壳类动物的五彩缤纷则在另一端。介于两者之间的点，也就是我们所处的位置，会对我们的体验产生巨大影响。实际上，在我们这些眼睛拥有正常色觉的人之间，其实存在相当大的差异性，足以让大众产生分歧，就像在2015年2月人们围绕一件裙子的颜色到底是"蓝黑色"还是"白金色"产生的争论一样。视觉体验的这种多样性令人信服地提醒我们，色彩并不存在于身外的世界，而是存在于我们每个人心中。

有这样一个拥有数百年历史的哲学思维实验："如果一棵树在森林里倒下，但附近没有人听到它倒下的声音，那么它是否发出了声音？"关于色觉，美国散文家、诗人和博物学家戴安娜·阿克曼（Diane Ackerman）提出了类似的问题："如果旁边没有人类的眼睛看着，那么苹果真的是红色的吗？"两个问题的答案都是否定的。在没有旁观者或聆听者去看或去听时，颜色和声音就不存在。颜色在观者的眼睛里。阿克曼补充说："苹果也不是我们所说的红色的。"我们眼睛里的光感受器只会记录电磁光谱的一小段带宽，这部分电磁波被我们称为光。我们将不同波长的光感知为彩虹的多种色调。当阳光照射在苹果上时，果皮吸收一部分光，剩下的光被反射出去，其中一些会进入我们的眼睛。我们只能看到被反射的波长，并将这样的波长感知为红色。正如阿克曼所说："苹果可以是任何颜色的，除了红色。"然而，在全色盲患者那里，某个部位发生了故障，使他们无法看到红色和任何其他颜色。理解这种无能力就是在清晰地认识我们的能力。

在萨克斯来访前大约30年，全色盲在平格拉普岛的发病率引起了一位年轻眼科医师的注意，她来自檀香山大学，名叫艾琳·胡赛尔斯（Irene Hussels）。她和她的同事在1969年乘船抵达这座岛屿，发现全色盲在每20名岛民中就有1例，而在正常情况下，全色盲的发病率不到三万分之一。和很多小岛社群一样，平格拉普的历史也是口口相传的。通过和部落长老的交谈，他们很快得知在大约两个世纪前，曾有一场风暴摧毁了这座环礁。进一步的研究表明，1775年，台风"Lengkieki"在几分钟内就消灭了这里90%的居民。随之而来的饥饿导致更多人死亡。最终只有大约20人幸存下来。包括当时的国王纳姆瓦基·奥科诺瓦恩（Nahnmwarki Okonomwaun）。在接下来的岁月里，人口数量开始反弹，这在很大程度上归功于他个人的生育规模。胡赛尔斯了解到，国王和第一任妻子多卡斯所生的六个孩子全是全色盲；根据遗传学原则，这种情况的发生要求国王和他的妻子必须都是全色盲基因的无症状携带者。这些科学家仔细追踪家谱，发现岛上每个活着的全色盲患者都是纳姆瓦基·奥科诺瓦恩的后代。当王室从台风浩劫中幸存下来时，他们的命运就已被决定：正是国王的大规模近亲繁殖导致了这种难辨祸福的基因遗传。

在接下来的30年里，胡赛尔斯结了婚，随夫姓莫梅尼（Maumenee），虽然她的研究把她带到了别的地方，但她的思绪仍然留在平格拉普。之后在2000年，在约翰霍普金斯大学医学院工作的她有机会主导一项研究，寻找导致色盲的王室基因。遗传学家们采集了32名岛民的血样（其中一半是全色盲患者），并对比了他们的DNA。之前的一项研究强调了8号染色体上一个特定片段的重要性，该片段有100多万个核苷酸，于是莫梅尼的团队开始了筛选这些核苷酸的艰巨任务。最终，他们找出了一个从奥科诺瓦恩国王世代相传的单位点突变，这正是岛民患上全色盲的原因。这个突变从根本上改变了一个基因[这个基因负责在人眼特定细胞（名为视锥细胞）的细胞膜上编码一种蛋白质]，从而导致我们视网膜中的总共500万个视锥细胞大量死亡。视锥细胞是赋予我们色彩的光感受器，它们是微观上的奇迹，打开我们的眼睛，让我们看到彩虹、丑角，以及大堡礁中最醒目的生物。

人类何以感知颜色？

　　和第一印象给人的暗示相比，我们的眼睛和泰森的眼睛之间有更多共同点。仔细观察，就会发现它们在细胞和蛋白质水平上存在惊人的相似之处。我们视网膜中的视锥细胞类似马歇尔在雀尾螳螂虾眼睛的中央带中发现的色彩光感受器。此外，我们现在知道两者都含有同一类被称为"视蛋白"（opsins）的光响应蛋白。查尔斯·达尔文在撰写《物种起源》（1859年）时，眼睛让他感到困惑。"眼睛拥有这么多无与伦比的设计……若是认为它可能是通过自然选择形成的，我必须坦承，这种可能性似乎非常荒谬。"他——以及事实上当时的整个科学界——还不知道视蛋白的存在。自那以后，人们发现视蛋白以各种形式出现在世界各地动物的眼睛里，从珊瑚到美洲大蠹斯，从海鞘到松鼠，从雀尾螳螂虾到人类，这证明地球上的生命拥有深远且共同的历史。事实上，目前的分子科学将"视蛋白之母"的诞生追溯到7亿多年前，也就是在所有动物的共同祖先咽下最后一口气之后不久。视蛋白是所有感官受体中被研究最多的。对于颜色，视锥细胞可能是冒着烟的枪口，而视蛋白是扳机。

　　当光子（其能量如此小，以至于呈点状）进入我们的瞳孔，继续穿过玻璃体抵达眼球后方，触及视网膜的视觉感受器时，就产生了视觉。它们在这里击中视蛋白。这会触发一连串的化学反应，最终导致放电。光成为一种信号，沿着神经射入大脑，于是外部世界就变成了我们可以在内部感知的东西。科学家们仍然不清楚神经细胞如何产生内在体验：有形如何变成无形。然而，这种惊人的转变发生在微秒之内，并日常性地重复上演。不同的视蛋白结构可以微调眼睛以适应不同的光线特征。

　　人类的视锥细胞被三种视蛋白中的其中一种激活。对长波长红光、中波长绿光和短波长蓝光敏感的视蛋白分别形成红视锥细胞、绿视锥细胞和蓝视锥细胞。当这三种视锥细胞以不同的强度和组合做出反应时，我们的大脑会比较它们的输出，从而产生对颜色的感知。彩色光的混合效果和颜料在调色板上的混合效果不同，将彩虹的所有颜色结合在一起不会产生烂糟糟的污泥，而是纯净的白光。如果红视锥细胞和绿视锥细胞被激活，我们会感知到黄色和橙色，而绿视锥细胞和蓝视锥细胞的不同组合则可以产生蓝绿色和绿松石色，蓝视锥细胞和红视锥细胞可能产生紫色和靛蓝色。当我们的基因发生莫梅尼发现的突变时，我们的红视锥细胞则无法记录从苹果反射的光，我们的绿视锥细胞无法记录从苹果树郁郁葱葱的枝叶上反射的光，我们的蓝视锥细胞无法记录来自夏日天空的光，而且至关重要的是，三者之间的相互作用消失了，也就无法打开我们的色彩世界之门。

对整个动物界色彩感知的计算相对直接，取决于拥有多少种不同的颜色受体，各物种看到的彩虹是不一样的。只有一种视锥细胞的单色视者（夜猴、海豹和鲸）是色盲，所以它们看到的世界是100种深浅不一的灰。拥有两种视锥细胞的二色视者（包括几乎所有哺乳动物，从食蚁兽到斑马）看到的彩虹减少了。例如，狗拥有和我们一样的蓝视锥细胞，以及另一种对应波长在绿光和红光之间的视锥细胞，这就是它无法从绿草中辨认出红球的原因。尽管如此，但根据视觉科学家杰伊·奈茨（Jay Neitz）的计算，因为第二种视锥细胞在黄色至蓝色的范围内就灰度而言提供了大约100种新的可能性，所以狗能够看到大约1万种不同的色调。第三种视锥细胞的加入意味着理论上创造出色彩"空间"的三维色彩混合。我们可以看到很多彩虹里没有的微妙颜色——胡桃色、焦糖色、棕褐色、银色、青铜色，但我们仅有的数千个单词根本无法描述我们所感知的一切。个体差异与体验的主观性相结合，使我们无法清点出确切的数量。奈茨再次计算，当1万种色调与从红到绿的100个可辨别的跨度相结合时，我们至少能看到100万种不同的颜色。大多数视觉专家都认为，普普通通的人类眼睛更有可能看到多达数百万种颜色。不管哪一种估算更符合现实，对于克努特·诺德比的消色差体验而言，都是沿着颜色连续体的巨大飞跃。作为稀有的哺乳动物三色视者——只有类人猿、狒狒和猕猴与我们为伍，我们的视力绝非寻常，但是和泰森的视力相比就黯然失色了。

四色视者：患者还是天才？

贾斯汀·马歇尔对自己发现的雀尾螳螂虾拥有 12 种颜色的光感受器感到震惊——这个数字是我们人类的 4 倍，因为他知道这些感受器是如何结合在一起的。他看到了这种小型甲壳类动物可以如何引爆我们对色彩空间的理解。当专家们被要求描述一只雀尾螳螂虾眼中的世界可能是什么样子时，他们的答案经常会用到最高级；雀尾螳螂虾的世界曾被称为"可想象的色彩最丰富、最和谐的协奏曲"，以及"光与美的热核炸弹"。正如马歇尔所说："如果我们将这些雀尾螳螂虾视为潜在的十二色视者，我们就会开始挥舞手臂，诉诸迷幻或者致幻之类的词语。"根据视锥细胞或颜色的光感受器的增加方式，可以理解的是，雀尾螳螂虾的 12 种视锥细胞能够创造出 100 种色调的 12 次方，这相当于 100 万的 4 次方，或者 10 的 24 次方——这个数字后面有如此多的零，已经到了令人难以把握的地步。"如果我们的大脑对十二色视觉的色彩空间的潜力感到震惊，那么雀尾螳螂虾的大脑究竟如何解码它呢？"马歇尔问道。这种过剩可能超出了我们的想象。然而，1948 年一篇发表在不知名的科学期刊上的论文暗示，可能存在这样一些人，他们能够看到雀尾螳螂虾眼中的世界。

20 世纪 40 年代，荷兰物理学家赫塞尔·德弗里斯（Hessel de Vries）正在研究红绿色盲。这种情况和 X 染色体（决定性别的两条染色体之一）有关，所以它更有可能在男性身上表现出来，而不是女性身上，这让他们能够看到的颜色种类大大减少，就像他们四条腿的"最好的朋友"（狗）一样。这种疾病通常被称为道尔顿症，以纪念 1794 年首次描述它的人，此人既是科学家也是这种病的患者。据说，约翰·道尔顿（John Dalton）无意中打破了英格兰湖区贵格会教堂的全黑着装规范，一天早上，他穿着一条鲜红色的紧身裤来教堂，这才意识到自己看世界的方式跟其他人不同。导致道尔顿症的情况有两种，一种是缺乏红视锥细胞或绿视锥细胞，令患者变成二色视者，另一种情况是所有视锥细胞都存在，但以某种不同的方式被调整了。后一种情况是由获得诺贝尔奖的英国物理学家瑞利勋爵（Lord Rayleigh）在19世纪末首次发现的，他是第三任瑞利勋爵，本名约翰·威廉·斯特拉特（John William Strutt）。他观察到，当色盲患者被要求将红光和绿光混合，以匹配标准色调的黄光时，有些人添加的红光比大多数人多，而另一些人则添加了更多绿光。瑞利认为，尽管他们患有道尔顿症，但他们有三种视锥细胞，只是第一类人的"红"视锥细胞对红色的敏感性较低；同样，第二类人的"绿"视锥细胞对绿色的敏感性也较低。这种反常的三色视者令德弗里斯着迷，他让他们接受了进一步的色彩测试。

有一次，一名男性受试者带着他的两个女儿一起参加实验，德弗里斯也测试了她们。虽然她们都没有表现出自己父亲的色盲症状，但她们混合颜色的方式也不同于常人。想到这里，德弗里斯怀疑这两个孩子看到的颜色是不是比大多数人更多，而不是更少。也许，除了正常的红、绿和蓝视锥细胞之外，她们还继承了第4种视锥细胞，也就是她们父亲的异常视锥细胞。可以想象，这样的人类四色视者可能拥有超人的视觉能力；第四种视锥细胞可以将我们熟悉的色彩景观分解成无数更微妙的色调。德弗里斯在1948年8月的《物理学》（*Physica*）上发表他的最新实验结果时，只用了一句话介绍他的人类四色视者理论，藏在最后一页的某个不起眼的地方。他从未再探讨过这种可能性，其他人也是如此，直到近半个世纪后。

大约在贾斯汀·马歇尔决定去更内陆的剑桥大学攻读博士学位时，另一位研究生也在做同样的事情。加布里埃尔·乔丹（Gabriele Jordan）对德弗里斯那篇早已被人遗忘的论文产生了兴趣。"它不是很好懂。德弗里斯显然是个非常聪明的人——实际上他差点儿被授予诺贝尔奖。我真想见见他。"乔丹对我说。德弗里斯的随口之言和他提到的超常视力在人类身上的可能性让她大受震撼。"我意识到，自从他的观察以来，这一领域已经取得了长足的进步，我们知道的东西比以前更多了。"包括视觉研究在内，科学研究的面貌已经被分子遗传学彻底改变了。斯坦福大学的一个团队在对人类视网膜中视锥细胞的三种视蛋白的编码DNA进行测序时发现，红色和绿色基因不仅在X染色体上相邻，而且它们的DNA有98%是相同的。这一发现准确地揭示了道尔顿症是如何发生在男性三色视者身上的。"现在我们知道高度相似的基因会以新的方式重组，"乔丹解释道，"如果绿视蛋白基因和红视蛋白基因发生了重组，它们就会产生杂合基因，该基因编码的感光色素将拥有介于正常的红视锥细胞和绿视锥细胞之间的光谱敏感性。"

　　除了蓝视锥细胞，对红色不太敏感的男性还拥有绿视锥细胞和一种更偏向绿色的杂合视锥细胞；而那些对绿色不太敏感的男性则拥有红视锥细胞和一种更偏向红色的杂合视锥细胞。至关重要的是，遗传学还证实了德弗里斯关于人类四色视者的概念，并揭示了第四种视锥细胞在人群中出现的概率。"我们现在知道，有6%的白人男性携带这些杂合基因，根据定义，他们是异常三色视者。"乔丹说。正如德弗里斯所见，每个男性都可能有1个四色视者女儿；同样，每个男性都可能有1个四色视者母亲。"因此，应该有12%的女性携带这些杂合基因，而且她们的视网膜拥有4类视锥细胞。这个比例高得足以让我开动脑筋。"乔丹从德弗里斯手中接过接力棒，开始寻找世界上第一个已知的四色视者。这12%的女性并不会意识到她们拥有第四种视锥细胞，更不会意识到她们看世界的方式与其他人不同。乔丹意识到，找到她们的最好方式是通过她们的色盲儿子。"一开始我认为，这可能需要一个月，或者两个月。"情况似乎对她很有利，但她不知道前方的挑战有多艰巨。

　　事实证明，寻找测试对象是容易的部分。有31名女性自愿参加，她们都有异常三色视者儿子。"我知道，这些女性的视网膜上应该有4种视锥细胞。"乔丹说。接下来，她面临着一项非常重要的任务，即为超出自己认知的事物设计一项视觉测试。"我们的整个世界都被调整得以适应三色视者的眼睛。"她说。不仅服装染料、涂料和打印机油墨是三色视者为三色视者生产的，而且所有彩色显示器——从电视到计算机——都遵循与三色视者的眼睛同样的颜色原理，用红、蓝和绿三种色块创造颜色。"我没有现成的设备可用，所以我不得不从零开始设计一种完全不同的色度计，它必须能够创造和控制我看不到的颜色的细微差异。"这项设计在暗房里进行了数月的仔细实验，用各种透镜组合过滤白光光束，提取出精细的、光谱纯净的波段。"我知道第四种视蛋白的光谱敏感性介于红色和绿色之间，所以我决定使用瑞利匹配测试的一个微调版本。"就像一个世纪前瑞利勋爵所做的那样，她开始测试受试者，但是做了一点儿改动。她没有让她们混合红光和绿光来匹配纯黄光，而是加入了第四种光以探究颜色的这一额外维度；她让她们混合红光和黄光，以匹配橙光和绿光的混合物。她暗自希望她们难以提出很多匹配结果。"正常的三色视者能够做出一系列的匹配，但是真正的四色视者能够区分所有这些混合结果，只有一种才是正确的匹配方式。"

一些女性对自己的混合方案很不满意，抱怨道："我想为混合料中添加更多橙色，不该这么红才对。"或者："这种橙色不对。当我加入更多红色时，它看起来相当粉。"尽管如此，在一名又一名受试者做了一次又一次测试之后，还是出现了各种各样的匹配方式。只有一名女性表现出了非同寻常的视力，但就连她的测试结果也没能达到乔丹的期望。乔丹寻找功能正常四色视者的梦想正在破灭。"整个实验进行了一年，证据仍然无法得出定论。似乎第四种视锥细胞根本无法保证优越的色觉，"乔丹回忆道，"色觉不仅仅取决于视蛋白的数量和类型。要想感知颜色并能够区分它们，需要对输入进行比较。"她提出，到目前为止接受测试的女性都是"弱"四色视者，"只有当大脑皮层获得第四种信号时，个体才能沿着色觉正常人不可能拥有的维度感知颜色"。因此，乔丹的重点转移到寻找世界上第一个"强"四色视者。

1999年，乔丹转到纽卡斯尔大学神经科学研究所。"我来的时候，实验室还在建设当中。我需要筹到购买设备的资金。之后，我买了很多设备，还得到一张免费的光学台，但是它太重了，必须用绞车吊起来安装，所以我想建筑没有屋顶对我们来说还算幸运。"然而，实验室被淹，关键的科学设备被毁。"这时，我开始怀疑是上帝试图让我放弃，去寻找新的挑战。"她不屈不挠，成立了四色视觉项目（Tetrachromacy Project），开始寻找新的受试者。在这期间的十年里，她对实验装置进行了微调，并进行了一个稍微不同的测试："瑞利勋爵最初匹配任务的分辨版本。"现在，当受试者被带入暗房时，她们会快速连续地看到三种不同的光，乔丹不要求她们做出匹配，而是要求她们识别出和其他两束光不匹配的另一束光。两种光是不同亮度的单一黄色；第三种是不同的红绿混合光，只有拥有"强"四色视觉的人才能看出它们的不同。

第一名志愿者——一名博士生——似乎通过了这个颜色辨认挑战，但是由此产生的兴奋只是昙花一现。"她太聪明了。她听到了释放光束的快门声，马上琢磨出了背后的奥秘：一次快门是黄色光，两次快门是红绿混合光。在做感官测试时，人们对各种线索的警觉性令人惊讶。"因此，乔丹要求她的下一个受试者戴上耳机，而她会播放白噪声，以掩盖任何其他"意外"线索。"我们测试了大约 50 名女性：有 31 人是异常三色视者的母亲，因此也是第四种视锥细胞的携带着，但令人沮丧的是，她们一个接一个地未能通过四色视者测试。"这些女性的表现并不比常人好，她们对面前的许多微妙光谱差异视而不见。然后在 2007 年 4 月 20 日上午，代号为 cDa29 的受试者接受了同样的测试，但结果截然不同。"一开始，我简直不敢相信，"乔丹告诉我，"我们对她进行的每一个测试，她都做对了，一个错都没犯，而且她的反应是即时的，毫不犹豫。她很容易就能区分颜色。我们再次进行实验，甚至做了 4 次：还是一样，零错误。她和我以前见过的那些受试者都不同，完全令人惊叹。她离开实验室后，我兴奋得上蹦下跳！"有人建议乔丹再对她测试一次——"小心无大错！"——1 个月后，她又看到了另一场完美的表演。"我认为这个发现会让赫塞尔·德弗里斯露出微笑。"她告诉我。乔丹最初认为需要几个月就能完成的研究最终花了大约 15 年。最终，她找出了世界上第一个"强"四色视者，来自英格兰北部的一位医生，直到那天，这名医生才意识到自己看世界的方式有特别之处。"她不知道，但毫无疑问，她是真正的天赋异禀者，"乔丹说，"她拥有我们其他人都无缘拥有的感知维度。"也许通常的三色视觉世界在她看来就像约翰·道尔顿的世界在大多数人看来一样缺乏色彩。"这种私人感知是每个人都好奇的。我很想通过cDa29的眼睛来观看。"

在世界的另一端，来自澳大利亚东海岸的另一名女性被发现拥有四色视觉。她一生中的大部分时间都在努力分享她的所见。还是孩子时，孔切塔·安蒂科（Concetta Antico）就被色彩吸引了，甚至在5岁时决心成为一名画家。然而，她从未怀疑过自己看到的世界和其他人有所不同。"在成长过程中，你不会质疑自己看到的东西，"安蒂科坦言，"直到现在，回首往事，我才意识到自己一直都不一样。"多年之后，她搬到洛杉矶，从一个买她画作的人那里听说了四色视觉的情况。"我立刻就被迷住了。谁不会呢？"她问道，"关于这一点，我了解得越多，就越着迷。"

不久之后，也就是在2013年年初，她走进加州大学尔湾分校的颜色认知实验室接受第四种视锥细胞测试，结果呈阳性。认知科学家金伯利·詹姆森（Kimberley Jameson）立刻就知道安蒂科不同寻常。她意识到，"除了四色视觉的遗传潜力，孔切塔还有相当长的艺术训练历史。她评估颜色和光线的使用，每天做出数百次色彩空间选择"。安蒂科描绘昏暗场景的艺术作品给詹姆森留下了深刻印象："如果你仔细观看她画的黎明和黄昏，会发现她用了很多颜色。"这些单色风景画是用柔和的淡彩画的；树的轮廓是洋红和淡紫色的，它们的阴影是茜红色和黄褐色的。安蒂科坚称，这些光谱色调不是想象出来的。"我画进暮色中的颜色不是艺术表现。在你看到灰色的地方，我看到的是由紫丁香色、薰衣草色、紫罗兰色和绿翡翠色形成的丰富而美丽的拼贴。"她说得好像颜色是在她的凝视下分裂出来的一样。"就拿你所说的白色为例，你可能会看到铅白色、象牙白色、白垩色、银白色、暖白色、冷白色；但是我会看到多得多的微妙色调，而且大多数都没有名字。"詹姆森让安蒂科进行了一系列视觉测试，发现她对颜色的渐变感知比大多数人细腻得多。这位科学家提出，这位画家不仅有第四种视锥细胞，还展现了其应用它们的能力。根据詹姆森的说法，"安蒂科是四色视觉的完美风暴"：她体现了先天和后天的奇妙协同作用。

就在得知自己的非凡天赋之前，安蒂科得到了一个不寻常的消息。她8 岁的女儿经诊断患有一种比道尔顿症更罕见的色盲。四色视者母亲和二色视者孩子都不寻常，她们眼中的世界与常人截然不同。安蒂科以新的热情重新开始绘画。她已经回到澳大利亚，并在拜伦湾开了一家画廊。"目前我正在疯狂地工作。这场因为新冠肺炎的封锁是因祸得福。"她希望用颜料来传达自己的所见。"我希望我女儿能看到一小部分我能看到的东西。实际上，我希望每个人都能意识到这个世界实际上是多么美丽，这样他们也许就会更加珍惜它。"安蒂科的尝试是徒劳的，她给自己设定了一个无法达成的目标。她的画代表了一个我们无法触及的世界，并提醒我们，我们无法通过别人的眼睛去观看。这一牢不可破的事实还让我们无法进入全色盲患者的感知世界，无法体会乔纳森一世看到颜色如老鼠的肌肤颜色一般的痛苦，以及克努特·诺德比想要更深入了解事物性质的希望。加布里埃尔·乔丹在设计一项她不熟悉的颜色测试时首次遇到这个问题；然后当她面对自己期待已久的猎物时，她知道自己不可能看到 cDa29 眼中的世界。

雀尾螳螂虾的眼睛仍然无与伦比，我们不知道其他动物在光学上是否拥有如此缤纷的眼睛。如果平格拉普岛的全色盲患者和他们体内杀死视锥细胞的基因鲜活地证明了颜色来自内部，那么泰森就展示了我们的色觉是如何一直被低估的。然而，最近贾斯汀·马歇尔所在的昆士兰大学实验室在雀尾螳螂虾的故事中发现了一个转折。研究人员没有把重点放在它们眼睛的工作原理上，而是试图探索它们的感知世界，也就是雀尾螳螂虾实际上能看到的东西。汉娜·索恩（Hanne Thoen）利用它们对打斗和美食的嗜好，训练这种甲壳类动物接近、啃咬，有时还会撞击一根带颜色的（比如红色）光纤电缆，以换取几口多汁的蟹肉。

接下来，她让受试动物在一根红色光纤电缆和一根橙色光纤电缆之间进行选择，并且只在它选择了红色光纤时才会奖励它。接下来，她逐渐调整橙色光纤电缆的颜色，让其慢慢变成茶色、砖红色、深红色——直到它的波长接近红色光纤。"在两年多的时间里，索恩必须剖析整个光谱，并训练雀尾螳螂虾攻击其组成颜色。这些实验都要把她逼疯了，"马歇尔对我说，"但结果是革命性的，一开始我不敢相信这些数据，但她的方法非常可靠。毫无疑问，这些雀尾螳螂虾的表现令人震惊，它们无法区分我们能够轻易看出的颜色。"我们能辨别波长相差仅1纳米的色调，但是如果波长差距在25纳米之内，它们就会丧失分辨颜色的能力。

"光和美的热核炸弹"的梦想破灭了。马歇尔现在认为，雀尾螳螂虾的色觉是动物界中最差的之一。"我们通过比较来自三种视锥细胞的神经信号看到颜色，"他解释道，"而雀尾螳螂虾必须使用来自其12个光感受器的信号，以完全不同的方式感知颜色。经过4亿多年的独立进化，它们再次找到了不同于其他所有已知动物的解决方案。"该团队仍然不知道来自雀尾螳螂虾感受器的信息如何在其大脑中结合，产生对颜色的感知。也许雀尾螳螂虾不会比较和分辨色调，而是以简单得多的方式识别颜色。也许这发生得更快。也许，除了传奇的闪电拳，雀尾螳螂虾还拥有地球上最快的视觉分辨力。

这些是将来的问题，有待另一位辛勤而有耐心的实验者发现。与此同时，尽管我们的颜色受体种类只有雀尾螳螂虾的四分之一，但我们的大脑似乎弥补了我们眼睛的缺陷，让我们能够比坠落王位的雀尾螳螂虾感知到世界上的更多色彩。花点儿时间从书上这页抬起目光，看看周围的事物。让雀尾螳螂虾揭示这样一个事实，很简单，我们看待世界的方式是最好的。

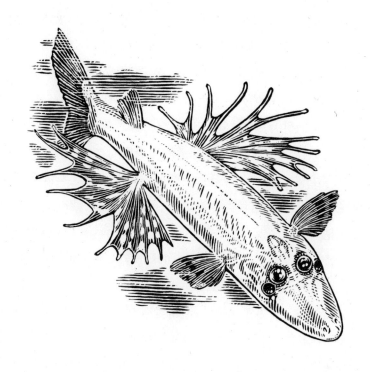

第2章

后肛鱼和我们的暗视觉

潜入幽暗深渊

2007年7月，在一个风平浪静、万里无云的日子里，德国"太阳号"（FS Sonne）科考船离开萨摩亚的阿皮亚港，前往汤加群岛和南半球最深邃的海域。船上有来自世界各地的科学家，包括英国生物学家罗恩·道格拉斯（Ron Douglas）和朱利安·帕特里奇（Julian Partridge）。"参加一场发现之旅是个难得的机会，它让我们比以前任何时候都更清晰地了解深海生命，"道格拉斯回忆道，"每个人都知道地球表面的70%被海洋覆盖着，但是我们忘记了它的深度。它的第三个维度意味着它在这颗星球上占据了99.9%的宜居空间。"在这片太平洋之下，地形比海平面以上的任何地方都更壮观。地壳构造使板块汇聚在一起，形成了比陆地上更巨大的山脉和峡谷。汤加海沟最深处的深度超过10800米，仅次于马里亚纳海沟的最深处——挑战者深渊。"可以轻轻松松地把珠穆朗玛峰放进这些海沟里，届时它将会被完全淹没，看不见峰顶，"道格拉斯对我说，"但是登上月球的人比潜入海底1万米以下的人还多。"对他和帕特里奇而言，深海——寒冷、黑暗，似乎无边无际——是最后的边疆。"这是地球上最不为人知的自然环境，"帕特里奇补充道，"而且完全脱离我们的经验，实在难以想象。"它用发现奇异生命形式和新的观察方式的可能性吸引着科学家。在"太阳号"起航大约70年前，有两名先驱不顾死亡威胁，深入这片未知的水域，亲身体验了它，而他们乘坐的装置可以追溯到西奥多·罗斯福总统在一张小纸片上构思的草图。

探海球是最基本的潜水器：它是一个直径仅1.5米的铸铁球体，重约2000千克。1934年8月15日，在百慕大群岛的楠萨奇岛附近，它将威廉·毕比（William Beebe）和奥蒂斯·巴顿（Otis Barton）带到了比人类此前下潜深度还要深6倍的地方。在一艘名为"准备号"（Ready）的敞篷驳船上，他们通过一个小开口倒栽葱式地挤进这口"金属棺材"，里面的空间十分局促，他们只能膝盖与膝盖相抵，然后被一扇用10个大螺栓固定的门从外面封住。探海球由一根钢缆拴在母船上，钢缆提供了电力和一根通向水面的电话线，同时避免它沉没无踪。当绞盘将探险者从船的一侧向下放时，这根生命线会随之展开。每个人都坐着不动，透过两扇舷窗凝视着深不可测的虚空。厚厚的熔融石英窗玻璃——由熔化的氧化硅制成，结合了强度和对所有可见光波长的透明度。"我蹲坐在那里，用手帕包住嘴巴和鼻子，防止水汽凝结，而我的额头紧贴着冰冷的玻璃——来自大地母亲的这点透明材料是如此坚固，挡住了我面前的9吨水，"毕比在《半英里之下》（*Half Mile Down*）中写道，"我感觉仿佛有什么惊人的发现就在我的目光刚好无法触及的地方。"然而，一种新奇的体验已经在他们眼前上演。毕比和巴顿首次目睹阳光在水中向下传播时发生的物理现象，他们了解到深海并不像人们之前所认为的那样是一个永远黑暗的区域。

随着探海球持续下潜，航海者们对光线特征的变化感到震惊。他们看到可见光的彩虹光谱逐渐减少，一种颜色接着一种颜色消失。"第一段下降抹去了眼睛里所有舒适温暖的光线。"毕比回忆道。红色在下降过程的前15米内开始变淡，然后消失。他接着说："我恰好看见一只硕大的深海虾，但令我震惊的是，它不是鲜红色的，而是一种丝绒质感的深黑色。"海洋根据光线的波长在不同深度吸收彩色光。波长最长的红光最先消失，然后是波长稍短的橙光。在海平面以下50米深度，毕比看到波长比橙光稍短的黄光紧跟着消失了。"黄色被绿色吞没。我们珍惜地球表面的所有颜色，但当它们被筛选淘汰后……（剩下的光谱）则属于寒冷、黑夜和死亡。"绿色不知不觉中渗入蓝色，直到在大约200米的深度，"最后一抹蓝逐渐变成无名的灰色，因为太阳被打败了，色彩一去不复返"。两人已经从分布着色彩和日光的区域下潜到灰色区域。在海平面之上，暮色标志着一天的结束，但在世界上这片全是水的区域，则是白天。作为自然界的基本光粒子，光子跟随探海球向下移动，但是数量越来越少；光照强度每100米下降约1.5个数量级。暮色变成了午夜。

在此之前，两名探险家的视觉感官让他们能够看到阳光斑驳的明亮水面，而此时他们在使用一种不同于之前的感官。科学家将它称为暗视觉，和明视觉相对。暗视力（scotopia）一词源自希腊语词汇"*skótos*"（黑暗）和"*opia*"（视觉），它提供给人的是夜间视觉，而不是白天的彩色视觉。我们使用眼睛的这种第二感官在星空下看东西。当两名潜水员坠入无尽的黑夜时，它使他们能够看透薄暮。在600米的深度，毕比注意到就连这种感官也失效了，逼近的黑暗将他们完全包围了，"太阳，所有光和热的来源，完全被抛在后面"。最终，他们的下降速度变慢，然后停止。探海球抵达位于海平面以下923米的某处。毕比后来写道，

> 那一瞬间，有一股强烈的情感涌上心头，我瞬间对整个状况产生了几乎是非凡的、宇宙层面的真正理解；当我们在水中摇晃时，在头顶上方，我们的驳船在炽热的阳光下缓缓摇动着，就像大洋中央最微小的碎片一样，长长的钢缆如同蛛丝，向下穿过光谱，连接我们这颗孤独的球体，它紧紧地密封着，就像外太空中一颗孤零零的失落星球，里面坐着两个有意识的人，凝视黑暗的深渊。

潜水员就像天空中的宇航员一样，而且根据英国生物学家赫伯特·斯宾塞（Herbert Spencer）的说法，毕比声称"感觉自己就像飘浮在无限空间中的一个无穷小的原子"。海洋深渊比没有月亮和星星的夜晚更黑暗。它也许是我们这颗星球上最暗淡无光的地方。然而，这里充满了不眨眼的非人类眼睛。

捕获深海光子

对深海鱼大脑容量的分析表明，对绝大多数物种而言，视觉是最重要的感官。很多鱼会在一种被称为"生物荧光"（bioluminescence）的生物烟花表演中发光。灯笼鱼发出的光束会像头灯一样扫过水面。深海龙鱼发出

的光的波长只有它自己能看到，这让它的猎物对自己即将到来的命运保持着幸福的未知状态。相比之下，鮟鱇则希望猎物能注意到它的杆状生物荧光触须并被吸引过来，它凶猛的下颚隐藏在阴影之中。生物荧光也被用来挫败捕食者。来自后肛鱼科的后肛鱼依赖一肚子的共生发光细菌避免自己成为捕食者的一餐。它的工作原理和美国海军在二战期间开发的伪装轰炸机的原理相同。正如耶胡迪设计的机翼下带有聚光灯的飞机一样，这种鱼的发光腹部可以在阳光下隐藏自己的轮廓，以躲避位于其下方猎物的眼睛。在这个鱼吃鱼的世界里，生存是一场以视觉为先的捉迷藏游戏。来自生物荧光的光子可能很稀少，但来自太阳的其他一些光子可以穿透深处，抵达海平面以下1000米深的地方。这些微光对巴顿和毕比来说太微弱了，但是对探海球保护壳之外的生灵来说并非如此。

在过去的100年里，科学家们对深海进行了多次探索，发现了越来越多不可思议的眼睛。其中已知最大的眼睛属于大王乌贼，大小和餐盘差不多。斜眼鱿鱼的眼睛也硕大无比，而且它的两只眼睛不一样大，正如其名字所暗示的那样，较大的那只眼睛指向上方，以捕捉剩下的阳光。简而言之，和小眼睛相比，大眼睛可以收集更多的光。海洋中的有鳍居民也有类似奇特的光学结构。"我们了解到，深海鱼类的暗视觉是所有脊椎动物（无论是在陆地上还是在海洋里）中最好的，"朱利安·帕特里奇说，"海洋可能是地球上光子最有限的环境之一，但这些鱼类已经进化出了各种技能，以最大限度地利用那里的光子。"

道格拉斯和帕特里奇亲眼见到的深海鱼的数量多于大多数人。他们了解这些生物如何将视觉潜力发挥到极致。"当你的头颅里只有这么点儿空间可以给眼睛用，而你又需要大瞳孔时，折中方案就是削减眼睛的两侧，使其呈管状，这会让视野变得非常狭窄，但是能看到非常明亮的图像。"帕特里奇解释道。这种管状结构是深海鱼类的典型特征，例如后肛鱼科，包括肠胃会发光的后肛鱼。"它们的眼睛看起来就像插在头两侧的望远镜，指向上方的水面，而那也是光源的方向。"深海鱼类的视网膜下还有一层晶体，被称为"照膜"（tapetum），它会将任何一开始未能击中视网膜的光子反射回眼睛。据道格拉斯说，抵达视网膜的光有一半未被吸收，而是直接穿了过去。"人类的视网膜后面有一层黑色素，用来吸收这些光子——我们不想让光线四处反弹，破坏图像质量——但是深海鱼类必须抓住它们能够得到的每个光子，所以这个闪亮的照膜在视网膜这里又给了它们一次机会。"

21世纪初，人们在海洋暮色区拍摄的一组镜头揭示了另一种后肛鱼的存在，名叫大鳍后肛鱼，它们使用另一种捕获光的技能。现存的为数不多的标本展示了典型的向上伸的管状眼睛，但是这段视频显示，这些眼睛被嵌在一个球茎状的透明头部内，头部已经破裂，肯定是之前从深处打捞上来时破裂的。大瞳孔、望远镜似的眼睛、照膜和透明头部，这些只是提高暗视觉的部分特征。道格拉斯和帕特里奇希望他们的"太阳号"探险能够让更多秘密浮出水面。

后肛鱼眼中的"镜子"

船一进入深水区，搜索就开始了。"深海广阔得不可思议，所以你永远不知道你会捕捉到什么。"道格拉斯告诉我。与毕比和巴顿不同，这两位研究人员不打算弄湿自己的双脚。他们向暮色区投放了一张拖网，开始寻找标本。"我们对这种环境进行采样的方法非常原始，"道格拉斯解释道，"在浩瀚的海洋里盲目地拖曳一张像足球场里的球门那么大的网，就像用顶针在奥运会会场的游泳池里打猎一样。"此外，他们还将一个遥控着陆器从船上放进海里：这是一个由脚手架制成的简单装置，里面装有摄像机。没有绳索拴着，也不载人，它开始下潜到更深处，直达1万米深的海底。"我们用在萨摩亚买的金枪鱼做诱饵，这些鱼肉都被塞在一些女式紧身裤里，从来没有一台摄像机被送到这么深的地方，"帕特里奇回忆道，"将无人摄像机部署到这种深度，绝非易事。""部署它们相对容易，把它们弄回来才是问题。"道格拉斯说。当被问到摄像机可能会发现什么时，他补充道："当你在那里把灯打开并发出巨大的噪声时，你指望看到什么？我们开玩笑说，只能看到那些因为太老、太瞎或者太蠢而无法移动的东西。"在他们起航两周后的一个周六下午，一张在700米深的水下作业的拖网被拉了上来。他们在网眼里发现了一只既不老也不笨，更说不上瞎的生物。实际上，对于其他生物只能在其中挣扎的黑暗环境，它的视觉天赋却使它能够应对自如。

　　"在其他科学家大肆搜刮之后，这只生物是桶里剩下的最后一个东西。"道格拉斯说。乍看之下，这条鱼没什么特别的。他们把它肚子朝下放在船上的实验室里，然后一位同事拍了一些照片。"我们从它的身体形状和眼睛判断出它是后肛鱼。但是在此前我们谁都没有见过这个特殊的物种。"后肛鱼拥有典型的可以让瞳孔最大化的管状眼睛，当相机的闪光灯启动时，它的眼睛就会亮起，这证明了照膜的存在。随后研究人员将鱼翻转过来给它的另一面拍照。随着相机的闪光灯再次启动，意想不到的东西出现了：有另一对反光眼睛，这暗示着存在另外两个照膜。"如果没有这些照片，我们可能永远都不会意识到这条鱼很有趣，"道格拉斯坦言，"它看起来像是有四只眼睛，而拥有四只眼睛的脊椎动物并不存在。"该团队似乎捉到了一条拥有四只眼睛的后肛鱼。

　　后来，科学文献表明这种生物曾在1973年被一位生物学家描述，当时这位生物学家正在哥本哈根的一座博物馆整理鱼类学收藏品。"据我所知，兰迪·迪林·弗雷德里克（Randi Dilling Frederiksen）甚至从未出过海，"道格拉斯说，"他的材料很可能来自几十年前，来自20世纪20年代'达那厄号'的一次探险，由研究深海鱼眼睛的教父之一奥莱·蒙克（Ole Munk）提供。"这意味着"四眼"已经有一个相当大气的名字——*Dolichopteryx longipes*（长头胸翼鱼），属名 *Dolichopteryx*（胸翼鱼属）则源自希腊语词汇"*doliochós*"（长）和"*ptéryx*"（翅膀），因为它拥有巨大而精致的胸鳍，于是该研究团队简称它"Doli"（多利）。然而，它那特殊的凝视被蒙克完全忽略了。于是他们怀着极大的期待和十足的谨慎，将这条奇怪的后肛鱼运送到德国的一位同事那里，以便他仔细检查。

即将退休的图宾根大学的解剖学教授约亨·瓦格纳（Jochen Wagner）花了很多时间在昏暗的房间里，他透过显微镜对多利进行了细致的观察。"如果你想研究光，那么你必须控制它，这就意味着你必须身处黑暗。"他说。当多利被送来时，他将它的眼睛嵌进了塑料里，这样就能将它们切成微小的切片了，厚度只有几微米。随着灯光暗淡下来，他看了第一眼。他看到次生眼和主眼清晰地相连；严格地说，四只眼睛其实是两只。"切片显示，每只眼睛都由被隔膜隔开的两部分组成，"瓦格纳解释道，"主要的圆柱形管状眼指向上方，侧面有一个较小的卵形突起，即憩室（diverticulum），大小不到主眼的一半，指向下方。"然后他将目光转向了这两套"光学设备"上。上部的主眼看起来像大多数后肛鱼，但下面的假眼缺少晶状体。他凑近看了看。"有一个特定区域不染色，而且看上去真的很模糊。我无法对它聚焦，这非常奇怪，但考虑到我喜欢摆弄标本，也就没有想太多。"他尝试了暗场照明，让这个特定区域被间接照亮。"有趣的是，这一次清晰地显示出它可以折射光线。"最终，他转而使用偏振光暗场照明。"当我慢慢旋转载玻片时，这个有趣的结构像疯了一样地亮了，然后再次变暗，这时我意识到它有光学活性。"这个神秘结构是由有序的晶体平行堆叠而成的。"毫无疑问：我正在看一面镜子。"

然后帕特里奇运行计算机模型，得出了令人震惊的结果。"这面镜子"有着完美的曲线，将光线反射到假眼的视网膜上，形成聚焦良好的图像。"要说能在眼睛里形成图像的东西，我最意想不到的就是镜子。"瓦格纳告诉我。一说到这个，道格拉斯回忆道："那是个令人震惊的时刻。我们已经知道，多利很特别，但没想到它是那么特别。"帕特里奇补充道："在脊椎动物5亿年的进化史中，包括成千上万活着的和已经消亡的物种，它是唯一使用镜子产生图像的脊椎动物。"当他们在2009年1月发表这一发现时，这种无与伦比的四眼后肛鱼的故事轰动了整个世界。两年后，一台遥控摄像机偶然拍摄到一只活样本，并带回了这种鱼在其自然生境中的首组连续镜头。

在700米深的地方，也就是比毕比和巴顿眼中的光线完全消失的地方还要深 100 米的地方，黝黑的海洋散布着稀疏的生物荧光光点，它们发出明亮的光，然后消退，就像遥远、暗淡的星星一样。一条身体细长的半透明后肛鱼划过这片虚无之地，全身静止不动，只有翅膀般的鳍在轻柔摆动，推动它前进。它向上的眼睛有巨大的瞳孔和照膜，用于收集穿透深海的稀有太阳光子。它向下且配备"镜子"的假眼则收集来自下面的光子：也许是从"邻居"身上反射的阳光，也许是其他深海生物的生物荧光信号。这两套"光学设备"从根本上扩大了后肛鱼的光线捕捉范围，最大限度地增加了抵达它四个视网膜的光子数量，从而提供视力。后肛鱼还可以提供与人类相关的线索。毕比和巴顿似乎不只是低估了它们的暗视觉能力，也低估了我们人类的暗视觉能力。

能力惊人的视杆细胞

作为人类，我们认为自己的夜间视力与猫头鹰、狐狸或深海鱼相比差得远，但是很少有人检验这一点。"如今，人们很少体验纯粹的暗视觉，因为我们不会在非常黑的地方停留。"安德鲁·斯托克曼（Andrew Stockman）告诉我。人类在躲避黑暗，我们用路灯驱赶它，我们购买夜灯来安慰害怕的孩子。卫星图像显示，地球上被月光照亮的部分闪烁着电光，这一场景可能看起来令人着迷，但它揭示了文明驱逐黑暗的程度。斯托克曼是英国伦敦大学学院眼科研究所的教授，一直致力于研究人类视觉。1992 年，一次合作研究让他来到德国的中世纪城市弗赖堡。在实验室待了几天后，他有时会爬上周边的山丘，然后当太阳西沉到地平线之下时，他就开始一路小跑，进入逐渐变暗的黑森林。

在满月之夜，光照水平大约是正午的一百万分之一。在没有月亮，但星光灿烂的夜晚，光照水平是正午的一亿分之一；而在浓密的树冠下，夜晚的黑暗程度会再加深 100 倍。斯托克曼此时正在经历与深海里部分类似的微光条件："我会在一片漆黑中开始奔跑，但慢慢地，我的眼睛肯定会开始适应。虽然人类的眼睛完全适应黑暗需要大约40分钟，但在那之前，我也能看到很多东西，这让我非常难忘。"一旦他的眼睛完全适应，真正的暗视觉就开始发挥作用，他再次感到惊讶，尽管他对这门科学已经很熟悉。"所有东西都是单色的，没有细节，却出奇地明亮。"他的眼睛能够在光照水平仅为白天十亿分之一的条件下看东西，但他也注意到自己的夜间视力与正常情况略有不同。"尽管我知道会发生什么，但它仍然让我感到震惊，"斯托克曼回忆道，"如果我想在黑暗中看什么东西，我必须将目光汇聚在它旁边，然后它才能被我看到。"古代的天文学家最先观察到这一特性。他们了解到，那些在直接对焦时因为太遥远而暗淡得看不见的星星，斜眼瞟反而看得到。我们的暗视觉天赋就藏在我们眼睛的细胞里。

我们的视网膜是我们身体中对光最敏感的表面。放大观察，可以看出每个视网膜都由两类感光细胞拼凑而成。它们以各自截然不同的形状被命名。较大的球茎状感光细胞往往是上一章提到的视锥细胞。虽然每个视网膜上有大约500万个视锥细胞，但和细长的邻居相比，它们仍是少数派。这些视杆细胞的数量是视锥细胞的20倍，每个视网膜上共有大约1亿个。斯托克曼对视野边缘的额外敏感可以用这个事实解释：视锥细胞和视杆细胞在视网膜上不是均匀分布的。视网膜有一个直径不超过1毫米的圆形中央凹，其中充满了视锥细胞并由其主导，而且它的中心部分也全是视锥细胞。这就意味着我们的视野中心是色彩鲜艳、聚焦清晰的最佳位置，我们经常依赖这片区域，尤其是当我们阅读页面上排列紧凑的词句时。从中央凹向外移动，视锥细胞逐渐被视杆细胞取代。然后在2.5毫米处，在环绕中央凹的一个名为旁中央凹的区域，视杆细胞的数量开始超过视锥细胞。到5毫米时，视杆细胞的密度达到峰值，每平方毫米多达17万个。像早期观星者一样，斯托克曼必须移开自己的目光——这违反了眼睛用中央凹注视的自然倾向，这样才能确保任何极为衰弱的光线都能击中这些富含视杆细胞的旁中央凹区域，从而产生感知。

如果眼睛是一台相机，那么视锥细胞的工作原理就像彩色胶片可以捕捉高清晰度且鲜艳的彩色图像，而视杆细胞则像黑白胶片一样，呈现没有色彩、分辨率较低的全景画面。视锥细胞在白天效果最好，而视杆细胞在光暗下来时表现较好。当斯托克曼跑进林冠茂密的黑森林时，他的视锥细胞就不起作用了，不过视杆细胞接手了视觉任务。因此，当他在树林中穿行时，眼前的景象就像老电影镜头一样是单色的，而且有些模糊。如果说视锥细胞是微观奇迹，它们共同发挥作用让我们看到了彩虹，那么视杆细胞则让我们在最黑暗的夜晚拥有视力，并让我们看到了银河系最远的角落和遥远的恒星。它们从黑暗中采集光的方式反映在后肛鱼的眼睛里。

在显微镜下，我们可以看到深海鱼类的视网膜也是由紧密排列的感光细胞构成的。与人类视网膜中视杆细胞和视锥细胞相互争抢位置不同，这些鱼的视网膜完全由视杆细胞构成。在约亨·瓦格纳看来，多利视网膜视杆细胞的结构和我们的几乎一模一样："多利视杆细胞内外各部分的尺寸和人类的惊人地相似。"然而，我们视网膜中仅有一层光感受器在深海鱼身上似乎成倍增加了，"多利主视网膜的中央厚度约为600微米。这可以容纳7～8层视杆细胞。它的边缘区域较薄，但仍然有3～4层"。同样，它的副视网膜有多达5层视杆细胞。感光视杆细胞在4个视网膜上的这种堆叠正如罗恩·道格拉斯解释的那样："在多利身上，这占了各个视网膜厚度的一半左右，而在人类身上，它只占五分之一。"因此，多利的视杆细胞密度几乎是我们的两倍：大量的微光感应技术，转化为无与伦比的暗视觉。尽管如此，我们的视杆细胞仍然拥有惊人的能力，有人已经证明了这一点。这些人就像后肛鱼一样，坚守着幽暗之地。

抵达大脑的快慢通路

克努特·诺德比是陪同奥利弗·萨克斯前往色盲岛的全色盲患者。和很多岛民一样，他视网膜中的感光视锥细胞也不发挥作用，但色盲是他的状况中最不令人烦恼的方面。这还迫使他远离了光明。他直面自己的不幸，详细地描写了自己的经历。"从记事起，我就一直尽可能躲避强光和阳光直射。"在诺德比的成长过程中，他用心良苦的父母一直试图鼓励他到户外，走进挪威的夏日阳光。"实际上，我的整个童年就是一场持久的抗争，抗争关于什么是最适合儿童的这一主流观点……我喜欢在室内拉着窗帘玩，在地下室、阁楼和谷仓里玩，也喜欢在阴天、傍晚或夜里去户外玩，"他总结道，"现在我非常清楚，全色盲带来的最令人衰弱、最妨碍行动和最令人痛苦的后果是我对光的过度敏感……（这）通常被称为'恐光症'，但是和非理性的心理动力学方面的'恐惧症'无关。实际上，我真的很喜欢待在温暖的阳光下。"

诺德比面临的问题是，如果没有太阳镜或遮阳面罩，他的眼睛就很难调节入射光。不由自主地眯眼很快就变成了间歇性的眨眼。"眨眼频率一开始很慢，每4～5秒一次，但是随着光照强度的增加，频率会加快，快到每秒眨眼3～4次。"他解释道。和深海鱼一样，诺德比视网膜中唯一行使功能的是视杆细胞。随着这些细胞的反应，他的视觉系统很快就达到饱和，导致他什么也看不见。"如果我（在亮光下）完全睁开眼睛超过1或2秒，我凝视的场景很快就会消失，变成一片明亮的薄雾，视野中的所有结构全部丢失。这让我感到压力巨大，有时甚至很痛苦。"在这之后，他需要坐在黑暗里，让他的视杆细胞复位，这样才能重新看到眼前的事物。诺德比有意躲避日光，因为即使在最阴暗的日子里，他的视杆细胞也会迅速对最少量的光线做出反应。对他而言是灾祸的缺陷，对我们来说则是幸事，因为困扰他的敏感性让我们能够在最黑暗的地方看到眼前的事物。

"我们的视杆系统（暗视觉系统）对光的敏感性是我们的视锥系统（明视觉系统）的大约1000倍。"安德鲁·斯托克曼说。部分原因在于让视杆细胞准备迎接光的色素：视紫红质（rhodopsin），它是一种视蛋白，和我们视锥细胞中的光敏蛋白同属一类。它存在于所有脊椎动物的视杆细胞中。"多利和人类的视杆细胞都充满了视紫红质，"道格拉斯说，"视蛋白带有微小的视网膜发色团，让实现暗视觉的第一步成为可能。"多个视紫红质分子进入视杆细胞的细胞膜，每个分子都在视杆细胞表面舒适地形成一个光反应发色团。视杆细胞不仅比视锥细胞含有更多视觉色素，而且它们的视紫红质对光线的反应比红、绿和蓝视蛋白更强。当光子撞击它的视网膜发色团时，它会通过改变形状做出反应。"对人类和深海鱼来说，视紫红质对光子的吸收是重要的视觉事件。"道格拉斯解释道。它引发了看起来非常神奇的光转导过程，将来自外部世界的暗淡弱光转化成沿着我们的视神经传输的电信号。"视杆细胞中的转导过程比视锥细胞中敏感得多，因此视杆细胞能够对单光子吸收做出反应。"斯托克曼说。视紫红质和视杆细胞让我们的眼睛能够对宇宙中的单个量子粒子做出反应。仔细观察诺德比，就会发现这种敏感性如何产生了有意识的感觉。

"克努特不仅是一位视觉科学家，还是一名乐意前往世界各地实验室的研究对象，包括泰德·夏普（Ted Sharpe）在弗赖堡的实验室，当时我也在那里工作，"斯托克曼告诉我，"通过测量没有任何视锥细胞参与的视杆细胞反应，他的罕见病症帮助我们理解了正常的视觉感知。"当我们看到闪烁的灯光时，会出现一种令人费解的感知异常，研究人员对此产生了兴趣。通常情况下，光照强度的提高会让闪光变得更明亮、更醒目，但如果灯光的闪烁频率是每秒15次，那么这样做则会引发一些奇怪的现象。提高光照强度后，闪光便如魔法般地消失了，留下稳定且不间断的光亮。斯托克曼和夏普转向诺德比。他们给他看了同样的闪光，并逐渐提高其亮度。他的眼睛表现得和他们一样：他也看到闪光停止了。这意味着异常发生在视杆细胞系统中。

科学家怀疑，视杆细胞吸收光子后，它会沿着不止一组神经将信号传送给大脑。诺德比提供了证据。根据斯托克曼的说法："诺德比的结果可以这样解释，视杆细胞拥有两条神经通路，它们以略有不同的速度发挥作用。"至关重要的是，这些通路在离开眼睛之前会合并并产生奇异的效果，因为其中一条通路的传输速度比另一条通路慢。"慢的视杆细胞通路和快的视杆细胞通路之间的延迟在30 ~ 35毫秒之间。"这意味着这些信号之间相隔一个半波周期，因此在合并时，它们会产生破坏性的干扰，并消除闪烁信号。房间里的灯光仍然在闪烁，它的光子仍然可以击中我们的视网膜，有些被我们的视杆细胞吸收。神经仍在放电，但在它们的信号抵达大脑之前，闪烁被消除了。因此，我们看不到自己面前的实际情况。

"我们关于两条视杆细胞通路的想法最初只是概念性的。自那以后，我们从诺德比实验中得到的结果得到了越来越多证据的支持。"斯托克曼解释道。我们现在知道，这两条通路优化了不同光照条件下我们的视杆细胞视觉。就像相机胶片成像的速度一样，它们会缩短或延长创建图像所需的时间。快通路就像快速彩色胶片，在明亮的光照条件下表现最好，赋予我们明视觉。慢通路就像慢速黑白胶片，在弱光照条件下工作，赋予我们暗视觉。从本质上讲，这种"惰性"为光子的吸收和积累留出了更多时间，从而增强了发送到大脑的信号。那天晚上，当斯托克曼离开实验室，像往常一样跑进黑森林时，他具备视紫红质的视杆细胞会吸收从树冠过滤下来的少量光子，然后将其转化为神经电脉冲。然后，他的慢视杆细胞通路会确保这些信号合并在一起，对前方的路径产生一种模糊但令人惊讶的明亮感知。我们的眼睛对光异常敏感。直到最近，我们才充分意识到人类产生视觉所需的光是多么少。

感光极限与视觉潜力

阿里帕夏·瓦齐里（Alipasha Vaziri）是一位量子物理学家，同时也是研究神经科学和细胞生物学方面的专家。"和其他科学家一样，我做这件事的根本原因是出于好奇，"瓦齐里对我说，"大约15年前，我对生物学产生了兴趣。我意识到，作为一名物理学家，我可以引入新的概念方法，设计新的技术来研究尚未解决的重大问题。"其中一个问题是人类视觉的绝对阈值，也就是我们看见东西所需的最少光子数量，这方面的研究缺乏进展。上一次显著进展是在1942年，当时美国生理学家塞利格·赫克特（Selig

Hecht）及其同事发表了一篇具有里程碑意义的论文，这篇论文此后被引用了1000多次：它证实了人类能够感知低至5个光子的光信号。"赫克特令人着迷的发现激发了我的想象力，"瓦齐里承认，"但是没有人知道实现这一感知所需的最少光子数量。"原因是缺少能够精确发射光子的机器。"使用传统方法，人们只能控制光子的平均数量，没法控制光子的确切数量，"他解释道，"这是光子必须遵守的量子力学统计学的结果。"瓦齐里开始考虑是否有另一种方法来解决这个问题。

2016年，他在维也纳大学的团队着手设计一种新的量子设备。他们决定使用一种 β-硼酸钡晶体和一种光学过程（专业术语为"自发参量下转换"），将光子束分裂成光子对。通过将分裂光束的其中一股引导至检测设备，将另一股对准受试者的眼睛，研究人员意识到，这样他们就不再需要产生固定数量光子的机器。"这种设置意味着我们可以消除普通光源的易变性和不确定性问题，因为当我们用探测器接收信号时，我们可以确信单个光子即将抵达受试者的眼睛。"这是一个简单而完美的解决方案。

接下来，他们需要一个不透光的环境。"这也是一个挑战，"瓦齐里回忆道，"当你测试受试者对一个光子的感知时，你必须完全确定没有其他光子在场。"他们定制了一个电话亭大小的小房间，它拥有精心打造的防光子接缝，包括墙壁、地板、天花板和门之间的接缝处。"甚至连通风管道也被折叠和重叠了多次，以免漏光。"这个房间是在他们的光学实验室里组装的，这个暗室中的暗室接受了光子检测器的测试，以确认它不漏光。关上门，就像是掉进了海洋深渊的后肛鱼。"这是一种人们通常不会经历的黑暗，"瓦齐里说，"我们习惯了在充分适应黑暗后至少能看到一点点东西。但是现在什么也看不见，无论你的头朝哪个方向转动，无论你的眼睛是睁开还是闭上，这有点让人迷失了方向。"设计阶段花费了他们一年半的时间，现在他们准备开始实验了。

瓦齐里知道，最好的志愿者是那些在工作中投入了智慧的人：他的学生和博士后。因此，第一名实验者转为受试者进入了这个房间，然后就像接下来的所有人一样，这名受试者一开始只是在漆黑的环境里坐了40分钟，让自己的视觉系统适应黑暗，达到最大敏感度。然后他向后倚靠身体，将后脑勺放在一个头枕上，再把下巴压在一个托架上，将头部固定，这样光子就会以一定角度进入他的眼睛并瞄准富含视杆细胞的旁中央凹。接下来，志愿者按下按钮，发射第一个光子，实验就开始了。几周过去了，几个月过去了，他们做了超过3万次将人眼暴露在单个光子下的实验，该团队已准备好整理数据。

瓦齐里的实验表明，一个孤立的光子不仅可能会被人眼检测到，还能被大脑处理并有意识地感知。然而，并不是每个光子都能产生感知。实验结果表明，人类记录光子的概率略高于偶然。瓦齐里解释道，

> 我们发现，在另一种被迫选择的环境中，人类在51.6%的时间里能感知到单个光子。重要的不是结果超过50%多少，而是它们在统计显著性和统计效力上的确高于50%，这使得结果看起来不太可能是随机测量波动的结果。

他补充道："从光子击中眼睛的那一刻起，就有许多可能的结果。它可能被角膜吸收，分散在远离视网膜的眼球的玻璃体内，抵达旁中央凹但仍然错过视杆细胞，或者击中了视杆细胞但没有被视紫红质分子吸收。"但是我们现在知道，作为光感受器，视杆细胞可以对单个光子做出反应，甚至可以解析微弱闪光中光子数量的统计数据。这可以通过视杆细胞的后续回路触发生化级联反应，最终，这可以导致我们对单个光子的感知。

当志愿者被要求描述这些感知时，他们一致认为，虽然难以用语言表达，但他们的体验绝不是一道闪光。有人说："如果你曾经在夜空中看到一颗黯淡的星星，上一秒钟你还能看见它，但是下一秒就看不见了……有点像是那样。"另一个人说："这更像是一种看到某种类似事物的感受，而不是真正看到它。"瓦齐里补充道："甚至比那更极端。这是一种处于想象力极限的感受，这种感受让你觉得那里可能存在某种东西，但又不能完全确

定。"这些文字描述了光的探测和视觉体验之间的灰色地带。

　　然而，看起来像信念飞跃的东西是基于事实的：有时志愿者能够识别出最微弱的光。"长期以来，人们一直在思考人类视觉的绝对阈值，"瓦齐里对我说，"他们以为光子数量存在一个硬性限制，若是低于这个数量，光就不能被感知。事实证明，并不存在这样的阈值。因为有时我们甚至可以感知到单个光子。"安德鲁·斯托克曼仍然不相信这些结果。"我想看到这个实验被重复，"他告诉我，"而且我认为这是探测而不是感知，但这确实很有趣。"对于那些害怕黑暗和夜晚的孩子，渐渐地，我们找到了安慰他们的话语。在最黑暗的地方，我们似乎拥有惊人的视觉潜力。有时我们甚至可以探测到构成我们宇宙的单个基本粒子，尽管是模糊的。

　　话题回到"太阳号"上，在研究者们将奇异的后肛鱼保存在各种醛类化合物中并安全储存后，探险再次继续。一轮满月照亮了夜空，它的倒影在平静的海面上闪闪发光。研究人员在甲板上充分利用了剩下的几天。他们用最新的深水拖网捕捞，关掉船上的灯，以保护来自深海的敏感眼睛。在不使用头灯的情况下，他们依赖自己的暗视觉工作。当月亮溜进云层后面，只剩下星星时，他们仍然能看见，只是模糊了一些。

　　我们的两类光感受器赋予我们惊人的灵活性，视锥细胞让我们可以看到色彩缤纷、明亮、无云的白天，而视杆细胞则让我们看到没有星光、林荫浓密的夜晚。"我们是视觉多面手，"罗恩·道格拉斯说，"跟后肛鱼不一样，我们能看到的光照条件范围很广，但后肛鱼的眼睛所接受的光照条件范围，我们很难应对。"瓦齐里的实验说明我们的眼睛很敏感，但是在光子稀缺的深海，视觉——无论是多么模糊、多么难以分辨——对我们仍然遥不可及。我们可能和后肛鱼一样拥有充满视紫红质的视杆细胞，但是硕大的瞳孔、照膜、镜面假眼以及四个充满视杆细胞的视网膜使它的眼睛成为非凡的光子捕捉器。它们最大限度地增加了光子撞击和光转导事件的机会，让光得以出现，并最终形成某种形式的视觉。让我们好奇的是，这在一条"四眼"后肛鱼的头骨里是如何解析的。当我问道格拉斯通过它们的眼睛看世界会是什么感觉时，他笑着说："我将把这个问题留给哲学家们。"此类问题最早由美国哲学家托马斯·内格尔（Thomas Nagel）在他1974年的著名文章《作为蝙蝠是什么感觉》（*What is it like to be a bat?*）中提出，他要求事实让位于空想。雀尾螳螂虾已经揭示了通过另一种生物的眼睛看世界的困难，而通过从深水空间打捞的"四眼"生物的眼睛看世界，甚至将我们的想象力拉向了极限。

"太阳号"的甲板上传来一声呼喊。有人发现着陆器在海床上短暂停留后冲出了水面。科学家们钩住这个装置，并从1万米深的水下取回了摄影机。他们站在一个显示器周围，伸长脖子观看来自这片此前从未被探索过的领域的第一批图像。深渊正在慢慢泄露它的秘密。用道格拉斯的话来说："从深渊中传回的每一幅令人惊叹的图像都只是对那里正在发生的事情的一张微小快照，但我们对光明之外的那些事物仍然一无所知。"

第 3 章

乌林鸮和我们的听觉

轻柔安静的猛禽

在古希腊人眼中，猫头鹰象征着智慧，但在古罗马人眼中，它们是不祥之兆。在他们的神话里，有一种像猫头鹰的鸟，名叫斯崔克斯（strix），它在夜间潜行，以人肉为食。奥维德的诗歌《岁时记》描述了这样一只恶魔如何溜进熟睡的普罗卡王子的婴儿房，被人发现时正蜷缩在摇篮里，吮吸着新生儿的血。这种超自然的猫头鹰随着时间的推移发生变化：在意大利语中，strix 变成了 strega，意思是女巫；在罗马尼亚语中，*strigoi* 是吸血鬼；而在《麦克白》中，莎士比亚将猫头鹰重新塑造为"致命的鸣钟者"，它凄厉的叫声预示了邓肯国王的死亡。和传说中的猫头鹰一样，乌林鸮（拉丁学名 *Strix nebulosa*，英文名 Great Grey Owl）栖息在阴影中。它生活在寒冷的北方，在俄罗斯、美国阿拉斯加和加拿大茂密、黑暗的针叶林里。夜幕降临，它开始狩猎。镰刀状的爪子和像刀子一样锋利的钩状喙让它成为一种可怕的捕食者。白天，它保持隐藏状态。虽然是同类中最大的鸟类之一，但它那暗色斑驳的羽毛与树枝融为一体，模糊了这种鸟的轮廓，让它像迷雾一样朦胧和虚幻。此外，在月光皎洁的无风之夜，白雪覆盖着大地，一片寂静，而当乌林鸮猛扑向猎物时，甚至也不会打破这种寂静。

猫头鹰飞行时的安静无与伦比，它拍打翅膀发出的声音是如此柔和，几乎察觉不到。"几个世纪以来，虽然人们早已知道这一点，"剑桥大学的奈杰尔·皮克（Nigel Peake）教授说，"但我们不知道猫头鹰是如何做到安静飞行的。"他的实验室是世界上为数不多试图学习这种鸟类声学隐身技能的实验室之一。多年来，人们关注的重点一直是翅膀前缘和后缘的羽毛。前面的羽毛有像梳齿一样向前伸出的细小而坚硬的倒钩，而后面的羽毛有弹性和须边。它们共同作用，先是打破气流，然后在气流从翅膀上经过时使其变得平滑，减弱任何嘈杂的湍流。最近，皮克将目光转向了第三个元素：翅膀华丽的触感。"我们是最早考虑这种绒羽的空气动力学的研究者之一。"他告诉我。

2016年，他和美国科学家合作，仔细观察了包括乌林鸮在内的各种猫头鹰物种翅膀的光滑表面。他们看到这些鸟的初级飞羽上覆盖着1毫米厚的细绒毛。"显微镜下的照片显示，它由细毛组成，构成了类似森林的结构，"他解释道，"这些细毛一开始几乎垂直于表面立起，但随后沿着气流方向弯曲形成冠层。"当空气从翅膀上方流过时，这片极小的"森林"大大减少了压力波动和湍流。这些由美国海军研究办公室资助的研究人员使用塑料重建了这种构造。在风洞中测试他们的原型机时，他们发现它可以很好地降低声音，因此他们为这个设计申请了专利。这个发现不仅为制造更隐蔽的侦察机或潜艇提供了希望，还有望显著减少日常生活中的噪声污染，如来自风力涡轮机、电脑风扇，甚至每天往返于全球各地的客机的噪声。"在让我们自己的世界变得更安静方面，猫头鹰教会了我们很多东西，"皮克说，"其他鸟类的翅膀都不能驱散声音，来避免猎物听见它们到来的声音。"乌林鸮既不会被看见也不会被听见，而且这种自然"幽灵"似乎还被赋予了超自然的感官。在大约30米之外，它能够以惊人的准确性定位老鼠或田鼠，甚至那些藏在雪堆之下的猎物。

猫头鹰究竟听到了什么？

1963年，小西正一（又名马克·小西）参加了一场关于动物行为的讲座，这个讲座最终决定了他未来50年的研究方向。科学家认为，猫头鹰在夜间追踪猎物时，有多种感官在起作用。有人认为是嗅觉，还有人认为是对体温的探测。视觉研究者发现，猫头鹰硕大的眼睛中拥有密集排列着视杆细胞的视网膜，还强调了夜间视力的重要性。当天的演讲者是一位名叫罗杰·佩恩（Roger Payne）的生物学家，他坚信猫头鹰依赖的是它们的耳朵。他的证据是乌林鸮壮观的扑雪捕猎。他认为，隐藏猎物的厚实雪层会消除所有除声音之外的感官信号。"罗杰是一位非常出色的演讲者，我真的被打动了。"小西回忆道。因此，3年后，在普林斯顿大学任职时，他开始征集猫头鹰研究样本：现实条件所限，在新泽西州，他只能将一种比乌林鸮更常见的猫头鹰作为研究对象。

大约1周后，当地的一位观鸟者敲响了实验室的门，腋下还夹着一个盒子，里面是3只刚孵化没几天的仓鸮。小西得知这些雏鸟是从一座废弃的教堂里救出来的。它们都饿坏了，同事们帮忙寻找合适的食物，而不久后，他则忙着充当猫头鹰父母的角色。"我喂它们切碎的老鼠肉，有时一整夜都在喂食。慢慢地，它们长大了。所以，当这些猫头鹰刚会飞时，我就把它们转移到了校园中一栋老房子的一个大房间里。"将这些猫头鹰塞进巢箱，安顿好新家之后，他开始寻找学生志愿者来分担人工饲养这一耗时的工作。很快，这些鸟就被驯服，一经召唤就会飞起来。一年后，一个学生敲响小西办公室的门，并带来一个意想不到的消息。"他告诉我，其中一只猫头鹰下了蛋。我真的很惊讶，猫头鹰在圈养条件下竟然如此容易繁殖。"短短几年，它们从3只变成了20只。是时候检验罗杰·佩恩关于猫头鹰感官的理论了。

研究始于一个漆黑的房间，房间里有一台摄像机、红外频闪灯、一只名叫罗杰的猫头鹰和一只拴着的老鼠。"我不想让它去捉自由移动的老鼠，因为要是老鼠跑了，我就有麻烦了。"他解释道。但是罗杰学得很快，马上就在黑暗中用极有效的效率扑向老鼠。然而，小西得到的第一批图像看起来不太符合预期。"当这只猫头鹰即将攻击时，它似乎正在看着被拴起来的老鼠。这让我有点担心。"为了确定罗杰使用的是哪种感官，小西用佩恩早期测试的一个微调版本改变了策略。他将泡沫橡胶铺在地板上，并在老鼠尾巴上绑了一张纸。现在，当老鼠跑来跑去时，柔软的地板会吸收它的脚步声，但纸张却会在它身后沙沙作响。这一次当罗杰瞄准时，它错失了老鼠，但是击中了纸张。这个实验一举揭示了猫头鹰是如何感知目标的。"除了证明猫头鹰不能看见老鼠之外，实验还证明了猫头鹰无法通过老鼠的气味或者体温确定它的位置，"小西说，"我证明了罗杰·佩恩得出的结论是正确的，这种猫头鹰可以在完全黑暗的环境中利用声音捕猎。"猫头鹰的耳朵是如此敏锐，能够察觉到几米之外厚重雪层下面最微弱的沙沙声。但是这些声音由什么组成？猫头鹰究竟听到了什么？

在耳膜破裂之前

"世界上有很多没有视力的动物。"神经学家赛斯·霍洛维茨（Seth Horowitz）说。它们往往生活在无光的地方——想想深海里的盲眼龙虾，混浊的印度河水域中的盲河豚，或者洞穴里没有眼睛的蝾螈、虾和蜘蛛。"很多动物的嗅觉非常有限，"他补充道，"犰狳等动物对触觉的敏感性有限，而且我们只能希望秃鹫的味觉有限。但是有一样东西是你永远找不到的：耳聋的动物。为什么？"在他的同名著作中，霍洛维茨将听觉描述为"普遍感官"。声音存在于任何有能量和物质的地方，在我们的星球上，这意味着除了真空之外，声音无处不在。声音就是振动。例如，随着鼻子的一次抽搐，一只老鼠不经意地将空气分子扩散到四面八方。向前的运动使这些分子靠得更近，在前面形成一个高压区，在后面留下一个低压区。这些压力波在大气中波动，并在抵达耳膜（无论是老鼠、人类还是猫头鹰）时，启动一系列可能产生听觉的事件。

声波的两种性质会被听到。波峰之间的距离产生音高或音调，以赫兹为单位。快速、连续、高频率的声波被认为是高音，而波峰更迭速度较慢、频率较低的声波则被认为是低音。与此同时，声波的压力影响着音调的音量，以分贝为单位。听的能力或许是普遍拥有的，但听到的内容不是：生物拥有受音高和音量限制的不同听力范围。我们人类能够听到的最低音调是隆隆作响的20赫兹，最高音调是刺耳的20000赫兹，而我们对1000 ~ 4000赫兹的声音听得最清楚。无论是大象长距离交流使用的17赫兹低鸣，还是在我们头顶上方盘旋的蝙蝠发出的120000赫兹高频音波，我们都充耳不闻：这些次声和超声分别低于和高于我们的可听音域。至于我们可听的音量范围，我们的疼痛阈值决定了上限。

1883年8月27日，当一座火山撕裂了印度尼西亚的克拉克托岛时，它发出了有记录以来最响的声音。虽然它造成的压力和音量随着距离的增加而不断减小，但是在4800千米之外仍然能听到该声音。罗德里格斯岛（位于印度洋中）当地的警察局局长报告说，那声音"从东方传来，就像重炮遥远的轰鸣"。想象一下，从爱尔兰都柏林发出的声音，竟然在大西洋彼岸马萨诸塞州的波士顿都能听到。然而，这个声音在尚未传至罗德里格斯岛之前，率先抵达了65千米之外的英国船只"诺汉姆城堡号"，在那里，它超过了人类听力阈值。船长的航海日志上记载："爆炸声如此猛烈，超过一半船员的耳膜被震破。我最后的思绪全都和我亲爱的妻子有关。"我们的耳膜在破裂前可以记录的最大压力波大约是130分贝，但是任何85分贝以上的声波都会导致听力损失。谈话的声音大约是60分贝，沙沙作响的叶片或低语声约为20分贝。然而，在步入地球上最安静的地方的密封门后，人类可能会听到更多低沉的声音。

世界上不存在安静

1951年，美国作曲家约翰·凯奇（John Cage）前往哈佛大学寻求宁静。他已经得到准许，可以在"白瑞纳克的盒子"里待一段时间。这个结构由著名声学家利奥·白瑞纳克（Leo Beranek）在二战期间建造，可能是世界上第一个消音室。他用大量玻璃纤维楔子填充了一个混凝土立方体，将它的边长从15米缩小到了2米。玻璃纤维吸收了内部的杂音，厚厚的墙壁隔绝外部杂音。凯奇进入房间，站在悬挂在隔音表面之间的金属格栅上。门关上了，只剩下他一个人。随着耳朵慢慢适应，他等待安静降临，也就是那种完全无声的体验，但是它没有来。他后来回忆说："在那间静室里，我听到两种声音。一种音调高，一种音调低。后来我问负责的工程师，如果房间真有这么安静，我为什么听到了两种声音？"凯奇被告知，高音是他的神经系统发出的，而低音是他的血液循环产生的。

从那以后，其他人也谈到了在消音室中的类似经历，而且他们身处的房间设计得比"白瑞纳克的盒子"还要安静。据说，在那里，大约10分贝的轻柔呼气和吸气听起来和《星球大战》中黑武士打鼾的沉重呼吸声差不多；心跳声虽然只有几分贝，但听上去好像重击发出的砰砰声。几分钟后，这些消音环境探险者接着描述了这些比较明显的身体骚动之外的声音。"大约20分钟后，我开始听到一种尖锐的呜咽声，一直持续不断，"一个人说，"也许是我体内循环系统发出的声音。"另一个人说："我开始听到血液在我的血管里流动。当一个地方变得较安静时，你的耳朵会变得更加敏感，因此我的耳朵变得过分活跃。我皱了下眉，然后听到我的头皮在头骨上移动的声音，这种感觉很怪，而且还有一种我无法解释的奇怪的金属刮擦声。"无论这些声音来自哪里，正如凯奇所说的那样，总能听到些什么。"实际上，就算我们尽力想要保持安静，我们也做不到，"他补充说，"没有安静这回事。"这一发现启发他创作了最著名的作品《4分33秒》：钢琴家持续4分33秒不演奏，让观众去聆听这个世界上并不存在的安静。

最终，"白瑞纳克的盒子"和后来建造的更静音的消音室强调了人耳的非凡灵敏度：我们可以听到零分贝。60分贝的谈话声能让空气中的粒子移动10毫米，20分贝的低语可以让空气中的粒子移动0.0001毫米，而零分贝的压力波——确切地说，是0.000002帕斯卡——让我们的耳膜仅仅振动0.00000001毫米。正如感官研究者皮特·琼斯（Pete Jones）所说："为了方便理解，在这里做一个比较，即0.000002帕斯卡不到我们周围空气中环境气压的十亿分之一，而0.00000001毫米比氢原子的直径还小！"由此可见，我们的听觉非常棒。"我们并不希望自己的听觉系统变得更加敏感，因为我们会不断听到原子在空气中振动的嗡嗡声。"那么，对于拥有探测老鼠振动大小这种天赋的猫头鹰，它的情况又如何呢？

猫头鹰怎么听？

小西正一下一项研究的目标是揭示猫头鹰听力的局限性。这需要将他的无光实验室改造成消音空间，还要有3只特别温顺的猫头鹰。"因为猫头鹰在夜间的反应能力更好，所以昼夜被颠倒了，"他说，"每天晚上9点到次日上午9点，我们用一盏明亮的白光灯模拟白天。"之后更换成一盏光线昏暗的红光灯，让猫头鹰误以为它们该活动和伸展翅膀了。"训练程序的第一步是教会猫头鹰从半自动喂食器中获取食物。"这个木盒的盖子上有一个鸟嘴大小的开口，盒子里面装有一个圆形的有机玻璃托盘，托盘上的杯子里装满了小块老鼠肉。当想要奖励猫头鹰时，小西只需要切换一个移动托盘的马达，杯子就会滑动到开口位置。他训练这些鸟在听到扩音器播放的特定频率的纯音时离开栖木。

"这些猫头鹰通常需要10 ~ 14天时间才能真正掌握这项技能。"小西播放了500 ~ 15000赫兹范围内不同频率的声音，每次都有条不紊地减小音量，直到猫头鹰没有反应为止。猫头鹰们依次接受测试，这项工作持续了好几个月。最终，小西绘制出精确的听力曲线，这张听力图以图表的方式展示了猫头鹰在整个频率谱上能听到的最安静的声音。他发现，在更大的频率范围内，仓鸮听到的音量比任何其他鸟类、鱼类、两栖动物或爬行动物都低。他还了解到，虽然哺乳动物听到的音域大致相同，但猫头鹰几乎对所有音调都更敏感，除了高于12000赫兹的音调。"我比较了人类和这些猫头鹰在相同条件下的表现，"小西解释道，"猫头鹰能听到非常微弱的声音，而我的年轻本科生和助教在离猫头鹰栖木有点距离的地方完全无法记录它们。"猫头鹰能听到比我们的极限低20分贝的声音。小西开始好奇，这样的覆盖范围和无与伦比的敏感度是怎么实现的？

大约30年前的两次邂逅改变了克里斯汀·科普尔（Christine Köppl）的一生。她回忆道："我当时的男朋友是小西正一的第一个博士研究生，他带我去了正一的实验室，我在那里第一次见到猫头鹰。关于猫头鹰令人难以置信的听觉，当时人们进行了大量研究，但我意识到很少有人关注听觉器官本身。"这个男友后来成了她的丈夫，而科普尔——现在是德国奥尔登堡大学神经生物学教授——则成为少见的研究猫头鹰耳朵的专家。猫头鹰没有像人类那样的可见外耳。相反，它们的耳孔是隐藏起来的，只有拨开环绕在脸部周围的羽毛才能发现，乌林鸮的耳孔很大，我们可以看到它的内部结构，甚至能看到眶骨后部。

"乌林鸮区别于其他猫头鹰物种的另一个显著特征是，它们的耳孔位于不同高度，"科普尔告诉我，"例如，从仓鸮的正脸看去，它们的右耳位于眼部下面，大约8点钟的位置，而它们的左耳在2点钟的位置。"话虽如此，但声波一旦被耳朵收集（无论是否通过外耳），它在猫头鹰和人类耳朵里的传播路径十分相似。它沿着耳道向下，然后撞击并振动鼓膜，从而移动中耳内一块名为听小骨的微小骨头。听小骨敲击内耳盘成螺旋形的骨迷路，该结构被称为"耳蜗"（cochlea），这个词来自希腊语单词"*kokhlias*"，意为蜗牛。"猫头鹰的耳蜗和我们的一样，是耳朵行使主要功能的一端，"科普尔说，"自从我第一次看到它，就被深深地吸引了。"

科普尔后来率先使用电子显微镜以前所未有的细节揭开了猫头鹰耳蜗的面纱，但在仔细观察之前，就已经有两个特征让她感到奇怪，首先是它的轮廓。"大多数鸟类的耳蜗都是香蕉形状的，"她解释道，"但猫头鹰的耳蜗是更复杂的三维形状。实际上，它看起来好像扭曲变形了。"她看到它是如何围绕这种鸟的脑袋弯曲的。"人们普遍认为，我们耳蜗的蜗牛形状是为了适应它的长度而进化到一个小空间中去的，所以我很想知道猫头鹰耳蜗的奇怪形状是不是因为它不同寻常的大小。"这就是第二个奇特之处。"它非常大，"科普尔告诉我，"我们的测量结果显示，它的平均直径为12毫米。那是很大很大的。到目前为止，它是所有得到研究的鸟类中耳蜗最大的，而且比第二名大很多。"科普尔决定接下来查看一下骨壳内部的感官组织。

所有脊椎动物的耳蜗都充满一种名为内淋巴的液体，其中有一张基底膜从内淋巴中穿过，基底膜上覆盖着微小的毛细胞。当听小骨敲击耳蜗外部时，会在内部的内淋巴中产生波。这些波沿着基底膜传播并冲刷它，轻轻弯曲并刺激它的毛细胞。科普尔说："这些毛细胞是声音振动转化为输入大脑的电信号并开始感知听觉的地方。"它们是听觉的感官细胞，类似于视网膜上的视锥细胞和视杆细胞。在这里，外部物理现实开始转变为内在体验。科普尔和她的同事们提取了一组猫头鹰基底膜，将它们放在显微镜下。他们极为仔细地清点了从底部到末端的每一个感官毛细胞。她回忆道："仓鸮平均有16000个毛细胞，比其他鸟类多出几千个。"

接下来，电生理学研究显示了声音频率是如何沿着膜分拣的。研究人员看到，高频声音刺激它的底部，低频声音留给末端——这没有什么不寻常的，但是有一个狭窄的声音频带被分配了极不成比例的长度，它完全解释了科普尔所看到的额外长度。"超过一半耳蜗被用于处理5000 ~ 10000赫兹的频率，"她解释道，"我们意识到自己看到的听觉中央凹。这让我很吃惊，因为这种情况此前只出现过一次，是在蝙蝠身上。这类情况以前从未在鸟类身上发现过，之后也再没发现过。"就像我们视网膜中视锥细胞密集的视觉中央凹提高了我们对视野中某个区域的敏感度一样，耳蜗的这种适应让蝙蝠和猫头鹰对特定的声音十分敏感。蝙蝠的听觉中央凹让它们适应自己发出的高音超声波叫声的反射，有利于回声定位，而猫头鹰的听觉中央凹所调适的音高却比其他鸟类和猫头鹰猎物的窸窸窣窣声高了一个八度。尽管这个发现解释了猫头鹰更大的听觉范围，但是它们异常敏感的原因仍未得到解答。

在用高倍镜观察猫头鹰的毛细胞时，科普尔想起了另一种耳蜗中的毛细胞。"猫头鹰毛细胞的解剖和超微结构以及它们沿着基底膜的分布方式，和我们的耳朵有许多相似之处。"她的观察为一项国际研究提供了依据，该研究揭示了猫头鹰和人类的内耳之间有惊人的相似性：

> 它们都有两组特化毛细胞。人类有内毛细胞和外毛细胞，猫头鹰有高毛细胞和短毛细胞。人类的内毛细胞和猫头鹰的高毛细胞向大脑传输信号，产生对声音的感知，而人类的外毛细胞和猫头鹰的短毛细胞很可能起到放大信号的作用，让系统更敏感。整体而言，这种相似性是如此巨大，这表明鸟类和哺乳动物的听力可能经历了独立但平行的进化。

　　这些共同点也意味着科普尔在猫头鹰的内耳中没有发现能够解释其听觉优势的因素。"基础性的毛细胞无法使其变得更加敏感。"她解释道。猫头鹰的毛细胞数量可能比其他鸟类多，但它们需要多得多的毛细胞才能听到比我们的声音低20分贝的声音。"它们的毛细胞数量并没有那么多，"这些观察结果让科普尔得出这样的结论，"猫头鹰的内耳和人类的一样敏感。"它们的鼓膜不会记录更小的扰动。它们的耳朵没有被原子振动的嘶嘶声淹没。所以猫头鹰敏锐的听觉和它的耳朵没有太大关系，而与它的羽毛密切相关——就像这种鸟无声的俯冲一样。

鸟类毛细胞与不老的听觉

　　"我们现在明白，猫头鹰敏锐的听觉要归功于它漂亮的脸。"科普尔告诉我。密集排列的羽毛形成脸的凹面，赋予仓鸮独特的心形脸庞。"当你看到面盘的整体设计时，不禁会想到一种声音收集装置，"科普尔说，"而且有令人信服的证据支持这一点。"科普尔补充道："各种实验表明，当去掉颈羽时，仓鸮会丢失20分贝的听力优势，它的听力阈值会变得和我们一样。"乌林鸮的面盘同样发达，甚至比仓鸮的更大。虽然还没有做实验，但科普尔告诉我："这使乌林鸮具有至少和仓鸮一样高的听觉灵敏度。"就像假眼里的镜子扩展了后肛鱼的视野一样，宽大的颈羽扩大了猫头鹰的听力范围。它捕捉周围环境的声音，然后将声波反射并引导到猫头鹰的耳孔中。

　　"从本质上说，可以将猫头鹰的面盘比作我们的外耳，但是因为它的尺寸更大，使其更像一个抛物面反射器，可以收集更多信息。"考虑到我们内耳的敏感度与猫头鹰不相上下，所以在耳朵上放一个维多利亚时代的助听筒或者将一只手握成杯状罩在耳朵上，都能扩大我们的听力范围。这些简单的动作从远处采集柔和的声音，以确保它们能振动我们的鼓膜，刺激我们的内耳，让我们一窥猫头鹰的低语世界。如果说人类和猫头鹰在听觉上的对应是惊人的，那么奥尔登堡团队很快就将在他们年龄最大的鸟的耳朵里发现一个明显的缺陷。

"1993年，克里斯汀送给我们一些雏鸟，这让我们能够启动奥尔登堡仓鸮项目。"动物学家乌尔丽克·朗格曼（Ulrike Langemann）对我说。于是，关于仓鸮听力的持续时间最长的科学研究项目之一开始了。"当时魏斯（Weiss）[1]只有12天大，我们以它可爱的白色脸庞给它取了名字。"正如小西之前做的那样，研究小组人工饲养了这些鸟。"我们把它们训练得像猎鹰一样，当我们向它们展示手套、美味佳肴和召唤它们时，它们就会飞到我们身边。"他们将皮革脚带系在这些猫头鹰的脚踝上，以便在鸟舍和实验室之间走动时牢牢抓住它们。"魏斯像大多数仓鸮一样害羞，但很容易相处。它也最受欢迎，"朗格曼坦言，"我在国外学习两年后，回来时，它甚至还记得我。仓鸮就像大象，它们永不忘记，特别是如果你是喂养它们的人。"这个项目始于复制小西的阈值实验。魏斯在两岁生日的几个月前进行了首次听力测试——和其他猫头鹰一样，而且这些测试持续了很多年。

然后在2017年，朗格曼意识到自己正坐在一座科学金矿上面。"这些可以追溯到20多年前的阈值数据此前只是在抽屉里积灰。综合起来，它们可以告诉我们猫头鹰的听力是如何退化的。"朗格曼拥有三组猫头鹰（一母同胞）的数据，所以包括魏斯在内一共有7只鸟。她对比了这些鸟10岁之前和之后的测试结果。"我上一次测试魏斯的时候，它已经23岁了。"在野外，猫头鹰很少能活到4岁以上。"它的视力不好，因此我猜测它的听力也会退化，但一点儿也没有。"其他猫头鹰似乎和魏斯一样。"老猫头鹰的听力和年轻猫头鹰一样好。老实说，它们没有出现听力损失是很了不起的。"魏斯"不老"的耳朵吸引了一些以往对猫头鹰不感兴趣的科学家。

和视网膜的1亿多个视杆细胞和500多万个视锥细胞相比，我们人均2万个的耳蜗毛细胞微不足道。随着时间的推移，所有感受器都会不可避免地受损，但是将我们数以百万计的光感受器减少1000个，对视觉不会有任何影响，而毛细胞的同等损失，则会导致不可逆的听力损失。可以说，听觉是

---

[1]　"Weiss"有白色之意。

我们所有感官中最脆弱的。对人类来说，耳聋是老年人的一大祸患。老年性耳聋——与年龄相关的听力损失——非常普遍，65 岁以上人群中的三分之一和 75 岁以上人群中的一半都深受其折磨。"出现了很多令人兴奋的研究，表明为什么像魏斯这样的老鸟拥有最初的听力阈值，这是因为它们的毛细胞。"科普尔解释道。理解鸟类毛细胞和它们保持青春秘诀的研究正在进行中。科学家发现，它们从未停止生长和修复。"关于鸟类如何以及为什么能够再生毛细胞，目前有很多推测，但是这个事实，加上我们已经知道这些毛细胞和我们的毛细胞如此相似，使得这个领域的研究格外有吸引力，"科普尔说，"我相信有一天它可能会帮助我们治愈耳聋。"朗格曼补充道："魏斯在我们的论文发表后不久就去世了。我仍然想念它，但是它展示的东西将比我们所有人更持久。"只有时间才能揭晓这只猫头鹰和它长着羽毛的大家族将如何帮助那些听力障碍者。与此同时，它已经阐明了自己的失明体验。

用耳朵看

约翰·赫尔（John Hull）的苦难始于他在澳大利亚的少年时代。13 岁那年，他的两只眼睛都患上了白内障。手术恢复了他的视力，但是严重削弱了他的视网膜，而随着时间的推移，他的视网膜逐渐脱落。最终，正如他在回忆录《触摸岩石》（*Touching the Rock*）中描述的那样，这让他"彻底失明"：不只是失去了视力，对视觉或光也没有了任何记忆。然而，随着视力的衰退，他开始注意到自己出现了另一种意想不到的感官。这始于他左眼的失明："我突然并清晰地意识到，在自己失明的一侧有东西，就在距离我的头十几厘米远的地方。出门过马路时，我会突然躲开左边的什么东西。扭头往那边一看，才发现那个东西是一辆停着的货车。"

在他 40 多岁时，随着另一只眼睛的失明，这种感觉变得更加明显。此时赫尔已经搬到英国并获得神学博士学位，在伯明翰大学担任宗教教育讲师。每天工作结束后，他都会等校园里变得空荡荡的，才踏上回家的路。

"在夜晚的宁静中，我有一种存在感，那是对障碍的认知。我发现，如果我在有这种感觉时停下脚步，然后挥动我的白色手杖，就会碰到树干。"在接下来的几周里，这种感觉再次出现。像人或停着的汽车这样宽大的物体比细长的路灯灯柱更明显，而且感知范围不超过1.5米。"我逐渐意识到自己正在形成一种奇怪的感知，"他说，"这种体验本身就非常特别，我无法将它和我所知道的任何其他事物相比。它像是一种身体上的压力感……作用在脸部皮肤上。"赫尔并不是个例。这种强化感知一直是盲人的普遍体验。1749年，法国哲学家德尼·狄德罗（Denis Diderot）将这种"惊人的能力"归功于空气在脸上的作用。1905年，另一个法国人、眼科医生埃米尔·贾瓦尔（Emile Jarval）认为这是一种不同于视觉、听觉、触觉、味觉或嗅觉的感官，并将其命名为"第六感"。从那以后，它有过很多名字：特异知觉、旁视视觉，而因为其感受部位，它最常被称为面部视觉。然而，20世纪40年代的开创性研究表明，它与脸无关。

一部无声的黑白电影验证了卡尔·达伦巴赫（Karl Dallenbach）在康奈尔大学的一个拱顶木梁实验室里开展的实验。一名戴着墨镜、手执白色手杖的男子接过一支香烟，据推测，有人正在给他讲解实验计划。达伦巴赫蒙住两个视力正常的人和两个盲人的眼睛。影片中，受试者们被引导着按照令人迷失方向的圆圈行走，然后被留下独自沿着长长的房间走向一面墙。滚动字幕是这样说的："使用尽头的墙壁，是因为它有很大的反射面。受试者在第一次感知到墙面时举起左臂；在判断墙距离自己仅仅十几厘米时，举起右臂。"虽然视力正常的人看起来更犹豫不决，但是和盲人受试者一样，他们也在墙前面停了下来。达伦巴赫怀疑他们肯定使用了相同的线索，但这些线索与空气的压力或温度对皮肤的作用无关。在注意到他们的鞋子在硬木地板上发出的声音后，他推测发挥作用的感官应该不是触觉。

接下来，他让志愿者不穿鞋重复这一过程，先是在铺开的地毯上，然后戴着耳机。在影片中，我们可以看到，一个盲人戴着眼罩和耳机沿着铺开的地毯往前走。这一次，他更加试探性地接近设置在尽头的复合板，但还是撞上了它。另一条字幕指出："在400次实验中，所有受试者都没能感知到障碍物。"在达伦巴赫的实验中，最后的精彩部分是，一名男子再次沿着这条路线走，但是他将一个麦克风拿在胸前。一名盲人受试者仍然戴着耳机，独自坐在另一个房间里，他聆听着步行者的麦克风收集到的声音。仅凭声音，他就可以在几米外感知到墙壁的存在，而且这种感知十分精确，甚至连步行者走到距离墙壁仅2.54厘米的地方也能感知到。达伦巴赫证明了面部视觉依赖的是耳朵。

聆听空间

听觉的一个方面常常被忽视。这种感官不只是衡量声音的特征——音调、音色或音量，并且还会以意想不到的方式勾勒周围的空间。当视力丧失时，这种特性会变得更加明显。大多数人可能觉得令人愉快的日子是阳光明媚时，但对约翰·赫尔来说，微风才是关键。"这会让我周围环境中的所有声音都变得生动起来。树叶簌簌作响，人行道上的纸片被吹得肆意舞动。"或者是一场暴风雨。"雷声在我头顶上方盖了一个屋顶，一个非常高且不时发出隆隆声的穹顶。我意识到自己身处一个空间很大的地方，而在此之前什么都没有。"对他来说，一场骤然落下的暴雨就像阳光洒在大地上。

> 雨有办法勾勒出万物的轮廓；它在之前无形的东西上面铺上彩色毯子；断断续续的碎片化世界不见了，持续不断的降雨创造出连续的声学空间……平常只有在我触摸时才揭开面纱的世界，突然向我露出了它的真面目。

正如卡尔·达伦巴赫所指出的那样，如果黑暗吞噬了我们中的任何一个人，我们仍然能够通过声音想象世界的方方面面。多年来，他的实验被多次成功重复和调整。科学家们已经指出，我们通过无声物体反射的声音听到它们，我们甚至能够听出它们的大致形状和材质。虽然盲人通常更擅长这种类似蝙蝠的回声定位，但任何人都可以相对快速地学会这项技能，而且一些科学家认为，我们在日常生活中已经无意识地使用了一定程度的回声定位，我们还是确定声音来源方面的专家。事实上，在小西正一测试猫头鹰之前，我们这个物种就保持着已知最强大的声音定位能力记录。仅凭声音，这些鸟就能非常精准地捕食猎物，因此它们的听觉常被称为"耳视觉"。

小西接受了加州理工学院的一个新职位，于是将21只猫头鹰运到那里，横跨整个美国。加州理工学院的机械师赫伯·亚当斯（Herb Adams）——他曾为美国国家航空航天局的首次火星探测任务设计"维京号"着陆器——正在设计一个革命性的声学室，以帮助他研究猫头鹰的天赋。在那里，不仅可以听到猫头鹰微弱的吱吱声，还可以处理和定位这些声音的来源。"最后，赫伯制作了一个碗状的圆环，并安装了一套系统，它可以沿着圆环移动一个小扬声器，这样我们就能把扬声器放在猫头鹰头部周围的任何地方了。"小西说。这个圆环后来被称为"赫伯圈"，它让小西的团队能够探究猫头鹰是如何立在隔音室内的栖木上，同时它的大脑对声音进行三维空间解码的。

"猫头鹰能在最初的两百毫秒内，也就是五分之一秒的时间内，迅速确定老鼠的位置，所以它们不会花太多时间进行声学计算，"他解释道，"所以我梦想着在大脑里找到一张听觉空间地图，即一张将声音转化为空间的地图。"小西没有想到前面的困难，因为以前从未发现过这样的事情。所以他坦言："这就是无知或天真发挥作用的地方。"随着猫头鹰在新家安顿下来，研究开始了。"从第一个实验中，我们得到了一些令人鼓舞的消息：我们在猫头鹰大脑中发现了具有极敏锐方向性的神经元。"来自不同地方的声音激活了猫头鹰中脑的不同区域。"几周后，当我们从不同的位置进行记录时，发现了一种变化模式。"尽管一开始进展速度很快，但接下来的工作又持续了几个月，甚至几年。最终，小西和他的团队得以揭示猫头鹰耳视力背后的科学原理。他们在猫头鹰大脑中首次发现了以眼睛可理解的方式表示信息的感官地图——一种类似视网膜的地图，但它依赖的是猫头鹰的两只耳朵。

在《恋音乐》（*Musicophilia*）一书中，奥利弗·萨克斯讲述了他的朋友霍华德·布兰斯顿（Howard Brandston）的故事。在一场眩晕症突然发作后，布兰斯顿的右耳几乎完全丧失了听力。"我还能听见右边的声音，"他对萨克斯说，"但是不能辨别词语或者区分音调差异。"他的生活以一种意想不到的方式受到影响。"在接下来的一周，我去听了很多场音乐会，但是曲子听起来平淡乏味，没有我喜欢的那种和谐的感觉。是的，我还能听出演奏的是哪段音乐，但是我没有感受到期待中振奋人心的情感体验，我变得非常沮丧，泪水涌上双眼。"

不久后，又出现了另一种始料未及的复杂情况。布兰斯顿非常热爱户外活动，自失聪后，他第一次狩猎。"我一动不动地站着，能听到花栗鼠的窸窸窣窣，还有松鼠的觅食声，但是我从前拥有的精确定位这些声音的能力现在丧失了。"直到那时，当他听不到猎物的下落时，也就是他才意识到猎人是多么依赖两只正常工作的耳朵。萨克斯将这种情况与那些一只眼睛失明并失去立体视觉能力的人进行比较。他提出："失去立体视觉共鸣造成的影响出人意料地深远，不仅会导致对深度和距离的判断出问题，还会导致整个视觉世界'扁平化'。"在听音乐时，布兰斯顿的声音景观也变得同样扁平，就像它丢失了自己的架构一样。打猎时，他能看到风景，但他感觉不到声音在其中的位置。

"我们的耳朵和猫头鹰的耳朵以相似的方式分解复杂的信号，"小西说，"多年前，科学家就在猜想人类的耳朵是如何分解复杂信号的，而猫头鹰则证明了人类是如何定位声音的。"他再次使用"赫伯圈"，但这一回他依次堵上了猫头鹰的耳朵。这些鸟的反应慢慢揭示出，存在两条信号处理路径。"从内耳开始，听觉神经投射到大脑上，而听觉神经中的每根纤维都分成两个分叉。"该团队发现，这两个分叉利用了声音抵达左耳和右耳时的细微差别。第一个分叉对比了抵达时间的差异。当声音来自任意一侧时，这个差异最大；只有来自正前方的声音才会同时抵达两只耳朵。"猫头鹰使用微秒级的时间差，"小西解释道，"仓鸮能探测的最大时间差仅为150微秒，而最小时间差是10微秒。"它们分别是一亿五千分之一秒和一千万分之一秒。和所有在地面上击杀的捕猎者一样，猫头鹰必须能够在平面上定位猎物的位置，所以第一条路径使用这些微秒级差异来计算声音的水平位置。由于猫头鹰从空中接近猎物，所以它还必须能够确定自己在目标上方的仰角。第二条路径利用猫头鹰不对称的耳朵对比音量的微小差异。如果声音来自水平视线上方，那么右耳（下）听到的声音会比左耳（上）听到的大。只有来自与眼睛位置齐平的声音才有相同的音量。科学家在鸟的大脑中发现了时间和音量路径交会的地方：它们的水平和垂直数据合并成了一张三维的声音空间地图。

　　小西证明，在定位景观中的声音时，猫头鹰的耳视力无可匹敌。鸟类学家蒂姆·伯克黑德（Tim Birkhead）指出，在所有猫头鹰中，"最能说明鸟类听觉水平极高的物种是乌林鸮"。当这个身披羽毛的幽灵飞过一大片没有标记的雪地时，它的面部抛物线天线能捕捉到一只老鼠在远处小步快跑的声音，它飞行时的极度安静确保了这些声音不会被掩盖。猫头鹰通过它们抵达不对称耳朵的微小差异确定了它们在三维空间中的来源。猫头鹰会持续聆听并调整自己的飞行路径。除了声音，它不需要视觉、嗅觉或者其他任何感官，它会以极快的速度瞄准猎物。我们人类利用同样细微的声音线索，根据双耳之间的时间和音量差异来确定位置。因为双脚牢牢踩在地面上，所以我们很少需要计算仰角——实际上，在这方面猫头鹰的表现比我们强三倍，但在我们所栖居的水平世界，我们和它们一样精准。就像蝙蝠一样，我们通过聆听世界发出和反射的声音来了解它的面貌；就像猫头鹰一样，我们把这些声音绘成听觉空间地图。

　　科学研究已经将猫头鹰从负面形象中拯救出来，并使其重新成为希腊智慧女神雅典娜的图腾。通过这种生物，我们了解到"听"意味着什么：不只是察觉声音，还包括创造丰富和具有透视效果的声音景观。我们发现自己有辨别窃窃私语的听觉天赋，然后将它们定位并分层，建造声音宏大的教堂。这种安静的鸟还指导我们将世界变得更美好：无论是通过重新设计技术来抑制不必要的噪声，还是改善那些不幸人士的生活。"我既聋又瞎，"美国聋盲社会活动家海伦·凯勒在1910年给她的医生寄出的信中写道，"耳聋的问题比失明的问题更严重、更复杂，甚至更重要。耳聋是更大的不幸。"猫头鹰坐在盲人的肩上，带来耳视力这一恩赐。某一天，它可能会和它更广大的鸟类家族一起，为其他人提供关于声音的礼物。

第4章

星鼻鼹鼠和我们的触觉

长着触手的鼻子

动物界最快杀手的荣誉不属于猎豹，而是属于一种生活在美国东北部和加拿大东部湿地中的动物。吉尼斯世界纪录称它是最快速、最贪婪的哺乳动物猎食者。相关词条上写道，"人类开车时对红灯做出反应需要650毫秒"，眨一次眼最多持续300毫秒，但这种生物可以在150毫秒之内识别、捕捉并吃掉它的猎物。这不禁让人好奇，被吃掉的猎物是否有时间记录自己的命运。为了强调这种动物险恶的名声，有人将它比作H. P.洛夫克拉夫特（H. P. Lovecraft）笔下著名的地外生物克苏鲁（Cthulhu）："一种外形似人的怪物，但是头像章鱼，脸上长着一大堆触手，身上覆盖着鳞片，看上去像橡胶一样，后脚和前脚上都有巨大的爪子，身后长着又长又窄的翅膀。"除了鳞片、爪子和翅膀之外，它与本章所提到的物种看上去惊人地相似：强壮的肩膀，长着爪子的前肢，以及动物界最惊人的适应性特征之一——从鼻孔中放射出的22只充血的肉质触手。然而，这个毛茸茸的恶魔几乎没有人的一只手掌大，很少在地面上活动，也不会对你构成什么威胁，除非你是一条蚯蚓。它是一种相当迷人的哺乳动物，它不同寻常的鼻子使其得名星鼻鼹鼠。

田纳西州的纳什维尔是乡村音乐和星鼻鼹鼠研究的发源地。肯·卡塔尼亚（Ken Catania）是研究这些动物的世界权威，任职于范德比尔特大学。美国理论物理学家约翰·阿奇博尔德·惠勒（John Archibald Wheeler）曾说："在任何领域，找到最奇怪的东西，然后探索它。"在这番话的指导下，卡塔尼亚在鼹鼠中找到了他的追求。"很难想象会有什么动物比它更奇怪，"他对我说，"它简直像天外来客，你可以想象一下，它从飞碟里钻出来，跟一群好奇的地球代表打招呼。"

自19世纪以来，这种鼹鼠的星状鼻子一直受到人们的各种猜测。有人甚至怀疑它是否像天线一样可以探测电场。"作为一名对感官系统感兴趣的神经科学家，这种生物学异常代表了一个极为诱人的谜团。"卡塔尼亚从宾夕法尼亚州西北部广阔的湿地中收集他要研究的鼹鼠。对隧道挖掘者来说，这2000多平方千米郁郁葱葱的植被和潮湿的土壤简直是极乐世界。这种行踪隐秘、几近失明的动物以每小时2.4米的速度挖出30米长的隧道，寻找美味的食物。作为已知唯一一会游泳的鼹鼠，它们还会在沼泽浅滩捕捉小鱼和甲壳类动物。当卡塔尼亚在他的实验室水箱里拍摄它们在水下觅食的过程时，镜头展示了它们如何在鼻孔吹出气泡时一口吞下开胃小菜。卡塔尼亚认为，当这些气泡包围目标时，它们会吸收目标的气味分子。然后，在重新吸入这些充满气味的空气时，星鼻鼹鼠能够嗅出它们发现的东西是否可食。"这种感官能力完全出乎意料，"卡塔尼亚说，"以前，从逻辑上讲，人们认为哺乳动物不能在水下使用嗅觉，但是这种新发现的行为提供了一种机制。"因为它的鼻子，星鼻鼹鼠成为已知的第一种在水下有嗅觉的哺乳动物。然而，事实证明，这是它的感官天赋中最不重要的一项。

当星鼻鼹鼠沿着隧道前进时，环绕它鼻孔的11对鼻触手移动得非常快，都看不清了。为了弄清楚究竟发生了什么，卡塔尼亚使用高速摄像机让它们慢下来。他建造了一个带有机玻璃底的地洞，用隐藏得很好的蚯蚓碎片（鼹鼠的美味珍馐）作为诱饵，然后设置好摄像机，对准鼹鼠的腹部，拍摄帧率为每秒1000帧。他的第一个实验对象迅速穿过地洞，以极高的效率找到并吞食了蚯蚓碎片。第二只和第三只如法炮制。当卡塔尼亚用慢镜头回放这段录像时，他清楚地看到了这些鼹鼠星状鼻上的22只鼻触手，它们正在黑暗中摸索。这些触手快速而独立地移动，每秒最多能触碰十几个物体。而且只要前十对触手中的一对碰到了食物，第十一对触手（稍微缩小了一些）就会过来侦察一下，然后将猎物留给鼹鼠的镊子状门牙。卡塔尼亚补充道："任何食物都必须接受第十一对触手的触碰。"第十一对触手可能比较小，但它们的作用很大。卡塔尼亚和他的同事菲奥娜·雷普尔（Fiona Remple）还测量了这个过程所需的时间，他们发现星鼻鼹鼠可以在短短120毫秒内识别出来并捕获猎物。"时间短得惊人，"卡塔尼亚说，"我不知道是否有其他哺乳动物能与之媲美。"正是这个发现让吉尼斯世界纪录办公室打来电话。"他们给我寄来这张精美的证书，"卡塔尼亚说，"我开玩笑说，我要把我的博士学位证书从墙上取下来，换成这张。"高速镜头的意义不只是打破纪录，它表明这种鼹鼠的鼻子更适用于触觉，而不是嗅觉。这种想法的首次提出是在一个半世纪前，在另一块大陆上，针对的是另一个鼹鼠物种。

当时，古斯塔夫·海因里希·西奥多·艾默（Gustav Heinrich Theodor Eimer）以比较解剖学家的身份在德国维尔茨堡大学工作，他对欧洲鼹鼠很感兴趣。艾默观察到，这种鼹鼠鼻子的皮肤上布满了微小的膨大结构，每个膨大部分的直径可达五分之一毫米。"这些点或乳突是特殊神经末梢的所在。"他后来写道，出于兴趣，他用显微镜仔细观察了一番。他的妻子安娜是一名画家，她记录下了他看到的东西。她细腻而精美的图画表明，这些圆丘状乳突是压扁的表皮细胞堆叠而成的柱状结构，神经束沿着中央的管道向下延伸。艾默对组织进行染色，以暴露之前隐藏的细节。"如果你处理皮肤，"他继续说，"就会发现数量惊人的神经。有髓神经纤维以粗大的神经束的形式向各个方向延伸。"他煞费苦心地在一只鼹鼠鼻子表面的皮肤上数出5000多个乳突，每个乳突的核心都有2～3个神经纤维从中穿过。他突然意识到，因为"这些神经末梢……必须直接接触"鼻子所做的那些事，所以这些乳突必须让鼹鼠能够感觉到周围的环境。他将这些乳突称为"触觉锥体"（Tastkegel）。

1871年，他在当时的学术期刊《显微解剖档案》（*Archiv für mikroskopische Anatomie*）上发表了他的发现，标题为《作为触觉器官的鼹鼠的枪口》[*Die Schnautze (sic) des Maulwurfs als Tastwerkzeug*]。带着也许是不经意的黑色幽默，他指出，"对着鼹鼠的鼻子轻打一拳就能将其杀死，而不寻常的神经密集分布则轻松地解释了这个众所周知的事实"。他总结道："鼹鼠的鼻子一定是某种训练有素的触觉的中心，因为它几乎完全取代了这种动物的面部感觉，而且是它们地下之旅的唯一向导。"如今为了纪念他，"触觉锥体"被称为艾默氏器。通过让皮肤对感觉高度敏感，它们将欧洲鼹鼠的鼻子变成了一种触觉优于嗅觉的器官。

敏感的皮肤

我们的皮肤勾勒出我们的轮廓，赋予我们形状，并将我们身体的各部位组装在一起。它保护我们免受化学物质的感染和风霜雪雨的侵袭。它让我们出汗降温，又让我们起鸡皮疙瘩散热。它也是我们接触外部世界的部位，而且就像鼹鼠的鼻子一样，它蕴藏着我们的触觉。因此，我们的皮肤在某种程度上是我们身体中最大的感觉器官。东京大学医学病理博物馆里的一件令人毛骨悚然的藏品生动地说明了这一点。世界人皮文身收藏专家福士政一博士摘取并保存了许多完整的人皮。在张开、伸展和固定后，一个普通成年男子的平均皮肤面积约为2平方米，约占总体重的16%。仔细观察我们的指尖，会发现指纹的脊线和螺纹。虽然这些纹路充满了情感意义——用神经学家大卫·林登（David Linden）的话说，它们是"用晦涩的艺术密码书写的人类个性的外部标记"——但我们尚未理解它们的用途。

用显微镜更仔细地观察，会发现皮肤可以分解成很多层。表皮层（epidermis，来自希腊语单词 *epi* 和 *derma*，意思分别是"……之上"和"皮肤"）又分为五层。表面是由干燥的死皮细胞形成的角质层，每隔几周就会脱落；再往下是光滑、半透明的透明层，它只存在于我们的手指、手掌和脚趾中；然后是皮肤中最常见的细胞—角化细胞形成的颗粒层；接下来是有棘层，其中含有起免疫作用的朗格汉斯细胞；最后是基底细胞层，其中包含黑色素细胞和柱状基底细胞，后者会分裂并将新细胞向上推。在更深的真皮层中，大部分皮肤由网状结缔组织构成，我们的神经、血管和汗腺被包裹在里面。正是在这些表皮和真皮的交界地带，我们的触觉开始产生。虽然我们的皮肤不像艾默的鼹鼠那样有"触觉锥体"，但德国另一位解剖学家发现了其他结构，并在4年后发表了一篇关于它们的文章。

1875年，德国科学家弗里德里希·西格蒙德·梅克尔（Friedrich

Sigmund Merkel）声称，他在包括人类在内的哺乳动物中发现了第一种已知的触觉细胞Tastzellen。在维尔茨堡以北数百千米的罗斯托克大学工作时，他在表皮层底部的基底细胞层中发现了碟状细胞，这些细胞毗邻进入真皮层的膨大神经末梢。时间会证明他是对的。如今，这些细胞以他的名字被命名，即梅克尔细胞。后来的研究表明，梅克尔细胞对最轻的触碰有反应。如果皮肤被向下按压仅仅百分之五毫米，它们就会将物理变形转变为电脉冲。梅克尔可能不知道，他发现的碟状细胞被证明是四种皮肤触觉细胞（又称机械感受器）之一。它们形成了一支优秀的触觉细胞团队，共同发挥作用，向我们的大脑传达世界带来的无限感受。每种皮肤触觉细胞都以发现它的科学家的名字命名。

卵形的迈斯纳小体（Meissner's corpuscle）与梅克尔细胞在同一时期被发现，它们可以探测到像羽毛一样轻的压力和轻微振动，因此得到了"亲吻受体"的绰号。帕奇尼小体（Pacinian corpuscle）和鲁菲尼小体（Ruffini corpuscle）埋在更深的真皮层中。前者拥有像洋葱一样的分层结构，对高频振动有反应；后者探测皮肤的变形和拉伸，例如我们将手塞进一只很紧的皮手套时的感受。我们现在知道，梅克尔细胞测量边缘、形状和质感，让我们能够区分滚珠轴承表面的对称光滑和核桃表面的粗糙程度。梅克尔细胞在我们的指尖中最丰富，它们赋予我们的敏感度能让我们区分相差仅几分之一毫米的特征。在有些情况下，默克尔和艾默各自的发现趋于一致。

如今，肯·卡塔尼亚拥有一种比他19世纪的同行所能想象到的工具更强大的工具。扫描电子显微镜的放大倍数至少是光学显微镜的100倍，这让他能够非常清晰地观看星鼻鼹鼠的星状鼻，而被放大这么多倍之后，它成了一个全新的世界。"在扫描电子显微镜下，可以看出它的皮肤表面由数万个表皮层圆丘组成，仿佛是卵石铺就的一样。美丽的解剖特征。"他告诉我。每个圆丘都代表一个艾默氏器。"我仔细检查过是否存在其他类型的感受器，但是没有发现其他任何东西。"

除了触觉之外，在星状鼻上没有发现任何电感受器、化学感受器或者任何其他感官能力存在的证据。"艾默氏器呈六角形排列，像蜂窝一样，没有空间容纳其他任何东西。"卡塔尼亚聚焦在一个艾默氏器上，然后提高分辨率。他看到最上面的角质层只有六七个细胞那么厚——外部环境和活体组织之间只有5～6微米距离——几乎不存在。向更深处看，就在艾默氏器的细胞柱下方，深埋在表皮层的底部，卡塔尼亚发现，皮肤中有一种很像梅克尔细胞的细胞，"就处于被细胞柱受到的压力压缩的最佳位置"。看到这种鼹鼠的星状鼻塞满了艾默发现的"触觉锥体"，还配备了默克尔发现的"触觉细胞"，卡塔尼亚得出的结论和艾默对欧洲鼹鼠的判断如出一辙：星鼻鼹鼠的"鼻子"不是嗅觉器官，而是一种传达触觉的皮肤表面。

卡塔尼亚开始了一项不太令人羡慕的任务，即清点这种鼹鼠星状鼻上的圆丘数量，更繁重的任务是，清点这种复杂神经集群中个体神经纤维的数量。这种鼹鼠每个艾默氏器的大小是欧洲鼹鼠艾默氏器的四分之一。所以，星状鼻上的艾默氏器数量可能会很多，但是卡塔尼亚清点后发现每个星状鼻上平均有大约25000个——这是欧洲鼹鼠的5倍多。考虑到每个艾默氏器都由大约4条有髓神经纤维提供服务——而不是艾默研究的鼹鼠的2或3条，所以卡塔尼亚保守估计，总共有10万条神经纤维，这比欧洲鼹鼠多了几万条。在每一项指标上，星鼻鼹鼠都以相当大的优势超过了它的欧洲表亲。相比之下，我们人类更是相形见绌。"星鼻鼹鼠光是鼻子上的神经纤维数量就比人类一整只手上的还多——10万对1.7万——然而，整个星状鼻的直径仅为1厘米，想象一下，将你整只手的敏感度增加6倍，然后全部集中在一个指尖上。"

卡塔尼亚得出结论，在科学界已知的哺乳动物器官中，没有一种像星鼻鼹鼠的鼻子一样充满密集的神经，拥有如此敏锐的触觉敏感度。"人类用手指感受的方式可能更多样，但星鼻鼹鼠的触觉器官是迄今为止发现的哺乳动物中最灵敏的。"多亏了这个神奇的鼻子，星鼻鼹鼠通过触觉感知世界。对极少数人来说，这种感官具有类似的意义。

海伦·凯勒：用触觉连接世界

海伦·凯勒出生于19世纪末，是历史上最著名的聋盲人之一。她在只有19个月大的时候就失去了视力和听力。几乎无法想象她的日常经历：完全的寂静，永久的黑暗，和其他人的接触仅限于通过触摸。1887年3月3日，也就是她年满7岁的三个月前，她遇到了一个能够为她扩宽世界的人。她在《我一生的故事》中写道："在我的记忆中，我一生中最重要的一天是我的老师安妮·曼斯菲尔德·沙利文来找我的那天。当我想到这一天所连接的两种生活之间那无法估量的差别时，我至今仍感到惊讶。"沙利文也失去了部分视力，她对新学生几乎完全隔绝的状态感到震惊："她无法和身边的人交流，除了极少数她自创的模仿性手势。推意味着走开，拉意味着过来。"沙利文意识到，凯勒从未听过人们说话，也没有见过嘴巴说话时所做的动作，她甚至没有说话这个概念。沙利文解释道："通过把凯勒的手放在我的脸上，我让她感受我们是如何用嘴巴说话的。"沙利文将触觉作为连接她们两个世界的桥梁。

《福克斯电影新闻》(Fox Movietone News)1928年的一部新闻短片拍摄了这两位女性之间感人至深的影像，她们坐在一起，彼此挨得很近，看起来就像一体的。沙利文向我们展示了她如何与自己的学生交流（通过将凯勒的手指放在她的脸上）："大拇指放在喉咙上，就在喉部，第一根手指放在嘴唇上，第二根放在鼻子上，我们发现她可以感受到说话时的振动。"不同的手指位置让凯勒能够区分字母发音——喉音g、用嘴发出的比较轻柔的b和p，还有鼻音 m 和n——这是一种非常高效的学习方式，它为一种名叫泰多码（Tadoma）的无声唇语方法提供了灵感。最终，沙利文的课程让凯勒学会了她的第一句话，而在短片最令人心酸的部分，凯勒犹豫，但清楚地说出"我现在不是哑巴了"。凯勒通过指尖体验现实并与之产生联系。直到现在，科学界才揭示，她很可能是凭借非凡的触觉能力做到了这一点。

"神经学家很早就知道有些人的触觉比其他人灵敏，但是其中的原因一直是个谜。"神经学家丹尼尔·戈德赖希（Daniel Goldreich）说。他和他在加拿大麦克马斯特大学的团队在过去10年里进行了多项研究，并对数百人进行调研，最终他们发现一些人拥有惊人的触摸熟练度。"我们已经证明，盲人在触觉敏锐度测试中的表现始终优于正常人，"当被问及海伦·凯勒的情况时，他回答，"聋盲人极其罕见，这意味着相关研究很少，因此相关文献也很少，研究结果也不确定。但我毫不怀疑，他们的表现会超过视力正常的人，甚至可能超过盲人。凯勒的触觉一定非常敏锐。"他的研究还助长了一场由来已久的男女之间的战争。传统的刻板印象让我们相信，女性拥有更敏感的触觉。"我们一再发现，盲人女性的触觉敏锐度优于盲人男性。她们的得分始终比男性高大约10%，"他说，"我们在视力正常的女性和男性身上也发现了一些类似的证据。"戈德赖希和他的同事们想确认女性的这种优势是不是在人群中广泛存在，如果是的话，为什么会这样。

该研究团队用机器在拼字方块大小的塑料方块上雕刻出精细的平行凹槽，然后让志愿者将食指按在上面，判断这些凹槽是平行还是垂直于手指，随着实验的进行，还会使用间隔越来越窄的凹槽。戈德赖希将这个测试描述为"验光师视力表的触觉版"。研究结果出现了熟悉的模式："平均而言，男性可以感知到间隔小至1.6毫米的纹路，而女性可以辨别出1.4毫米的间隔。"女性似乎再次领先。"有人可能会声称她们拥有更优秀的触觉细胞，"戈德赖希说，"心理学家大概会争辩说，这与男性和女性大脑的运作方式有关，但我怀疑原因其实简单得多。"他决定绘制图表，找出触觉敏感度和指尖大小的关系。"我们发现这张图上的每个人，包括男性和女性，都在同一条直线上。这意味着手指纤细的男性的触觉和女性的一样灵敏。"因此，这种差异并不是由性别决定的。然后，研究人员通过计算汗腺孔的数量来估计每个人手指上梅克尔细胞的数量。"深入汗腺孔，"戈德赖希告诉我，"在下方大约1毫米处的表皮层底部，你会发现成簇的梅克尔细胞。所以，这些汗腺孔是衡量梅克尔细胞密度的一个很好的指标。"女性的汗腺孔数量和男性的基本相同，因此梅克尔细胞的数量也一样，但是这些细胞在她们更小的手的更小的手指上往往更密集。

　　将更多感受器集中在微小的尖端上会产生极高的触觉敏感度，星鼻鼹鼠就是活生生的证据。卡塔尼亚将这比作数码摄影。"星状鼻提供了非凡的细节，就像相机里的高密度感光芯片能产生大量高分辨率影像一样，"他补充道，"星鼻鼹鼠能够通过感知短时间内的单次触摸来创建高分辨率的快照，而我们用手指扫描物体的分辨率要低得多。"无论是星鼻鼹鼠还是人类，从本质上说，他们的梅克尔细胞都会接收到"触觉图像"的碎片，并将它们发送给大脑；梅克尔细胞的密度越大，图像就越清晰。所以，女性的触觉敏感并不是因为她们的细胞经过特化，而是因为它们的排列方式——紧密地挤在纤细的手上——更像鼹鼠，在她们的指尖上提供了一个更细致的感知世界。然而，触觉的灵敏度不只体现在皮肤上。

大脑中的"小矮人"

　　肯·卡塔尼亚与范德尔比特大学的同事、神经学家乔恩·卡斯（Jon Kaas）合作研究鼹鼠的大脑对触摸的反应。他告诉我："当我开始试图理解它的大脑组织和行为时，事情才真正令人惊讶。"在不伤害动物的原则下，他们给一只鼹鼠注射了镇静剂，然后轻轻抚摸它星状鼻的尖端、脸和身体，并观察它大脑中神经的实时反应。这激活了所有哺乳动物大脑中与触觉相关的一个新皮质区域，被称为躯体感觉皮质。卡塔尼亚和卡斯小心翼翼地制作了这种皮质的精细切片，以便于放到显微镜下观察。他们使用了一种染色剂——被激活的脑组织会将这种染色剂吸收，来突显对来自鼹鼠皮肤的信号做出反应的区域。他们透过镜片向下看。"新皮质在一系列美丽而复杂的'风车'中亮起，"卡塔尼亚回忆道，"染色浓密的条纹图案被清晰的低染色线条分隔。"这些光条纹有点像一只巨大的海葵，并且有22只触手在皮质表面呈扇形散开。这两名科学家意识到，染色所揭示的图案仿佛是这种拥有22只触手的星状鼻在星鼻鼹鼠大脑解剖结构上留下的镜像。他们还可以辨认出其他形状，如看起来很像星鼻鼹鼠两个铲状前肢、躯干和胡须的那些图案，就位于星状图案的旁边，但是占据的空间越来越小。

实际上，星鼻鼹鼠整个身体的轮廓似乎都被勾勒在它的躯体感觉皮质中，只是比例扭曲了。它的星状鼻占据了一半空间，而且其中很大一部分空间都被一对触手占据。卡塔尼亚解释道："最小的触手，也就是第十一对触手，在大脑中大得出奇。它们在整个星鼻鼹鼠的轮廓中占据大约25%的面积。"在它的大脑中，星鼻鼹鼠被描绘成庞大的星状鼻拖着小小身体的样子：简直可以叫"星鼹鼠鼻"。这一发现与一项革命性的研究相吻合，即对未接受全身麻醉的开颅手术患者进行的研究。

20世纪30年代，怀尔德·彭菲尔德（Wilder Penfield）在蒙特利尔神经学研究所开创了一种名为清醒开颅手术的外科手术，它被用来切除引起癫痫的大脑异常。由于患者是醒着的，而且可以说话，所以彭菲尔德可以观察他的手术刀造成的直接后果，从而防止它误入神经外科医生所说的功能区，造成无法弥补的伤害。这种手术是可行的，因为我们的大脑缺少记录疼痛的触觉感受器。外科神经医生只需要对患者剃光的头皮进行局部麻醉，然后剥开皮肤，在颅骨上锯出一个开口，露出里面轻轻搏动的内容物。彭菲尔德用一个看起来像电动牙刷但会产生微弱电击的电极检测了1000多个大脑。这个过程引发了各种奇特的感知幻觉。一些患者闻到了吐司烤煳的气味，还有一些患者听到了管弦乐的旋律。负责处理触觉的躯体感觉皮质位于我们两耳之间的头部顶端，探索这个区域会引发奇怪的触觉。患者会体验到身体各个部位的刺痛或振动。彭菲尔德发现，刺激不同大脑的同一区域会导致患者们描述身体同一部位的感受。当在大脑皮质表面标记出他们的反应时，出现了一个非同寻常的模式。彭菲尔德是第一个发现人类大脑中存在一幅全面的感官地图的人：第一幅躯体感觉触觉地图。

我们的大脑表面无形地烙印着一个变形得很怪异，但毫无疑问是人类的轮廓。它拥有瘦弱的躯干和细长的四肢，被巨大的双手挤在一边。此外，它的头部在奇怪的大嘴唇和舌头的映衬下显得十分小。当海伦·凯勒伸手去摸安妮·沙利文的嘴时，她手指皮肤中的梅克尔细胞会被激发。作为回应，沙利文会触摸她的手肘，此时她胳膊里的梅克尔细胞也会随之被激发。这些信号每一个都会抵达她大脑的不同位置，而且因为这些信息是点对点传递的，所以凯勒整个皮肤的感觉表面会在她的大脑中呈现出来。科学家们知道，皮肤的超敏感区域（拥有密集的梅克尔机械感受器）在我们的触觉地图上会被放大，因为我们的大脑将更多空间用来处理它们输入的信息。手指占据的皮质空间大约是躯干的100倍，因为它们所包含的触觉感受器是躯干的大约100倍。彭菲尔德将大脑的触觉地图称为"*homunculus*"（侏儒），这个词是拉丁语，意为"矮人"。多年来，随着神经学家将注意力转向其他躯体感觉皮质，它有了一个伴侣——"女侏儒"（*hermunculus*），还出现了一个规模不断扩大的动物园："侏儒鼠""侏儒浣熊""侏儒剑尾鱼"，以及最近的新成员"侏儒星鼻鼹鼠"。这些地图无一例外地记录了通过触觉扭曲的各种解剖结构。

　　"我将这幅'侏儒星鼻鼹鼠'视为从大脑的角度对身体进行的一种奇特描绘。"卡塔尼亚说。和人脑中的"侏儒"一样，更多的大脑空间被分配给充满触觉感受器并优先处理触觉的身体部位。星鼻鼹鼠的触觉地图有一半专门服务于它鼻子上的星状结构。接下来，星状结构地图的一半用来服务第十一对小触手。这反映了它们在发现并评估星鼻鼹鼠下一口食物的过程中的相对重要性。卡塔尼亚再次看到了鼹鼠的触觉和视觉成像之间的相似之处。他的想法与小西正一的想法相呼应，后者在猫头鹰的大脑中发现了声音空间地图，并将其与猫头鹰的眼睛及视网膜进行了对比。卡塔尼亚解释道："星鼻鼹鼠的触觉分为周围触觉和中央触觉，这似乎类似于哺乳动物视觉系统中的视网膜。"星状鼻似乎发挥了视网膜的作用，可以感知更广阔的景观，而它微小但非常重要的第十一对触手就像人类视网膜中以视锥细胞为主的中央凹处，产生的视觉图像最清晰。类似我们的视觉中央凹，这对触手是触觉中央凹——就像猫头鹰或者蝙蝠的听觉中央凹一样。当星鼻鼹鼠鼻子上的星状结构压在土壤上时，它会向大脑传送一幅关于地形的三维星形视图：一种数字触觉图像，对食物尤其关注。"它们与视觉的相似之处令人惊讶，"卡塔尼亚总结道，"这个鼻子可能看起来像手，但它的作用却像眼睛。"这种星状鼻能让它几乎失明的主人通过触摸"看见"世界。

失明画家的天赋

2004年，一名男子走进哈佛医学院的一间实验室，声称他用手指看到的东西和我们大多数人用眼睛看到的东西一样多。埃斯拉夫·阿玛甘（Eşref Armağan）于1953年出生在伊斯坦布尔最贫穷的社区之一，刚生下来就完全失明。如今，他虽然还是失明状态，但已成为著名的画家。"我以这种方式来到这个世界，也将以这种方式离开这个世界，但当我活着的时候，我为什么不去多多了解这个世界呢？"他一边画一个他看不见的苹果的轮廓，一边对我说，"我了解一件物品的方式是将它握在手中，然后把它画下来。"阿玛甘的作品涵盖了以鲜花、大碗里的水果和土耳其巴拉玛琴等为主题的静物画，以及以演奏手风琴的小丑、钢琴演奏者和地毯编织工为主题的肖像画。他首先感受绘画对象，然后将它们转换到纸上，用钉子等尖锐的物体刻出轮廓，再用涂有颜料的手指跟踪这些凹痕。最终的油画作品在形状和透视效果上是眼睛能够理解的，但他既看不到绘画对象，也看不到自己对它们的呈现。这些作品具有原始艺术的美学特征和魅力。阿玛甘告诉我："用手指摸索已经完全消除了我的失明缺陷。仿佛我也和其他人一样能看到一切。"

"有时候，大自然就是会扔给你某种天赋。从神经学家的角度来看，天赋对其承受者而言并不一定是天赋。"哈佛医学院的神经学教授阿尔瓦罗·帕斯夸尔－莱昂内（Alvaro Pascual-Leone）说。他和他的同事们使用核磁共振扫描仪研究了很多不寻常的大脑，他们还用它证明了在阿玛甘的说法中有比他所知道的更多的真相。当帕斯夸尔－莱昂内开始他的科研生涯时，主流的观点认为成年人的大脑变化缓慢。他的工作正在帮助改写这一观点。"我们所想、所感、所梦和所经历的每一种体验都在不断地改变着大脑，"他对我说，"我们的大脑不是一成不变的，而是动态的，能够快速变化的。"20世纪90年代，他发现盲人读者的躯体感觉侏儒图和正常的人不同：分配给他们阅读所用手指的空间明显更大。帕斯夸尔-莱昂内推断，随着时间的推移，更多皮质空间和处理能力将被分配给最常使用和最有用的手指。"它们是中央凹，"他解释道，"我们有用于视觉的中央凹，但盲人有用于触觉的中央凹。"他的理论与卡塔尼亚的观点有相似之处：他的人类研究对象的阅读手指已经成为一种触觉中央凹，就像星鼻鼹鼠的第十一对触手一样。频繁地阅读盲文重塑了他们的触觉地图。这些发现鼓励了帕斯夸尔-莱昂内和其他人提出，大脑具有可塑性。他们扫描阿玛甘的大脑时，发现了完全属于另一个层次的神经可塑性。

"我原本害怕机器可能会拿走我的什么东西，但我克服了恐惧，因为我想让他们好好看看我的头脑，告诉我到底发生了什么，"阿玛甘坦承，"他们让我仰面躺下，用带子固定住我的头，然后把我放进扫描仪。"科学家们将各种小物件递给他，让他拿在手里翻动，其中包括一尊坐在长凳上拿着苹果的人物小雕像。阿玛甘开始画它。"我画得很快。这很简单。医生们都惊呆了。"帕斯夸尔-莱昂内回忆道："阿玛甘的技术非常厉害，他在几秒钟之内就能以惊人的精确度画出我们给他的东西，这甚至是在他躺下并把纸放在肚子上的情况下做到的。"如果说阿玛甘的画是非同凡响的，那么他的大脑更是如此。阿玛甘说："他们接着让我把这尊小雕像画下来，就好像我在俯视它一样。从侧面'看'，它很长，但是从上面'看'，它只是长凳上的一个小圆圈。"帕斯夸尔-莱昂内解释道："不同视角本质上是一种视觉上的东西，不存在触觉视角。让我惊讶的是，尽管他从未看过什么东西，但他却有观察角度和视角。这表明这种空间意识在某种程度上是根深蒂固的，与生俱来的。"

为了查明当阿玛甘将他触摸的世界转化为绘画时，他大脑中的哪一部分被激活了，科学家们让他拿着同一件物品，然后进行一些不相关的涂鸦。

这让他们能够将他手上的输入信息与画图和描绘的输出信息区分开。他们观察到，可预见的触摸行为会刺激这位盲人画家的躯体感觉皮质和触觉中央凹。此外，和信手涂鸦时相反，绘画过程会激活大脑的另外三个区域：前额皮质、枕叶皮质和纹状皮质（又称初级视皮质）。"阿玛甘先天失明，但是如果你看到这张大脑的图像，而且不知道真实状况的话，你会说这个人是看得见的。"帕斯夸尔-莱昂内说。初级视皮质位于枕骨隆突（我们颅骨后部的隆起）附近，传统上是处理视觉的部位。在没有视觉输入的情况下，阿玛甘的触觉不仅激活了他的躯体感觉地图，还召集了他大脑中负责视觉的部分。

　　阿玛甘对这个发现感到非常兴奋，他认为这证实了他一直以来所希望的："我没有失明，我能看见。我是第一个证明看东西不需要眼睛的人。"他不是唯一将视觉和触觉等同起来的人。我们在上一章提及的约翰·赫尔生动地记录了他慢慢失明的经历，他写道："我正在用双手发展凝视的艺术。我喜欢拿着一个美丽的物体反复看，吸收它的方方面面……盲人用手指看东西。"帕斯夸尔-莱昂内想知道这种想法是否有一定的道理——引用毕加索的名言："绘画是盲人的职业。"——但问题是什么道理。"我认为阿玛甘内在表征的特征和我们的基本相同，"他说，"至少，阿玛甘能够以一种将其转化为我们都清楚认识的形象的方式来传达他内心的现实表征。"但这究竟是如何做到的？只是因为阿玛甘同化了通常用于视觉的通路，这等同于看吗？这些问题不仅仅是语义上的，它们暴露了我们对所见之物认知上的不足。扫描显示了阿玛甘缺失的视觉如何通过汇聚他视觉皮质的额外力量来改善他的触觉。这种现象不仅仅是盲人的专属。

当触觉接管视听

　　"我有时会想，和眼睛相比，手对雕塑美的感知是不是更敏感？"海伦·凯勒写道，"我认为，线条和曲线的美妙律动可以被更微妙地感受到，而不是看到。"凯勒用她的手指"看",当它们在安妮·沙利文的脸上摸索时,她还用手指"听"。丹尼尔·戈德赖希指出,聋人也被证明拥有卓越的触觉。同样,他们的触觉也接管了通常用于处理听力但未曾使用过的听觉皮质。由于没有视力和听力,凯勒大脑的各个区域被释放出来,用于其他地方。戈德赖希解释道:"我们完全有理由相信,凯勒的触觉在利用躯体感觉侏儒的神经可塑性这一优势的同时,还利用了她的视觉皮质和听觉皮质。"帕斯夸尔-莱昂内对此表示赞同:"如果对凯勒的大脑进行扫描,结果将令人着迷。她的视觉皮质肯定被接管了,也许她的听觉皮质也一样。"这意味着一个人的触觉被分配了比平常多得多的大脑能力。神经科学已经证明了盲人或聋人是如何成为超级触摸者的。可以说,同样的逻辑会让聋人或盲人成为最优秀的超级触摸者。

帕斯夸尔-莱昂内认为,我们都有这样的潜力。为了证明这一点,他进行了一项雄心勃勃的研究:他请求人们准许自己让他们暂时失明,以换取一段难忘的经历。整整五天,勇敢的志愿者们被限制在一张病床上并戴着眼罩。他们看不到一点儿光亮,完全丧失了视力。"眼罩里有感光照相纸,所以如果他们对它动了手脚,我们能够看出来。"没有一个人违反协议,即便是在这段经历变得很痛苦时。第二天,他们开始出现幻觉。"他们会去盥洗室洗脸,并声称在镜子里看见了自己的脸。你可能会问他们戴着眼罩如何能看见。他们说他们在镜子里看到了自己戴着眼罩!"有些人看到了小人国或卡通人物,有些人看到了纵横交错的城市景观、美丽的天空和日落。"这就是大脑做的事情,"帕斯夸尔-莱昂内告诉我,"它编造故事,它在脑海中显现图像。我们的大脑总是在玩弄我们。"受试者以学习盲文的方式消磨时间。每天一次,他们被推去做正电子放射扫描,并被要求在扫描期间执行一些简单的触摸任务。帕斯夸尔-莱昂内有两个发现。第一个发现,"事实证明,学习盲文需要付出蒙住眼睛五个昼夜的代价"。第二个发现重大得多。

第二天,扫描结果显示,志愿者的大脑已经开始发生变化。到第五天时，这些大脑表现出了与阿玛甘的大脑非常相似的行为：触摸动作刺激了他们的视觉皮层。"他们用指尖看，"帕斯夸尔－莱昂内说，"但我惊讶的是，这件事发生的速度。我料想到会有变化，但没想到这么快。鉴于我们知道神经元每天只增长几毫米，所以建立新的连接需要耗费几个月甚至几年的时间，因此一定发生了别的事情。"他推测，这些连接肯定早已存在，实验只是揭示了它们：这个证据不仅证明了超常的神经可塑性，还证明了一种看待大脑的全新方式。"这很容易引起争议，但我们认为大脑可能根本就不存在有组织的感官模式，"他说，"只有当你有视力时，纹状皮质才负责视觉。如果你没有视力，它很快就会承担其他感官模式。"神经学家在过去一个世纪里所说的视觉皮质似乎并不专门服务于眼睛。帕斯夸尔－莱昂内想知道是否可以更准确地将其定义为大脑中最能区分空间关系的区域，并且它将使用任何相关的感官输入。通常情况下，这些输入数据来自我们眼睛里的视杆细胞和视锥细胞，但同样也可能来自我们耳朵里的毛细胞或者我们皮肤中的机械感受器。帕斯夸尔－莱昂内引用已故著名神经学家保罗·巴赫－利塔（Paul Bach-y-Rita）的话："我们距离了解大脑如何工作还有很长的路要走，你可以用你的大脑做的事情比大自然母亲所能做的多得多。"

星鼻鼹鼠是自然界令人惊讶的多功能性的缩影，它通过一种我们通常用来处理嗅觉的器官教会了我们很多关于触觉的东西。它的星状鼻可能是哺乳动物中最敏感的附器，但充盈其中的细胞和我们的皮肤及指尖中的细胞是一样的：都是让我们感受外部世界的感受器。巴赫－利塔也说过一句名言："我们不是用眼睛看，而是用大脑看。"同样，我们不仅仅用耳朵听，用鼻子闻，用舌头尝或者用手指上的感受器触摸。即便按照这种逻辑——我们的大脑是身体最重要的感觉器官——星鼻鼹鼠仍然让人感到困惑。它的星状鼻在大脑中的印记方式意味着，它那看上去像手的鼻子其实更像眼

睛。肯·卡塔尼亚告诉我，

　　有些人可能认为星鼻鼹鼠的视觉皮质被触觉接管了，但是大脑里面并没有一行字写着"这里是视觉皮质应该在的地方"。换个角度想想，在某个地方，有一只星鼻鼹鼠正在写一本关于人类的书，它很想知道我们大得出奇的眼睛是否接管了我们大脑中所有本应用于触觉的区域。

　　亚里士多德在《论灵魂》中宣称："人类的嗅觉远不如很多动物，但就嗅觉的敏锐程度而言，人类远胜其他动物。"很显然，他不熟悉我们的星鼻鼹鼠。

第 5 章

吸血蝠和我们的愉悦感及疼痛感

为吸血蝠正名

黄昏降临在哥斯达黎加的丛林，阴影延伸，有一大群蝙蝠栖息在洞穴里面阴暗的凹处，它们已经在那里懒洋洋地挂了一天。一只蝙蝠伸展了一下翅膀，随之它的邻居们也开始伸展各自的翅膀。蝙蝠们的动作在天花板上以多个同心圆的形式荡漾开来。慢慢地，它们从洞口现身，聚集成群，划过越来越黑的天空。吸血蝠的早上开始了。由于喉咙太窄，无法吞咽固体食物，它们只能靠血液这种流食维生。它们是科学界已知的唯一以血液为食的哺乳动物。一对如刀刃般锋利的上颌切牙可以轻易地刺穿马和牛的坚韧皮肤。然后，在20 ～ 30分钟的时间里，这种蝙蝠通过舌头下面的两根稻草状导管悠闲地啜饮血液。它唾液中含有的药物和药剂师橱柜里的一样多：多种具有抗菌和抑菌特性的蛋白质；一种扩张毛细血管并增加血流量的血管扩张剂；一种名为"Draculin"的抗凝剂，能防止凝血，确保血液持续流动。难怪这种技术如此熟练的吸血动物会激发维多利亚时代某个哥特式小说家的想象力。一旦被视为邪恶的德古拉伯爵[1]的化身，这种蝙蝠就成了邪恶的象征，注定要穿过黑暗去寻找缺乏警觉性的猎物。然而，一位科学家发现吸血蝠的名声被严重抹黑了。

"这一切都始于一位杰出教授在一次会议上发表的评论，此前他一直在圈养吸血蝠的孤儿幼崽。"说这话的是杰拉德·威尔金森（Gerald Wilkinson），又名杰瑞·威尔金森（Jerry Wilkinson）。那是1978年，刚刚毕业的威尔金森在加州大学圣地亚哥分校的支持下，到哥斯达黎加开展研究。他所说的教授是乌韦·施密特（Uwe Schmidt），这位教授是德国一个蝙蝠圈养部落的创建人。施密特在会议上发表的评论涉及一些奇怪的行为。

科学界当时已经知道，成年蝙蝠会反刍自己摄入的血液来喂养自己的幼崽，但施密特曾看到它们对孤儿也做出过同样的行为。在自然界，母亲和自己的孩子分享食物是很常见的行为，而且在幼崽首次外出狩猎之前，

---

[1] 著名的吸血鬼，出自布拉姆·斯托克的小说《德古拉》。

给它们断奶并喂食血液是符合逻辑的做法。然而，将这种哺育延伸到自己家庭之外的行为——将血喂给非血亲——是闻所未闻的。威尔金森补充道："不管是何种物种，非家庭成员之间分享食物都违背了当时的信条。"以基因为中心的进化论主张残酷竞争的个人主义，这一观点逐渐得到人们的认可。理查德·道金斯不久前才在他的《自私的基因》一书中普及了这个理论。此外，一项研究表明，一只蝙蝠只要两晚不进食就会饿死。"吸血蝠生活在生死边缘，"威尔金森解释道，"血液是一种糟糕的能量来源。它的脂肪含量非常少，所以吸血蝠没有其他蝙蝠或者大多数哺乳动物的能量储备。如果连续60个小时不进食，很多动物可能会失去四分之一的体重，并且无法维持至关重要的体温。"因此，和非亲属分享这种来之不易的食物似乎不太可能发生。幸运的是，威尔金森已经身处满足自己好奇心的独一无二的位置。

他住在哥斯达黎加西北部一个名叫太平洋庄园的牧场里。他注意到，这里的牲畜对一群充满活力的吸血蝠有着不可抗拒的吸引力。跟踪这些蝙蝠，他发现由于这里没有洞穴，所以它们栖息在大树的中空树干里。威尔金森的第一个挑战是捕捉他的研究对象，并给它们戴上识别带。"这导致我们好几个月睡眠严重不足，"他告诉我，"我们一直以为蝙蝠和月亮一起出来，但事实证明，它们会躲避强光，一直等到月亮落下才出来。所以根据月球的公转周期，我们必须在凌晨的不同时间到达栖息地。"有时他和他的团队会下网捕捉离开大树的蝙蝠，然后给它们称重并戴标签；其他时候，他们会在蝙蝠回巢时捕捉它们。令他吃惊的是，竟然有那么多蝙蝠饿着肚子回家。他说："这很容易看出。你不需要称它们的体重就可以知道它们吃了没有。它们每次落在猎物身上时吸食的血液重量约等于自身体重的50% ~ 100%，而且就像蜱虫一样，它们的肚子可以膨胀到自己身体的两倍大。"

网捕研究表明，在每一个夜晚，都有多达7%的成年个体和30%的幼年个体饿着肚子回来。威尔金森计算出，这样的失败率应该会导致80%的死亡率。然而，这个群体发展得很兴旺。要解决这个谜题，需要做一些不是每个人都喜欢的事情。威尔金森和他的团队将成为第一批在野外近距离研究吸血蝠的人。

要进入黑暗、逼仄的蝙蝠洞，这些科学家必须仰面躺着，然后扭动着身体钻入树干上的小洞里。"我经常会听到研究人员尖叫着出来。"威尔金森坦言。事实证明，与巨大的蟑螂相比，与一大群吸血蝠近距离接触根本不算什么。"我们的灯光能照出这些身长约7厘米的蟑螂在树干内部快速爬行，它们的若虫在我们躺着的地面上大量滋生。"科学家们两人一组，轮流当负责观察的"眼睛"和负责记录的"笔"，在漫长而有限的时间里给予彼此宝贵的精神支持。他们的决心得到了回报。"一开始，这些蝙蝠会躲避我们的灯光，但是随着时间的推移，它们逐渐习惯了，无论是开灯还是不开灯，它们的行为都一样。"在那一年，该团队见到了野生吸血蝠此前从未有人见过的各种行为：雌性蝙蝠之间的打斗、分娩，以及哺育自己的幼崽。就在威尔金森打算放弃观察当初让他留在哥斯达黎加的蝙蝠的奇怪圈养行为时，他的好运气来了。

"一开始，我们并不总是能分辨出来谁是谁，但当我们弄清楚每个群体的谱系并知道正在观察的是谁后，一切就都清晰了。"为了回忆确切的时间，威尔金森不得不找出这次研究的详细实验日志。"那是1980年7月28日上午。"他告诉我，他们看到两只成年雌性蝙蝠紧抱在一起，它们的革质翅膀相互包裹在一起。"11:09，我们看到其中一只蝙蝠在舔另一只蝙蝠的嘴——持续了一分多钟，后来我们意识到它是在舔食另一只蝙蝠刚刚反刍出来的血。"

第二天早上的另一条记录提醒了他："就在那时，我们看到另一只成年雌性蝙蝠正在为一只不属于它的幼崽反刍血液。"这是在自然界首次观察到非血缘家族成员之间共享血液，不仅跨代发生，而且还是在成年个体之间。一旦团队知道要寻找什么，他们就不断地看到这种现象。他们还开始注意到，这种行为遵循着复杂的梳理皮毛程序，"通常情况下，一只蝙蝠会舔舐另一只蝙蝠的身体——也许是从它的翅膀下面开始，但是当它开始舔另一只蝙蝠的嘴唇时，这常常会促使被舔的那只蝙蝠反刍"。该团队之前就已经注意到，这些蝙蝠会花很多时间彼此舔舐、抓挠和轻咬，但现在很明显，这些仪式是用来鼓励分享的。"在过去的五年里，在我们躺在地上度过的 600 个小时里，我们目睹了 110 次这些蝙蝠给其他蝙蝠喂食的情况，大多数发生在母亲和它的幼崽之间，但是有 30% 的情况是成年蝙蝠喂食另一只成年蝙蝠或者没有血缘关系的年幼蝙蝠。"结论不容置疑：会议上的随口一说不仅被证实了，而且被发现十分常见。

进化生物学家认为，这项研究是无私在自私基因中发挥作用的罕见案例：这是一个"互惠利他主义"案例，因为存在利益交换。一只饱餐后飞回的蝙蝠将救命的血液赠给另一只蝙蝠，以换取梳理皮毛服务和将来某一天情况对调的可能。正如神经学家大卫·林登在《触摸：手、心和脑的科学》（*Touch: The Science of Hand, Heart, and Mind*）一书中调侃的："我梳洗你的身体，你往我的喉咙里呕吐血液。下一次，本着互惠互利的精神，也许我会为你做同样的事情。"理查德·道金斯将这项研究收录进了他的开创性著作的下个版本中，他写道："吸血蝠可能预示着一个良性的观念，即便有自私的基因掌舵，好人也能捷足先登。"大卫·爱登堡（David Attenborough）[1]和英国广播公司的一位工作人员在他们具有里程碑意义的自然纪录片《生命之源》（*The Trials of Life*）系列中首次捕捉到这种行为。威尔金森一下子改写了进化论教科书，并改变了吸血蝠的名声。德古拉的孩子不是传说中的恶毒怪物，而是充满爱心、乐于分享的生物。它们可敬的行为准则是通过持续数小时的社交梳洗程序来体现的。利他主义产生于触摸的给予和接受之间。蝙蝠不是唯一使用和屈服于身体接触的物种。实际上，最短暂的肌肤接触会让我们做出令人惊讶的行为。

---

[1]　英国旅行爱好者、英国广播公司主持人，被誉为"世界自然纪录片之父"，代表作有《绿色星球》《地球脉动》等。

触碰带来的情感震颤

2004年一个闷热的夏日，在法国布列塔尼海岸拥有中世纪城墙的小城瓦讷，口渴的顾客们坐在当地的一家酒吧里等待着被服务。他们不知道自己很快就将参与到一项研究人体接触力量的实验。当天值班的女服务员接到严格的指示，在为顾客点餐时，要偷偷触摸一半顾客的手臂。在法国的酒吧，小费不是强制性的，因为账单中已经包含了服务费。那天，研究人员发现，一次看似微不足道的轻轻触摸就足以促使更多顾客为女服务员留下一笔额外小费。在其他地方，科学家们同样发现，不经意的触摸会增加公交车司机允许别人搭便车、学生积极参与课堂或者吸烟者同意分一支烟给别人的可能。

此外，如果在商业往来中增加触摸的行为，人们往往会将他们刚在电话亭里找到的硬币归还给它的合法所有者，或者称他们对二手车推销员的销售行话感到很满意。在这些研究中，被影响的受试者甚至都没有意识到自己被触摸了。陌生人之间的短暂接触具有神秘的力量：它能够诱使对方慷慨地付出金钱、时间和精力、诚实，甚至快乐。这个现象被称为"迈达斯之触"，以神话中能够点石成金的希腊国王的名字命名。在我们的日常对话中，可以听到背后的一些解释。

"情感为什么被称为感受，而不是视觉或嗅觉？"林登问，"这似乎是个傻问题，但事实并非如此。"触摸隐喻在语言学中很常见，正如戴安娜·阿克曼在《感觉的自然史》（*A Natural History of the Senses*）一书中生动地描述道："当某件事'触动'我们时，我们关心得最深切。问题可能很棘手，或者需要谨慎处理。敏感的人，特别是如果他们很粗鲁的话，真的会让我们心烦。我们说情感不敏感的人'无动于衷'，缺乏同情心。我们形容在爱情中遭到冷落是'令人伤痛的'，或许会导致'心碎'。"生理学家弗雷德里克·萨克斯（Frederick Sachs）指出触觉是我们的所有感官中最后一个消失的："在我们的眼睛弃我们而去很久之后，我们的手仍然忠实地感知世界……在描述临终离别时，我们常常会说失去触觉。"在世界各地的语言中，触摸和情感的概念都交织在一起，这是有充分理由的：触摸和被触摸都会引起情感上的震颤。正如阿克曼所言："一次偶然触碰，即便是微弱到几乎被忽略的程度，也不会被潜意识忽视。"但是朋友之间明显的拥抱、母亲温柔的吻或者情人缠绵的爱抚，都能轻易释放情感的洪流。没有其他感官能如此强烈地唤起我们的情感。我们是渴望触摸的生物，并且渴望到了令人不安的地步。我们对触摸重要性的理解正在改变我们定义这种感官的方式，并渐渐开始了一场科学革命。

2014年，科学期刊《神经元》（*Neuron*）上的一篇论文哀叹了这样一个事实，即近100年来的几乎所有研究都集中在我们的双手以及作者们所说的"具有识别力的"触觉上。它让我们能够掌握陌生事物的状态：它的大小、形状和质感。星鼻鼹鼠正是用这种方式在地下洞穴中熟练地摸索，以及如上一章所述，触觉感受器——梅克尔细胞、迈斯纳小体、帕奇尼小体和鲁菲尼小体——也是以这种方式在我们的指尖发挥不同且互补的作用，从而构建对世界的感知。然而，利物浦约翰摩尔斯大学的神经科学教授、这篇论文的第一作者弗朗西斯·麦格隆（Francis McGlone）认为，研究多多少少忽略了我们皮肤中的另一套触觉系统。因此，他告诉我，在亚里士多德的"五感"中，触觉最难理解。"触觉是我们最后一个伟大的感官前沿。我们了解到，'触觉'一词不足以形容它所包含的复杂含义。历史上的科学探究大多集中在手指上，但触觉是通过全身感知的。"

如今，科学家们需要将精力集中在此前被忽略的覆盖着我们的四肢、后背和前胸的大片皮肤上。"越来越多的证据表明，触摸还有另一个维度，不仅提供已为人所熟知的识别性输入，还影响着社交和情感方面的输入。我们现在才发现这些回路和系统。"就像我们眼睛的视锥细胞和视杆细胞分别分担视觉的白昼色彩和夜间视力一样，触觉似乎也分为至少两种感官：一种强调触摸，另一种强调被触摸。

当我们的手探索一件物品时，机械感受器通过隔绝脂肪的神经高速公路以超快的速度向大脑发送神经电脉冲。我们的皮肤还含有纤细的神经纤维，它们几乎没有隔绝脂肪的结构，因此这些乡间小道——神经纤维的节奏就慢多了。"我们拥有一个快速的第一触觉系统，放电速度超过每小时160千米，信号会在几毫秒内抵达大脑，"麦格隆说，"但是我们还有一个慢速的第二触觉系统，以每小时几千米的速度放电，信号在一两秒钟后才抵达大脑，而我们皮肤中大约有四分之三的触觉神经属于第二种系统。"在这种形式的触摸中，神经细胞本身就是感觉受体：长外周神经元将皮肤连接至脊髓。它们微小的裸露末梢遍布我们的表皮层。这些神经末梢在我们真皮层的更深处汇聚，就像树的根系汇聚到树干，从四肢、肚子、后背、肩膀和头皮延伸到脊柱，在那里，它们激发其他通向大脑的神经。最终，虽然我们的皮肤受体使用快速神经纤维将我们手指下方的起伏细节以近乎即时的速度传递到我们的触摸中央凹，但越来越多的证据表明，这些更普遍的慢速感觉纤维构建了触摸的情感基调。

麦格隆加入了一个由神经科学家、神经生理学家、临床医生及神经病学家组成的全球团队，团队规模不大，但成员们尽心尽力，而最近所有人的注意力都集中在科学家在我们皮肤中新发现的一种特定的慢速感觉神经元上。"自从读了奥克·瓦尔博（Åke Vallbo，他在人类身上发现了这种神经元）的一篇论文，在过去的20年里，它一直是我关注的焦点，"麦格隆告诉我，"发现它意味着我们必须搞清楚它的用途。"研究表明，我们脚底、手掌、指尖和嘴唇的无毛皮肤中没有这种神经元。"不存在使用识别性触摸探索世界的皮肤，"他解释道，"这种身体构造告诉了我们一些事情，也为我们了解这种神经元的功能提供了线索。"科学家们已经记录了这种神经元如何对各种捅、戳和轻抚做出反应。"我们发现它只对非常小的力——任何小于千分之五牛顿的力——有反应，而且只对每秒移动 3 ~ 5 厘米的低速动作有反应。此外，当这种刺激物的温度和皮肤的温度一致时，反应效果最好。"换句话说，就是与爱抚动作有着相同的压力、速度，还有皮肤对皮肤的温度。"这是有道理的，毕竟，我们皮肤上有毛的部分通常是我们喜欢被抚摸或拥抱的部位。"此外，大脑扫描表明，识别性触摸会刺激我们的躯体感觉皮质，而这些神经元的目标是我们大脑中处理情绪的部分，如岛叶皮质和边缘结构。综合证据表明，这种传感器的首要职责就是感受另一个人的关怀性触摸。

这种传感器有多种名称：从C-低阈值机械感受器、C-触觉传感器、CT神经纤维到大卫·林登所谓的"爱抚传感器"。麦格隆说："我创造了'hedonoceptor'（欢愉感受器）和'hedonoception'（欢愉感知）这两个词，源于希腊神话中的欢愉女神赫多涅（Hedone），用于指代我们的愉悦感受器和我们的愉悦感。说实话，语言让我们力不从心，因为严格来说，激活它所产生的感知并不完全是心醉神迷般的愉悦，而是一种温和的愉悦感。"不管怎样，它以一种我们认为有益的方式记录了触摸。

麦格隆和他的同事甚至重新绘制了怀尔德·彭菲尔德的大脑触觉地图，并突出这种感知的相关神经在皮肤上分布最密集的部位，从而得到他们所说的"欢愉侏儒"。它的轮廓和我们的躯体感觉侏儒一样怪诞，但怪异的方式不同：我们的手、嘴唇和舌头已经缩小到适当的比例，但是我们的肩膀、上臂、头皮和背部现在却膨胀得非常夸张。"到目前为止，我们在研究过的所有群居哺乳动物身上都发现了它，"麦格隆说，"在进化史上，那些能够协同工作的动物最成功：为了鼓励团结，有必要进行亲密的身体接触。这种传感器负责这一点，而且我们相信它在亲子抚养、建立关系和社交接触方面发挥着重要作用。"这种触觉神经很有可能解释了为什么吸血蝠会在被舔舐之后赠送自己吸到的血，为什么人类会屈服于最轻柔的触摸，以及为什么我们会用与触摸相关的隐喻来描述情感。通过将我们调成温柔模式，它将触摸变成了人际交往的黏合剂，将皮肤变成了一种社交器官。"从本质上讲，它的作用不是感知物理世界，而是感受它。"麦格隆总结道。愉悦传感器不是我们皮肤中唯一一种"感受"而不是收集事实的神经元。和识别性快速触觉系统的很多受体一样，这群神经元协同工作，以构建某次体验带来的复杂而微妙的情绪。它涵盖了从快乐到痛苦的所有情感。

燃烧者

"你有没有在非常寒冷的环境中待过，双脚冰凉，好像被冻伤了似的？然后你把脚放到暖和的地方，是不是有一种灼烧感？"华盛顿州塔科马社区学院的心理学教授帕姆·科斯塔（Pam Costa）问道，"即使外面可能很冷，我也能感受到那种强烈的灼烧感。"为了解释这种感受，她回忆起自己做家务时的一次经历："熨斗正在灼烧我的手腕内侧，但是我没有察觉，直到听见并闻见皮肤被烧焦的声音和气味，我才发现自己被熨斗烧伤了。这不是因为我感觉不到，而是因为我的手常常感觉像被烧伤了一样。所以我没有感觉到有什么异样。"这就是科斯塔的日常。

因此，她必须穿宽松的衣服，因为紧贴她皮肤的布料感觉就像喷灯一样。即便是最平常的行为——穿鞋或者进入温暖的房间——也会诱发灼烧感袭来。她还是个孩子时，很多医生费尽心力想要诊断她的病症。鉴于不存在对疼痛的客观衡量标准——病人只是被简单地要求将疼痛的强度从0（没有疼痛）到10（无法忍受）进行打分，她不断被告知自己的痛苦是想象出来的。"有一位德高望重的医生——大学里的风湿病学主任，花了3天时间给我做各种检查。我真的很希望他能帮我，但最后他告诉我，我的疼痛完全是精神压力引起的，我需要服用抗抑郁药。那可能是我人生的低谷。"直到1976年，也就是科斯塔11岁时，她的父母收到一封来自梅奥医学中心的信，她才知道自己并非个例。

科斯塔发现自己患有一种不寻常的疾病，这种病最早出现在19世纪美国内战的战场上。内科医生塞拉斯·韦尔·米切尔（Silas Weir Mitchell）发现一些受伤的士兵在抱怨浑身疼痛，尽管没有任何明显的原因。他下的诊断是神经损伤，并将这种神经病变命名为红斑性肢痛症（erythromelalgia），源于希腊语中的"*eruthrós*"（红色）、"*mélos*"（肢体）和"*álgos*"（疼痛）。患者说他们感觉自己好像着火了或者正在被灼烧，有些人甚至将其比作被火山熔岩击中。因此有这种症状的人被简称为"燃烧者"或者"着火的人"。令科斯塔震惊的是，梅奥医学中心的来信中说，在她的大家族中还有另外28名"燃烧者"，横跨五代人，全都来自亚拉巴马州的伯明翰。"他们是我母亲那边的表亲，"科斯塔告诉我，"但是因为他们住在亚拉巴马州，而我们住在加利福尼亚州，所以我不认识他们。"他们的存在是这种罕见疾病可以遗传的首个证据。他们激起了一位神经病学家的兴趣，而这位神经病学家的人生使命是找到治愈疼痛的方法。

"慢性疼痛影响着全球超过2.5亿人。它的发病率比癌症、心脏病和糖尿病加在一起的总和还高。"耶鲁大学医学院神经科学与再生中心的创建者兼主任史蒂夫·韦克斯曼（Steve Waxman）说，"我们使用的止痛药常常没有效果，并且会产生令人丧失行动能力的副作用，如意识模糊、失去平衡、嗜睡，甚至药物成瘾。要想治愈慢性疼痛，我们需要了解它从哪里来。"100多年前，英国著名神经生理学家、诺贝尔奖获得者查尔斯·谢灵顿爵士（Sir Charles Sherrington）首先将疼痛定义为一种特定的感觉。他创造了"nociception"（伤害感受）和"nociceptors"（伤害感受器）——源于拉丁语词汇"*nocere*"，意为伤害——用这两个术语来表示我们的痛觉及其感觉神经元。和我们的愉悦传感器一样，这些痛觉神经元的裸露末端也在我们的表皮层扎根。它们还存在于我们的内脏、肌肉、关节，以及我们能感觉到疼痛、刺痛或剧痛的所有身体部位。如果我们用身体触碰火焰，可能会感觉到一阵剧烈的瞬间疼痛，使我们缩回身体。这种痛觉很快就会消退，但随之而来的慢性灼烧感可能会持续数小时，并带有一定的感情色彩。

就像愉悦感一样，我们的痛觉更多的是感觉，而不是事实。谢灵顿不可能知道的是，不仅大多数伤害感受器和欢愉感受器来自相同的慢速触觉系统，而且二者在神经上也有联系。尽管和愉悦传感器相比，人们对我们的痛觉传感器了解得更多，但韦克斯曼还是中断了自己的研究，因为传感器的工作原理在很大程度上仍然很神秘。"人类神经系统中有超过1000亿个神经细胞，其数量比银河系里的恒星还多，其中有数百万个是伤害感受器。"他告诉我。如果我们的痛觉神经元被激活，我们的身体就会变成一张复杂而拥挤的宇宙之网。韦克斯曼想出了一个办法来缩小调查范围。这些神经（以及人体其他部分）的蓝图都被包含在人类基因组中。"我决定寻找一种痛觉基因。我指的是一种编码特定蛋白质分子的基因，而这些蛋白质分子在痛觉中发挥着核心作用。亚拉巴马州大家族的发现令人兴奋，因为他们的染色体是开启这一搜索的理想目标。"利用从科斯塔和她的亲戚们体内提取的血样，韦克斯曼开始在2万多人的样本中寻找导致这种痛苦的单一基因。与此同时，在巴基斯坦北部，有传言说有一个案例对韦克斯曼的探索来说非常有价值：一位遗传学家说它是"科学文献中记载的最奇怪的东西"。

失去痛感的人

拉合尔的街道上聚集了大量行人，他们正在观看一个小男孩表演令人难以置信的杂技。他极为逞强地用小刀刺穿自己的肉，赤脚走过烧红的炭火。人们称赞他的无畏，但他却声称自己对疼痛免疫，一点儿疼痛也感受不到。没有疼痛的生活听起来很有吸引力，对那些饱受折磨的"燃烧者"来说大概就像天堂一样，但在现实生活中，这更像是一种诅咒，而不是赐福。疼痛是我们的守护天使。它警告我们世界上有很多通常看不见的危险。它的各种伪装——无论是切割刺痛、被大力抓疼还是钝痛，让我们能够分辨剐蹭、蜇刺、烧伤或骨折造成的瘀伤。疼痛促使我们在扭伤关节时停止走路，远离滚烫的热水，或者打电话给医生。它的缺席可能会让我们误以为自己是无敌的。在他14岁生日时，这位街头艺人决定从一座房子的屋顶跳下来，让朋友们大开眼界。这个决定让他送了命。这场悲剧突显了疼痛对生存的重要性。它还引起了英国一个科研团队的注意。

剑桥大学附属医院（阿登布鲁克医院）的研究人员想知道这个男孩是否患有另一种罕见的遗传病，即先天性无痛症。他们决定追踪他的亲戚。果不其然，他们找到另外6个孩子，年龄在4～14岁，来自巴基斯坦北部库雷希部落的3个家庭。这些孩子的身上都有割伤和瘀伤，嘴唇上也有自己造成的伤害。有的孩子没了舌尖，是自己咬掉的；还有一些孩子因为骨折未痊愈，走路时一瘸一拐的。接受神经学检查时，他们可以感受到针的触碰、棉球带来的痒感、手指按压他们的手臂产生的压力，这证明他们的识别性触觉没有受损。然而，他们没有疼痛这种体验。更有力的戳、刺，甚至抽血化验，都没有引起任何反应。正如拉合尔的那位年轻街头艺人所吹嘘的那样，他们不知道疼痛是什么感觉。症状和家族模式证实了先天性无痛症的诊断。这一次，血液样本为寻找可能消除疼痛的基因提供了一个独特的机会。

与此同时，史蒂夫·韦克斯曼和耶鲁大学团队的研究取得了一定的进展。他们已经将目标锁定在 2 号染色体的一部分上，这条染色体是我们 23 对染色体中第二大的。韦克斯曼解释道："这个结果很重要，它将搜索范围从 2 万个基因缩小至 50 个左右。我们不用再大海捞针了。现在我们可以将注意力集中在一个不大但仍然令人望而生畏的'水坑'里。"后来韦克斯曼在《医学遗传学杂志》(*Journal of Medical Genetics*) 上看到的一篇论文介绍了针对中国一个有灼烧痛家族展开的研究。北京的一个实验发现，所有患者的 SCN9A 基因都发生了突变。"当我看到那篇文章的标题时，我对我的团队说这是糟糕的一天，然后回到我的办公室；乍一看我们的研究课题似乎被别人捷足先登了。"他回忆道，"直到喝下一杯黑咖啡并仔细阅读了这篇文章之后，我才意识到发生了什么。发现突变并不能证明它引起了患者的痛苦。我们仍然需要证明 SCN9A 基因如何改变痛觉神经元的功能，进而解释这种疾病。"

于是，他向他的团队提出了新的挑战，即确定这种基因的突变如何让帕姆·科斯塔等患者觉得自己身上像着火了一般。后来，韦克斯曼了解到阿登布鲁克医院的研究人员也已经将搜索范围缩小到 2 号染色体，而且令人惊讶的是，他们同样聚焦在 SCN9A 基因上。"在看到基因的两面性时，我大受震撼，"韦克斯曼解释道，"那时我才意识到 SCN9A 真的有可能是疼痛的主控基因。"不同的突变引起了相反的症状：发生在亚拉巴马州的突变让凉爽的表面感觉像炽热的煤炭，而巴基斯坦的突变意味着燃烧的煤不会带来任何感觉。科研人员再次加倍努力研究该基因如何影响痛觉神经元，从而激发或消除疼痛体验。"当初看似糟糕的一天，实际上是美好的一天，"韦克斯曼说，"有很多工作要做。主动权如今在我们这里。"摆在面前的挑战仍然巨大。我们的疼痛感非常复杂。在黄昏时分出动的吸血蝠表明，它还结合了人们一开始可能不会和疼痛联系起来的感官系统。

追寻温暖的蝙蝠

很少有人能猜到德国波恩市泊波尔斯多夫宫里一扇锁着的门后面藏着什么，但是每周都有装满鲜血的水桶从当地屠宰场被运到这里。这座宫殿是波恩大学动物学系的所在地，而乌韦·施密特1970年创建的一个蓬勃发展的吸血蝠群落也生活在这里。施密特是一位杰出的教授，他养育吸血蝠的故事激励了杰瑞·威尔金森的勇敢冒险。他一直在墨西哥研究狂犬病。吸血蝠不常咬人，但如果被它们咬了，就有可能传播致命病毒，而且它们确实是大多数人类狂犬病病例的罪魁祸首。施密特发现自己迷上了它们。于是，在乘飞机回家时，他决定带上不寻常的同伴。"我制作了一个特殊的运输箱，一共有30个隔间，用来装30只吸血蝠，而且让机组人员惊讶的是，我居然把它当作手提行李带上了飞机。"他告诉我。来自泊波尔斯多夫宫的新人将成为美洲海岸以外第一个也是唯一的圈养吸血蝠种群：它们是离德古拉伯爵的特兰西瓦尼亚城堡最近的活生生的、可以呼吸，并且能够进行繁殖的吸血鬼。

这些蝙蝠在它们的新家安顿下来，几年过去后，它们的数量从30只增加到100多只。虽然施密特招募了一个动物学家团队来照顾和喂养它们——每天轻松喝掉2升血——但他仍然能够自豪地认出几乎每一只蝙蝠。"吸血蝠受到的误解很深，"他告诉我，"实际上，它们是可爱且充满感情的动物，是所有蝙蝠中最聪明的，拥有最大的新皮质。"其中一只尤为突出。"皮皮法克斯是我最喜欢的，它很漂亮。因为它是在圈养状态下出生的，所以它非常温顺，我可以把它塞进衬衫口袋，带着它在实验室里走来走去。"另一只雌性吸血蝠活了29年，生下很多幼崽，成为这个种群无可争议的女族长。它、皮皮法克斯以及各种各样的后代将为科学家们提供许多关于"自然界吸血鬼"的见解，包括一种甚至不需要身体接触的罕见触摸形式。

施密特对于蝙蝠如何在月落之后的漆黑夜晚中瞄准猎物很感兴趣。"对于吸血蝠如何寻找猎物，人们知之甚少，"他解释道，"我想知道它们是否能感觉到温度的细微差别。这对那些以其他温血动物为食的动物来说是一个巨大的优势。"感受温度的能力是另一种触觉。这种温度感知（thermoception）与欢愉感知和伤害感知一样，主要依赖慢速放电神经元。虽然我们可以在熊熊燃烧的炉火旁温暖自己的双手，但除非我们相互接触，否则我们无法感受到彼此的体温，在一定距离之外做到这一点是一种罕见的才能。"这种情况在脊椎动物身上只发现过一次，"施密特说，"那是一项关于冷血响尾蛇在不借助视力的情况下攻击温血小鼠的重要研究。"他招了一个名叫路德维希·屈腾（Ludwig Kürten）的研究生，并让屈腾在这些圈养吸血蝠身上调查这种可能性。

"这成为我硕士论文的主题，"屈腾告诉我，"所以我很想把实验设计好。"他在铜板上建造了两个带有加热元件的单元，并将它们并排安装在笼子稍远的侧壁上："我们让一个单元保持室温，把另一个单元加热到37 ℃，模仿蝙蝠的温血猎物，并在下面藏了一管血液。"他关掉灯，将管子密封起来，确保血既不会被看见也不会被闻到，然后将两只蝙蝠先后放进笼子里。吸血蝠非常擅长行走，甚至奔跑。"每只蝙蝠都爬过了笼子，并开始探索这两个单元。"施密特回忆道。一旦蝙蝠意识到温暖的单元里有血液奖励，科学家们就会迫使蝙蝠做出一个决定，以确认它是否能远程感知体温。他们在两个单元之间放置了一块板子。"我们一开始用的是8厘米厚的分隔板，因此蝙蝠在靠近时，必须选择朝哪个单元前进。"科学家们耐心地观察着，他们发现蝙蝠总是爬向两个单元中更温暖的那个。他们多次加厚分隔板，发现即使在16厘米之外，蝙蝠仍然会爬向有血液的那边。这个实验证明，吸血蝠拥有从远处感受热量的罕见感官能力。施密特和屈腾将它称为"热感知"（thermoperception）。他们的发现在科学界引起了轰动，但屈腾本人最大的感受是解脱了："我只是很高兴实验能顺利完成。"下一个挑战是找到吸血蝠的感觉器官。

用热成像摄像机拍摄这种蝙蝠的面部，立刻就能看出端倪。"它们看上去非常有趣，"施密特说，"每只蝙蝠的脸都是鲜红色的，中央有一只非常蓝的鼻叶。"鼻叶是很多蝙蝠和所有吸血蝠都有的结构，位于致密结缔组织的顶部，像猪鼻子一样突出，而且因为和身体之间隔绝热量，所以温度比蝙蝠的其他部位低9℃。"感温器官只能位于这个区域。"施密特告诉我，因为只有这样，蝙蝠才能区分猎物的体温和自己的体温。吸血蝠的鼻叶周围有3处凹陷。"一开始，我们以为会在这些鼻叶窝里找到热受体，它们既没有毛也没有腺体，这种结构很理想。此前科学家在响尾蛇的窝器中发现了它们，"屈腾说，"但结果证明我们都错了。"科学家们使用了一种名为电生理检查的方法——这种方法可以窃听神经的电颤振，但是他们对鼻叶窝的检查一无所获。"没有一个鼻叶窝对热量有反应。"相反，他们在鼻叶这里发现了热反应，特别是鼻叶边缘。据施密特说："人们仍然错误地认为这些鼻叶窝是吸血蝠的感温器官，但很明显，这种生物的鼻叶才是。"

对单个感官神经元的进一步分析强调了它对温血动物体温的精细调适，让这种蝙蝠可以感知到猎物血管的温度。"吸血蝠倾向于在黑暗中利用回声定位来确定猎物的位置，而且它的听觉对微弱的呼吸声特别敏感，"施密特告诉我，"当它降落时，热感知就会开始发挥作用。当这种蝙蝠在猎物身上爬行时，它会利用这种感官探索一番皮肤，然后叮咬血液距离皮肤表面最近的地方。"这种追寻热量的生物学机制使吸血蝠在哺乳动物中独树一帜，但是这背后的化学反应并没有那么独特。

热与痛的根源

"施密特实验室在蝙蝠行为和解剖学方面的研究非常出色，但是没有人研究过细胞生理学，也就是分子层面的逻辑。"旧金山加利福尼亚大学的生物化学家大卫·朱利叶斯（David Julius）解释道。他将这一研究设为自己实验室的任务。研究人员首先将蝙蝠的神经分成两类：一类是颈部以上支配面部的神经，被称为三叉神经节；另一类是颈部以下支配身体的神经，被称为背根神经节。"我们的理论是，鼻叶作为三叉神经系统的一部分，其功能和身体其他部位不同。我们想搞清楚这如何反映在分子层面上。"朱利叶斯对我说。他们溶解了这两类神经细胞并提取了它们的DNA。一开始，他们找不到任何不同：在蝙蝠鼻叶神经中表达的基因和在它毛茸茸的身体里表达的基因是一样的。仔细观察后发现，这些基因编码的蛋白质之一以两种形式出现。"我们意识到这种蝙蝠正在剪接一种蛋白质。我们在背根神经节中发现了它的一个较长版本，在三叉神经节中发现了一个短得多的剪接版本。"正常的长型蛋白让蝙蝠身体里的神经元对可能会对它造成伤害的40 ℃以上的高温特别敏感，而鼻叶中的缩短蛋白对低近15 ℃的温度特别敏感。朱利叶斯实验室发现了一种特定的分子，它让吸血蝠仅通过微弱的身体散热就能感知到另一只吸血蝠的存在。它是一种短蛋白，名字很长，包含一个蹩脚的首字母缩写，即热瞬时受体电位通道V1亚型（thermo-transient receptor potential V，简称TRPV1）。吸血蝠的这种热感化学机制存在于我们每个人身上。

我们皮肤中裸露的触觉神经末端布满了TRP蛋白。就像在蝙蝠体内一样，TRPV1能让我们感受到沸水或阴燃余烬的灼人温度。我们将这样的高温感知为疼痛并远离它们。从最辣的辣椒到多彩铃蟾的皮肤毒素，朱利叶斯的实验室研究了各种引起疼痛的物质并做出推断，如果我们不幸被一只动作敏捷、性情无常的特立尼达雪佛龙狼蛛咬伤，同样的TRPV1分子也会被激活。如果我们在盛夏的烈日下待太长时间，它们也会受到影响，我们的皮肤会被晒伤。这些神经蛋白对叮咬、蜇刺、滚烫的水或者炽热的炭火产生同样的灼烧感,因此它们模糊了我们对温度和疼痛感觉之间的区别。此外,我们现在知道TRPV1传感器只是庞大家族中的一员。研究发现该家族的一些成员会在更高、更令人痛苦的温度下放电,另一些成员会对温暖、柔和的温度做出反应,还有一些则对凉爽的温度有反应。最终,像朱利叶斯这样的科学家有望发现很多变体,它们共同发挥作用,赋予人类对温度的无缝感知和随之变动的疼痛等级。与此同时,研究表明,无论是在"燃烧者"身上还是在对慢性疼痛不敏感的人身上,神经蛋白都与神经元部件的失效相互作用。

一瞬的神经化学魔术

史蒂夫·韦克斯曼带着新燃起的热情继续自己的使命,即了解痛觉基因。"我的实验室里有一支由35名科学家组成的团队,他们昼夜不停地开展工作。"如今他们知道SCN9A基因还编码了另一种蛋白质:痛觉神经元细胞膜内的钠离子通道。在实验室的培养皿里,他们通过向活组织中插入突变通道,创造出了与"燃烧者"的神经细胞类似的神经细胞。然后,像乌韦·施密特和路德维希·屈腾一样,他们使用电生理检查方法一个细胞接着一个细胞地监测和测量这些"燃烧者"神经元的活动。"结果是戏剧性的,"韦克斯曼说,"突变通道的活化电压改变了13~14毫伏。13~14毫伏看上去不大,但从神经元的角度来看,这是巨大的。"这个证据表明,"燃烧者"的痛觉传感器更有可能放电,而且频率异常高。"我们可以看到,发出疼痛信号的神经元异常兴奋,"他解释道,"在本该低语的时候,它们却在尖叫。"

相比之下,在对疼痛不敏感的巴基斯坦家族中发现的SCN9A突变具有相反的效果。"这些突变使这些钠离子通道几乎不发挥任何作用。"即使存在疼痛刺激,这些钠通道也拒绝放电。这些神经既不低语也不尖叫。它们都沉默了。"我们现在得到的结果极不寻常,证明了SCN9A基因功能的增强和丧失会导致极度疼痛或失去痛觉。这也更有力地证明了SCN9A基因是人类痛觉的主控基因。"韦克斯曼通过揭示这种基因在两种削弱人体的病症中的作用，证明了它在我们痛觉中的重要性。

　　科学正在一步一步地勾勒和描述我们的痛觉神经通路。新出现的模式复杂得令人难以想象，很多联系还没有找到，但我们已经开始看出了连贯性。我们现在知道，TRP 蛋白聚集在神经末梢，使它们对疼痛和温度敏感，而 SCN9A 钠离子通道遍布在神经细胞上。"据我们所知，它们之间没有物理层面上的关联，却以相同的方式共同发挥作用，"韦克斯曼告诉我，"TRP 蛋白感知外部高温，并在伤害感受器中产生第一个小规模去极化反应。我将它们比作收音机上的'天线'。接下来，钠离子通道就像'音量旋钮'一样放大伤害感受器中的这种去极化反应，让我们的大脑能够'听到'我们的疼痛。"在沙滩上，我们会感觉脚下的沙子很烫，这是因为我们的 TRP 蛋白记录了它们的热量并向钠通道发出提醒。在一瞬间的神经化学魔术中，它们共同作用，触发动作电位，动作电位沿着神经元一路抵达脊髓，再向上传导。一旦抵达大脑，我们就会感觉到沙子的灼热，然后跳进凉爽的海水中。如果我们的脚已经被灼伤，那么这些神经会持续放电，只是速度慢了些，这会建立起情感上的痛觉，好让我们待在凉水里，直到感觉更舒适。

　　2011 年夏天，韦克斯曼终于见到了那位开启自己科学探索之旅的女士。帕姆·科斯塔到耶鲁大学医学院拜访了韦克斯曼。韦克斯曼带着她穿过实验室，然后他们在他的电脑屏幕上看到了科斯塔突变蛋白质的照片。这张图像被放大到几埃[1]分辨率（相当于人类头发直径的百万分之几），显示出了前所未见的细节。这团缠绕在一起的氨基酸在三维空间上蜿蜒曲折，看上去就像一座雕塑。她回忆道："我几乎不能呼吸。多年来，我一直生活在绝望的边缘，想弄明白自己为什么会疼，而现在原因就摆在我面前。我第一次知道自己的疼痛不是心理上的，有一种真实的过程决定了我每天的痛

——————————
[1]　1 埃约等于 0.1 纳米。

苦。这是我一生中最有价值的体验。这让我和研究人员都落泪了。"最后，韦克斯曼和他敬业的团队试图将这一理论转化为一种疗法。他们正在少数患者身上实验有潜力的新药物。"初步结果令人鼓舞，"他说，"这是一个令人振奋的时刻。我们还有很多事情要做，但我们终于有可以治疗像帕姆这样的罕见病患者的办法了，而且这种办法一旦成功，还可以治愈数百万患有其他症状的神经性疼痛患者。"他长期以来的梦想有望很快成为现实。

　　亚里士多德将愉悦和疼痛排除在他的感官清单之外，说这两种感受是"灵魂的激情"。这种亚里士多德式的观念仍然被广泛接受。然而，自查尔斯·谢灵顿以来，主流科学已经将疼痛本身视为一种感觉，而如今科学家们想知道愉悦是否也是如此。考虑到愉悦和疼痛通过慢速触觉系统在神经上结合，有人可能会说它们其实是同一种感官的一体两面：是情感性触觉的阴面和阳面、光明和黑暗。这种感官提醒我们，在感觉中，感受和知觉同样重要。亚里士多德曾经提出，智者的目标不是获得愉悦，而是避免痛苦。现在我们知道，智者在触摸中可以很好地"倾听"所有情感。疼痛可以保护我们免受伤害，但愉悦会鼓励我们采取确保生存的行为。愉悦传感器可能发挥着令人意想不到且意义更深远的作用。

　　触觉不仅是我们最后消亡的感官，也是在胚胎只有八周半大时首先觉醒的感官。弗朗西斯·麦格隆认为，子宫里温暖的液体旋涡，以及随后母亲给予的细心照顾，让我们首次体验到自己和他人身体的界限。"我认为这种传感器的早期激活对大脑的健康发育至关重要，"他告诉我，"它让我们的大脑知道了你、我的概念，它支撑并锚定我们的自我意识。"温柔的触摸似乎能促进我们对自己身体的拥有感和掌控感。麦格隆引述了一些研究，当受试者在观察一只逼真的橡胶手被抚摸时，有些人甚至会认为那仿佛是他们自己的手。如果抚摸的焦点集中在手腕上方多毛的一侧，那么这种感觉会特别强烈。此外，我们大脑中通常对温柔触摸做出反应的部分如果受到干扰，则会导致相反的身体知觉。麦格隆指的是容易癫痫发作的患者，他们出现了戏剧性的灵魂出窍体验。因此，根据情况的不同，温柔的触摸可以培养具身感（甚至是对假肢）或剥离感。"我认为，这些证据正在将欢愉感受器和我们的本体感觉联系起来。"

如果麦格隆是对的，自我的根源就在我们的皮肤里，那么如果它们的早期自然激活过程被打断，就会产生灾难性的后果。麦格隆提醒我们注意令人痛苦的母婴分离案例——在罗马尼亚孤儿院或者早产儿中——和随之而来的精神并发症的高发病率。他想知道，有缺陷的欢愉感受器是否可能是自闭症的促成因素之一。"我们知道自闭症患者缺乏同理心，他们不能理解他人的意图，这反映了他们缺乏理解自我的能力。我们还知道很多自闭症患者不喜欢温柔的触摸。最近我们发现，他们大脑中负责处理情感的部分无法被温柔的触摸激活。"麦格隆对这些观察结果的解释是，他们的欢愉感受器的反应更像伤害感受器："我认为他们在触摸时体验到的愉悦和疼痛被混淆了。"麦格隆是第一个承认自己的理论需要进一步研究的人，但是这些早期发现和它们的含义解释了他的急切。"我认为触摸不是一种情感上的放纵。它在生物学上是必要的，只是我们尚未理解这种必要性。我相信这种传感器将成为社会脑中的希格斯玻色子：缺失的神经使我们发育中的大脑社会化。"

触觉就像吸血蝠一样被误解了。弗拉基米尔·纳博科夫（Vladimir Nabokov）写道："奇怪的是，这种对人而言远不如视觉珍贵的触觉却在关键时刻成为我们把握现实的主要的（甚至是唯一的）工具。"随着我们的世界变得比历史上以往任何时候都更厌恶触摸，随着触摸行为被政治化以及老师们被要求避免与孩子们亲密接触，随着我们倾向于在线处理我们的人际关系（据说，老人们正在默默忍受着孤独的流行），随着我们为了遏制全球流行病蔓延而保持一定社交距离，科学证据警告我们忽视这种感官是危险的。它不仅仅是我们对现实的把握，还是一种比其他任何感官都更能让我们确定我们是谁的感官。

第6章

丝条短平口鲇和我们的味觉

用全身品尝味道的鲇鱼

1914年2月27日，一个由巴西探险家坎迪多·龙东（Cândido Rondon）和美国前总统西奥多·罗斯福领导的独木舟探险队在亚马孙的黑暗腹地消失。这支探险队后来发现了困惑河（后来更名为罗斯福河）。"这条河不仅不为人所知，而且完全是意料之外，没有一个地理学家察觉到它的存在，"罗斯福声称，"它流向哪里，如何转弯，有多长，源头在何处……所有这些都没有人知道。"探险队出发时共有19人，他们冒着生命危险深入有致命毒蛇、激流和食人鱼出没的水域。最后只有16人安全返回，其间，罗斯福一度被疟疾折磨得神志不清，恳求伙伴们把自己丢在后面。然而，他活了下来，有机会讲述自己的冒险经历，包括一次后来成为传奇的遭遇。

一天晚上，在河上待了一个多月后，有两个队员从下游侦察回来，并合力拖回一条健壮的银白色大鱼，身长超过1米。罗斯福意识到这是一种不同寻常的鲇鱼，拥有"和身体完全不成比例的大头"，以及"和头完全不成比例的大嘴"。直到将它开肠破肚，并在它肚子里发现了一只尚未被完全消化的猴子残骸，他们才意识到它有多不寻常。罗斯福在《穿越巴西荒野》（*Through the Brazilian Wilderness*）一书中写道，

> 这只猴子很可能是在树枝末端喝水时被抓的；一旦被那张深渊巨嘴吞没，就无处可逃了。我们震惊于一条鲇鱼竟然能捕食猴子，但我们的巴西朋友告诉我们……（它）偶尔会捕食人类。

他还被告知，这种著名的食人鲇鱼可以长到3米长。罗斯福看到的这种鱼名叫丝条短平口鲇（*Brachyplatystoma filamentosum*）。他那关于这条河巨兽的故事吸引了众多钓鱼爱好者前往这里。在亚马孙河流域的所有捕食者中，丝条短平口鲇是体形最大的，而且由于它对一种常常被忽略的感官的不寻常使用，显得十分可怕。

鲇鱼是地球上最古老、种类最多的鱼类之一。它们一共有3000多个物

种，其中有很多都生活在亚马孙河流域。丝条短平口鲇通常在深而湍急的支流中捕食其他大型鱼类，来自水面上方树冠的落叶让这些支流的河水变得混浊不堪。树叶腐烂时会吸收光线，形成亚马孙河著名的黑水。由于无法依靠常规的视觉，亚马孙河流域的动物进化出了另类的"观看"方式。据说，纳氏臀点脂鲤的眼睛能识别我们的眼睛看不见的远红外光波长，而线鳍电鳗可以用电场感知周围的环境。所有鱼类的身体两侧都各有一条侧线，对触觉高度敏感。我们的皮肤能感受到有人在自己周围游泳时水面上产生的无形波动，而鱼类则可以探测到几米外最微小的湍流。鲇鱼还使用自己的四对胡子（鲇鱼的英文名"catfish"就源于这些胡子，字面意思是"猫鱼"）：下巴下面的两对胡子在河床上拖曳，一对胡子从鼻孔附近伸出，还有一对超大的胡子长在上颌，不停地摆动着。这些胡子就像我们的手一样在黑暗中摸索，但触觉是它们最微不足道的感官。丝条短平口鲇挥舞着胡须，通过味觉在黑暗的泥水中追踪并接近数米外的另一条鱼。

研究发现，在所有脊椎动物中，鲇鱼能够察觉最微弱的味道。人类舌头拉伸后的最长纪录只有10多厘米。大食蚁兽的舌头可以伸展到这个长度的6倍。马达加斯加巨型变色龙的舌头完全伸展开之后不但更长，而且是其身体长度的两倍。然而，鲇鱼，尤其是巨大的丝条短平口鲇，将味觉器官提升到了新的高度。据我们所知，它们没有舌头——它们的整个身体就是它们的"舌头"。

"谈到味觉，鲇鱼是标志性的动物。我形容它是'会游泳的舌头'。"最近从坐落在马萨诸塞州海岸上的伍兹霍尔海洋研究所退休的杰尔·阿特马（Jelle Atema）如是说。他是一位感官生物学家，对泥螺、鲨鱼等水生生物很感兴趣，但他的初恋——也是他博士学位论文的研究对象——是鲇鱼。"龙虾用脚尝味道，红头鱼用鳍尝味道，但鲇鱼用它们的全身品尝味道。"

大约在100多年前，美国博物学家查尔斯·贾德森·赫里克（Charles Judson Herrick）就发现了鲇鱼皮肤上的味蕾，受此启发，阿特马决定进行更进一步的探究。他的研究对象是当地的牛头鲇，这种鲇鱼的身体轮廓和丝条短平口鲇的大致相同，但是体形差异较大，一般只有25厘米长。他告诉我："虽然我有一台现代显微镜，但我感觉自己就像一位19世纪的科学家，因为我的研究方法一开始就只是简单地观看。我几个小时接着几个小时地不间断观察。"起初，他研究了这种牛头鲇鱼的上颌须。"它的前缘密集地布满了直径约10微米的小丘，"他说道，"它们看起来就像从皮肤里冒出来的微型火山，每个都有自己的火山口。"每座火山都是一个味蕾，每个火山口都是它的味孔。使用更强大的扫描电子显微镜，他看到记录味觉的长颈瓶状细胞成群地聚集在一起。它们的细毛穿过味孔，从火山口喷射而出。"这些像毛发似的微绒毛是味觉细胞与外部世界接触的地方。它们的数量太多了，看起来就像从火山口往外喷发一样。"阿特马看着镜头下的这些味蕾，在惊叹于它们的微型解剖结构的同时，他惊讶地发现它们和自己嘴里的味蕾如此相似。"鱼的味蕾和人类味蕾之间的保守性提醒我们，我们是许多年前诞生于水中的生物的后代，"阿特马说，"和所有其他脊椎动物一样，我们的味觉系统也遗传自我们似鱼的祖先。"

清点味蕾

我们的舌头中央散布着直径约1毫米的红色蘑菇状突起。这些褶皱被恰如其分地命名为蕈状乳突，它们与舌头边缘和背面的其他褶皱一起容纳着我们的味蕾。就像阿特马研究的鱼一样，每个味蕾都由埋在我们舌头组织中的众多味觉细胞构成，这些细胞的微绒毛向上延伸并从味蕾的味孔伸出。我们只能尝到触及这些细胞微绒毛的东西的味道。实际上，"taste"（品尝）这个词就来自中古英语"tasten"，意思是通过触摸检查或测试。食物本身并没有味道。正如我们的大脑已经进化到将螳螂虾甲壳反射的不同波长的光理解为色彩，将猫头鹰鸣叫时振动耳膜的空气分子的上升和回落解释为声音一样，蜂蜜的甜味和泡菜的酸味也是我们大脑的创造物。

我们的味觉细胞充满感受器，它们对盐、酸、糖和苦味化合物非常敏感；当它们受到刺激时，我们就会感觉到咸、酸、甜和苦的味道。最近，科学家们发现谷氨酸盐或鲜味受体会导致鲜味感知，从而将我们舌头所能识别出的味觉扩大为5种。即便如此，但严格来说，我们所认为的是味道的很多东西并不是味道。"有些功劳被错误地记到了舌头上，"自称是气味沙文主义者的科学家艾弗里·吉尔伯特（Avery Gilbert）宣称，"味觉被高估了。"我们品尝的并不是巧克力，而是它的甜味。我们品尝的并不是柠檬，而是它的酸味。我们根本尝不出香草的味道。

在一篇名为《亚里士多德关于味道所不知道的事》（*What Aristotle didn't know about flavor*）的论文中，琳达·巴托舒克（Linda Bartoshuk）等人指出，我们都把味觉（taste）和味道（flavor）混为一谈了。艾弗里注意到，说英语的人会把这两个词互换使用，而其他语言会将它们合并成一个词，如西班牙语里的"sabor"，德语里的"geschmack"，以及中文里的"味"。然而，一种食物的大部分味道——无论是巧克力、柠檬，还是我们咀嚼的其他东西——都不是来自它的味觉，而是来自它释放到空气中的气味，这些气味飘到我们的口腔后部，然后向上进入鼻腔。味道提醒我们，很少有感官知觉仅仅依赖一组单独工作的感受器。我们的大脑将不同的感觉编织成一张连贯的感知之网。当然，我们对风景的体验主要靠看，但它也会被我们听到，甚至感受到或者闻到，例如当一阵微风吹拂皮肤或者随着我们的呼吸进入体内时。就味道而言，我们的大脑欺骗我们，让我们以为它是由舌头感知的，而实际上，大部分有难度的工作都是由我们的鼻子完成的。正如人们感冒时所感受的那样，味道更多的是与嗅觉有关，而不是味觉。然而，尽管味觉颇为贫乏，但这种感官是生存的关键。

一项实验要求研究人员用带有不同味道的棉签擦拭出生仅几个小时的婴儿的舌头。效果立竿见影，令人难忘。面对酸味物质时，新生儿吸着嘴巴，并皱起鼻子；而当面对苦味物质时，他们则厌恶地皱起自己的脸，并将嘴里的东西吐了出来。然后，当给他们喂入含糖溶液时，他们的脸一下子舒展开来，并露出了明确无误的微笑。从我们来到这个世界的那一刻起，味觉就引发了强烈的情感。对不同味道的爱憎甚至形成了语言。在激情的苦闷中，莎士比亚笔下的朱丽叶称罗密欧为"我的甜心"，然后告诉他"离别是如此甜蜜的悲伤"。在青少年之间，如果有人让自己感到不安或尴尬，那他们会说对方是"salty"（粗鲁的），而"sour look"（酸涩的表情）则表示愤怒或憎恨。戴安娜·阿克曼将味觉增添到她对感官隐喻的探索中，她指出遗憾、敌人、痛苦、失望、不体面的争论都被称为"bitter"（苦涩的）。而"自食苦果"简直是一种羞辱。因此，最近的一项研究表明，仅仅是阅读这些味觉隐喻就可以激活你大脑的情感中心，这也许并不令人惊讶。

　　味觉和我们的痛觉一样是天生的，并以几乎相同的方式保护着我们。我们对苦味和酸味的厌恶警告我们远离有毒或变质的食物。同样，由于我们被预先设定从初次品尝母乳中获得愉悦感，所以便会追求那些富含碳水化合物的食物，而我们对咸味和鲜味的喜爱则会引导我们摄取能够维持生命和生长所必需的矿物质和蛋白质。因此，我们必须找到美味的食物，正如阿克曼所说："它能让我们摆脱天生的麻木状态。它诱使我们在早上起床，促使我们穿上紧身的衣服，以及去工作。"嗅觉可能是在我们的一生中习得的，我们的偏好则受到变幻莫测的文化的影响，但人们对味觉的条件反射很少会产生分歧。哺乳动物、鸟类、爬行动物、两栖动物和鱼类都是如此，不过这两种感官之间的界限可能很模糊。"鲇鱼的味觉非常敏感，隔很远就能尝到食物的味道。它们能够用味觉探测到的化学物质的稀释倍数是我们的100万倍，这个浓度与嗅觉阈值相差不远，"阿特马解释道，"它们使用味觉探测食物，就像我们使用嗅觉一样。"我们的味蕾在结构上可能有相似之处，但阿特马发现了天赋上的巨大差异。

　　"我开始了一项看上去可能很蠢的工作，即数味蕾的数量。"阿特马自嘲地回忆道。就像肯·卡塔尼亚清点星鼻鼹鼠的触觉器官一样，阿特马统计了牛头鲇身上的味蕾总数量：它们不是只分布在这种动物的头部，而是遍布整个身体。另外，他清点了5条，而不是1条。"以前从没有人这么做过，这可能是有原因的，但我当时很年轻，也很好奇。"他低头看向显微镜下方的第一条鱼，并使用镜片上的目镜测微尺开展这项工作，幸好那时他没有意识到这些微小而细致的观察需要几个月的时间才能完成。"我从胡须开始，发现这里的味蕾非常密集，密集到即使我硬想往里面再塞一些也做不到。"他在 1 平方毫米大的表面数出了超过 25 个味蕾，而 4 对胡须加在一起大约有 2 万个味蕾。"此时，显而易见的是，这些胡须并不像猫的触须，而是更像 8 条体外舌头。"他光是在牛头鲇的嘴唇上就又数出 3000 个味蕾，之后开始数身体上的。经过反复清点这 5 条鱼的背部、腹部和两侧表面，最终得出它们平均拥有 15.5 万个味蕾。"只要你触摸鲇鱼的身体，就一定会触及大量味蕾。"

接下来，他开始观察它们的嘴巴内部——鳃弓沿线以及口腔的侧壁、顶部和底部，发现一条成年牛头鲇体表和体内的味蕾总数超过 20 万个。"这个数字至今仍令人吃惊，"他对我说，"虽然我从未数过丝条短平口鲇身上的味蕾，而且郑重声明，我也不想这么干，但是想象一下，在一种体形至少比牛头鲇大 8 倍的鱼身上，味蕾会有多少。"阿特马的这一发现使鲇鱼成为自然界的"味觉之王"。我们舌头上的味蕾数量连这些数字的边儿都挨不上。《大英百科全书》称人类最多有 8000 个味蕾：这一数字是牛头鲇味蕾总数的二十五分之一；而与丝条短平口鲇的相比，更是少得可怜。然而，一个涉及玻璃瓶与无情的实验室地板的事故表明，并不是所有人类的舌头都生来平等。

味觉标准与超级味觉者

这位笨手笨脚的化学家是阿瑟·福克斯（Arthur Fox），事故发生的实验室属于杜邦公司，尽管瓶子里的化学粉末被吹到空气中的故事发生在差不多一个世纪前，但琳达·巴托舒克对人们的反应仍然很感兴趣。"福克斯尝不出苯基硫代碳酰胺粉末的味道，但他旁边的人觉得它尝起来非常苦，"她解释道，"他们很聪明，四处去测试自己的同事，发现有四分之一的人像福克斯一样根本尝不出它的味道。"2000年，巴托舒克还在耶鲁大学工作，即将因揭露人类舌头的味觉图谱而声名鹊起。当时她为自己能同时为自己的性别和母校争光而兴奋不已，对我说："'我们的不同味觉占据着舌头的不同区域'这一说法毫无根据，而宣传这一观点的不是别人，正是哈佛大学的一位男性！"她将注意力转向了历史上那个令人费解的案例。福克斯并不是唯一的味盲者。她还知道有一些人对另一种苦味化学物质——它有一个很长的名字，即6-n-丙基硫氧嘧啶，缩写为PROP——缺乏品味能力。此外，那些能尝出这两种化学物质味道的人声称，他们觉得咖啡因等物质的味道特别强烈。这些传闻暗示的变异可能超越了简单的尝味，但是要想确定它们有没有重要意义，巴托舒克需要用一种客观的方法来校准这种感官。

"问题是如何衡量感觉？"她问道，"你和我不能共享意识，所以我怎么知道你尝到的是什么味道？"科学家们选择使用量值量表，如10分制体验量表。上一章提到的疼痛通常也是这么衡量的。"但如果经历不同呢？"她又问，"在医院接受治疗时，我们按照10分制疼痛量表用药，但是我们知道分娩意味着大多数女性承受的疼痛比男性承受的更严重，肾结石患者除外。因此，女性的'4分'可能比男性的'4分'更剧烈，这意味着针对同样程度的疼痛，女性得到的药物治疗比男性少。"同样，如果一个人的"强烈疼痛"对另一个人而言只是"轻微疼痛"，那怎么办呢？我们如何能确信一个量值量表可以衡量所有的味觉？这些问题将重塑感官研究。

巴托舒克的同事已经证明，人类非常擅长比较各种感官的感知强度。"我们非常擅长将光照的亮度与音调的响度相匹配，"巴托舒克解释道，"所以我开始怀疑，我是不是可以将味觉与一种和味道无关的感觉进行对比。"例如，研究人员要求受试者将一块黑巧克力的苦味与不同强度的光线相匹配。"有些人将这种苦味与月光相匹配，另一些人则将其与夜间行驶车辆的近光灯相匹配，"她说，"那么我们就可以得出结论，第二类人觉得黑巧克力的味道更苦。"接下来，研究人员要求受试者想象一个百分制光量表，其中100分代表他们见过的最亮的光，然后再次给巧克力的苦味评分。在这个感官标尺上，第一类人给这种苦味的评分是14.9，第二类人的评分是32.4。"所以现在我们用这两个数据区分出两类人，而黑巧克力的苦味对其中一类人而言是另一类人的两倍。"

很快，这套系统就揭示了受试者之间除苦味之外的其他差异。巴托舒克解释道："让受试者戴上耳机，并要求他们根据自己喝的一小口可乐的甜度来调节耳机里音量的大小。"一类人将音量调到80分贝，大约是电话拨号音的响度；另一类人将其调到90分贝，与火车汽笛声的响度相当。"考虑到调到90分贝的人是80分贝的两倍，我们可以得出结论，第二类人感知到的可乐甜度是第一类人的两倍，"她补充道，"我们一直在黑暗中摸索，但这种跨模式匹配技术在我们的所有味觉特性中都发现了差异。我们就是在这个时候提出了'超级味觉者'的概念。"巴托舒克提出，在更广泛的人群中，有些个体拥有夸张的味觉敏感度。但是这样的超人是否真实存在，在这里，我们可以准确地回答，答案就在她的舌尖。

"我看过的舌头比大多数人都多。老实说，我只需往我实验室里的人的嘴里看一眼，就能认出哪个是谁的。"她告诉我。在味觉解剖学家英格利斯·米勒（Inglis Miller）的帮助下，她开始更仔细地观察这个极为灵活的感觉器官。巴托舒克对我说："英格利斯教我们如何清点味蕾数量。"随和的志愿者们会伸出舌头，让研究人员用棉签将蓝色食用色素擦拭，然后他们把舌头插入两片用螺丝固定在一起的塑料盖玻片之间，接下来研究人员透过显微镜的镜头给舌头拍照。巴托舒克开始了自己耗时费力的味蕾清点过程。虽然阿特马清点鲇鱼味蕾时针对的是单个味蕾，但这一次她的清点对象是容纳人类味蕾的结构。此外，她并不是逐一地清点舌头上的蕈状乳突，而是选择在不同舌头的同一区域取样。"一个高中生想出了一个好主意，即用打孔机在纸上留下的小洞作为标准。我们把它放在舌尖照片的表面，令其与中线相接，然后清点数量。"她发现不同舌头之间存在巨大差异，但是当她测试这些舌头的主人对6-n-丙基硫氧嘧啶的反应时，一种模式出现了。

"我的蕈状乳突很少，而我女儿蕈状乳突的数量是我们有记录以来最少的，只有5个，而且我俩都尝不出6-n-丙基硫氧嘧啶的味道。我们是味盲者，"巴托舒克解释道，"与此同时，我实验室里最厉害的超级味觉者们舌头上那个小圆圈里的蕈状乳突数量平均为66个，他们觉得6-n-丙基硫氧嘧啶尝起来苦得难以忍受。"巴托舒克和米勒已经找到了超级味觉的解剖学答案，这是一个数字游戏。

大多数科学家现在一致认为，我们生活在完全不同的感官世界中，这是由我们在味蕾优势的广泛范围中所处的位置决定的。超级味觉者标榜自己拥有的蕈状乳突数量最多。他们的味觉是人类当中最接近丝条短平口鲼的。据巴托舒克所说："超级味觉者生活在霓虹灯般的味觉世界，他们对甜味、酸味、咸味和苦味的敏感度至少是普通人的两倍。"在这一点上，女性似乎再次胜过了男性。

星鼻鼹鼠实验表明，通常较小的女性手指上传感器密度的提高会赋予女性更敏锐的触觉，但女性更有可能成为超级味觉者，这要归功于女性传感器的总数更多。话虽如此，但神经学家弗朗西斯·麦格隆发现，我们舌头的味觉和触觉能力之间存在有趣的关联。借助表面雕刻有凸起字母的瓷砖，研究人员要求受试者只使用他们的舌尖去识别大小逐渐递减的字母。麦格隆发现了触觉熟练程度的不同："超级味觉者的触觉敏锐度比普通人高四分之一，是味盲者的两倍。"这两种传感器关系密切，味蕾的数量越多，自然意味着触觉受体的密度越大，因此超级味觉者也往往是触觉超常者。

巴托舒克和她的团队发现，这类人占总人口的四分之一。拥有这种令人尴尬的感官能力也许听上去很吸引人，但他们并不是天生的美食家。要说有什么影响的话，那就是他们会发现用餐时充满担忧。"我听到过超级味觉者形容一块甜点'实在太甜了'。作为一名味盲者，我这辈子从没有尝过什么太甜的东西，"她告诉我，"他们尤其会觉得食物太苦。绿叶菜可能是个问题，苏格兰威士忌也是，对他们而言，这种酒不仅苦，还会产生一种灼烧感。"正如科学家罗布·德萨勒（Rob DeSalle）所说："味觉是'越多不一定越好'这一观点的一个很好的例子。"不过，这也带来了一点好处：由于超级味觉者觉得脂肪含量高的食物油腻且令人生厌，所以他们往往更苗条，血液状况更健康，患心血管疾病的风险更低。同样，由于他们既不喜欢酒也不喜欢香烟，所以他们患上某些癌症的概率会更低一些。与此同时，超级味觉者更容易患上一种非常特别的疾病。

味觉幻影

雷蒙德·福勒博士（Dr Raymond Fowler）在为家人准备晚餐时，注意到有些事情不对劲。在煮意大利面时，他想知道卷心菜煮好了没有，于是往嘴里放了一些，但它的味道尝起来非常酸。他女儿递给他一杯可乐，想让他冲掉嘴里的酸味。"它就像硫酸一样，"他说，"就像你能想象到的最烫的东西被倒进了嘴里。"症状很快消退，但在接下来的几周里，其他奇怪的味道突然无缘无故地出现。他感觉喉咙后部有咸味，仿佛在用海水漱口。然而，他的嘴巴里什么也没有，而且无论他做什么，这种感觉一直存在。吃东西变成了一场俄罗斯轮盘赌：食物要么完全失去味道，变成"无盐面团"，要么在他吞咽时灼烧喉咙的侧壁。当一杯水尝起来变得甜得令人难以忍受时，福勒再也无法忍受了，说"仿佛有人往里面加了三包糖"。他当时是美国心理学会的首席执行官，所以他约了一位同事。

"当雷蒙德走进我的办公室时，我立刻意识到他描述的这些感官扭曲就是我们所说的'味觉幻影'（taste phantoms）。"巴托舒克解释道，她在耶鲁大学的研究实验室旁边开了一家味觉诊所。就像人们会相信幻肢的存在一样，他们也可以体验到根本不存在的味道。"味道并不存在，但感觉很真实。它不与某个区域关联，而是脱离实体，仿佛来自整个嘴巴，"她告诉我，"这些幻影令人不快，而且可能让人感到害怕。医生常常诊断不出造成这种情况的原因，所以人们担心它们是严重问题的信号。"

巴托舒克对这种恐惧有第一手的了解。她与味觉幻影的首次接触涉及一场家庭悲剧，并给她留下了深刻的印象，促使她成为味觉心理学家。"我父亲被诊断出患有肺癌，但在这个病的早期阶段，他最严重的症状是食物尝起来味道怪异。在当时，没有人知道他出了什么问题。因为我们的研究，我现在知道他当时正饱受味觉幻影的折磨。"这种味觉幻影往往是咸味、酸味、甜味或苦味中的一种，但也可能是金属味，甚至还会产生一种灼烧感，而福勒的体验则涵盖了全部。巴托舒克通过反复实验了解到，麻醉舌头的味蕾并不能使福勒摆脱它们。事实远不及此。"我第一次对某人——一位有咸味幻影的女士——这么做时，她的味觉幻影变得更严重了，嘴巴尝到的味道感觉比之前更咸了。我永远也不会忘记。太可怕了。所有人都很震惊，但正是从那时起，我们才意识到这些幻影的发源地不是在舌头上，而是在大脑里。"困扰福勒和其他人的味觉幻影再次提醒我们，味蕾本身并不能创造味道。为了更好地理解为什么有些人会相信这些幻影，我们需要将目光再次转向鲇鱼。

用舌头探索外部世界

当杰尔·阿特马以从外到内的视角剖析牛头鲇时，麻省理工学院的另一位生物学家从内向外地研究了它。他就是现任落基山味觉和嗅觉中心联席主任的汤姆·芬格（Tom Finger），当时刚开始读研究生。他制作了如邮票般大小、薄如纸片的鲇鱼大脑切片，并在显微镜下观察了它们。他只能从中分辨出形状，看起来像是解剖学上的划分。"一旦你知道自己要找的是什么，鲇鱼脑干髓质表面微妙的色调差异就会显现出鲇鱼的整个身体。"他对我说。芬格看到的是鲇鱼从胡须到尾鳍的微型轮廓。"我将这条小鱼称为侏儒鲇（piscunculus）。"就像星鼻鼹鼠的侏儒鼹鼠和我们的侏儒代表了相关物种在大脑触觉地图中的身体变形一样，芬格发现，这种侏儒鲇也将鲇鱼重塑为小身体和巨大胡须的组合。"它的上颌须占据了和身体其余部分一样大的空间。"侏儒鲇和其他侏儒一样也是触觉地图，但它还是首个已知的味觉地图。

芬格将鲇鱼的大脑结构与阿特马清点的表面味蕾进行比对。阿特马在鲇鱼身体表面看到的那些分布着高密度味蕾的部位，芬格在鲇鱼的大脑中观察到了大片专门用于处理它们输入信息的区域。芬格说："分配给胡须的大脑空间表明，它们是鲇鱼的味觉中央凹，就像星鼻鼹鼠的星状鼻和人类的手指分别是这两种生物的触觉中央凹一样。"侏儒鲇处理来自鲇鱼胡须、躯干和尾巴表面味蕾的信息，但和侏儒鼹鼠及侏儒人不同的是，它也处理来自鲇鱼嘴巴内部味蕾的信息。芬格开始追踪从牛头鲇的大脑延伸至味蕾的纤细而复杂的神经。与此同时，阿特马从反方向对牛头鲇的神经开展研究："常规的镊子太大了，无法抓住单个神经。我需要很细的镊子，大约50微米宽，因此我不得不自己制作一把。"他们一共分离出了三对主神经，它们构成两条感官通路。这就引出了一个问题：鲇鱼是否不止一种味觉。

我们现在知道，当一条流线型的丝条短平口鲇在亚马孙河混浊的黑水中划行时，它不仅依靠身体的侧线来感知周围的环境，还依靠它的味蕾。"鱼类和其他一些动物就像是漏水的袋子，它们的皮肤和鳃会缓慢释放包括氨基酸在内的各种化学物质。"阿特马说。鲇鱼的味蕾特别适合检测氨基酸，是动物界最敏感的味蕾之一。它们可以检测到低至一份氨基酸加入十亿份水的稀释浓度。一条锯脂鲤穿过水流，游到丝条短平口鲇的侧前方。它身后的氨基酸到达丝条短平口鲇上颌须上味蕾的时间略有延后。就像乌林鸮对比抵达它两只耳朵的声音的时间差一样，这种鱼通过对比到达自己上颌须的味道来导航。"鲇鱼使用这种胡须味觉中央凹来探索三维空间中的味觉羽流。事实上，它们将整个身体用作追踪猎物的感官平面。"阿特马补充道。当丝条短平口鲇进入攻击距离时，它的尾巴轻轻一甩，然后张开大嘴向目标发起攻击。

阿特马和芬格的解剖学研究证明，身体的味蕾由第七对脑神经负责，这是仅有的三个携带味觉纤维的神经之一。它从身体延伸到大脑，是味觉信息从外部世界传递过来的唯一通道。阿特马解释道："第七对脑神经支配外部味觉，让鲇鱼对食物的存在保持警觉，并指引它直奔食物的来源地。"其他两对味觉神经——第九对和第十对脑神经——提供不同的感官路径。它们将鲇鱼口腔和鳃弓的味蕾连接到它的大脑。这些味蕾的输入还有另一个目的，而且只有当丝条短平口鲇的嘴咬住锯脂鲤时才会起作用。"鲇鱼有两种不同的味觉，"阿特马说，"除了外部用来探索的味觉，它们还有内部味觉，用来控制鲇鱼是否会吞下嘴里的东西。"不幸的是，对锯脂鲤而言，情况对它们很不利。味觉分为两种感官的现象并不是鲇鱼独有的。龙虾和昆虫也有内部味觉和外部味觉。人类可能无法通过脚或指尖尝味道，但也许我们的舌头有隐藏的味觉天赋。

味觉信息通过与丝条短平口鲇相同的三对神经从我们的舌头传送到大脑。舌尖和舌头前三分之二上的蕈状乳突受第七对脑神经及其分支鼓索的支配。舌头后部和咽部的乳突由第九和第十对脑神经支配。这种划分对我们的味觉产生了影响。芬格认为，我们用舌头的前端探索世界，就像鲇鱼使用它的外部味觉一样。"在把某样东西送进口中之前，你可能会先舔一下，尤其是你以前没有见过的东西，"他告诉我，"只需观察婴儿是如何将东西放进嘴里并用舌头检查它们的，便可以明白。"我们使用舌头后部的方式，与鲇鱼使用其内部味觉很像。"一旦食物到达舌头后部，你就要做出决定：我到底该不该吞下它？在这一刻，味觉还会启动消化系统，为它即将接受的食物做好准备，"阿特马补充道，"否则，它触发的反应就是往外吐，而不是吞咽，甚至可能是呕吐反射。"

我们的味觉就像鲇鱼的味觉一样，连接着外部和内部世界。因此，我们可以说我们的舌头拥有两种不同的味觉。芬格说："舌头前部的味觉更多的是外部感觉，而后部的味觉则是内部感觉。"阿特马详细阐述道："这种划分不像在鲇鱼中那样明确，但是提出我们是否应该将我们的外感受味觉和内感受味觉视为独立的感官，就已经是理解这两种系统之间存在差异的重要一步。"如果不是和鲇鱼进行对比，我们很可能无法意识到我们舌头微妙的多重性。了解我们两条味觉通路的神经是有实际好处的。它们相互作用的方式拥有消除味觉幻影的力量。

味觉神经的对话

琳达·巴托舒克的研究还瞄准了第七脑神经的鼓索分支。她的诊所里不断出现该特定神经受损的案例。"鼓索实际上很容易受伤，"她说道，"它从舌头延伸穿过中耳，所以耳朵和上呼吸道感染都会影响到它。"尽管如此，患者却很少抱怨自己的味觉受损。巴托舒克决定测试一下，如果她在健康人身上麻醉这条神经，会发生什么。她发现，这些人整个口腔里的味觉都没有受到影响，这与她此前在患者身上观察到的情况一致。她的理论是，一旦第七对脑神经分支出现故障，无论是受到损伤还是麻醉，第九和第十对脑神经都会接管它的工作。"这三对携带味觉的神经在大脑中相互抑制。如果其中一对受损，那么其他神经受到的抑制就会释放，这意味着它们会补偿输入信息的损失。"这两条感官通路的表现就像在对话一样：一旦其中一方沉默下来，另一方就开始说话。这确保了大脑继续创造完整的味觉感知。这项研究更重要的发现发生在当实验结束，受试者去吃午餐的时候。

巴托舒克从第一位志愿者那里知道了一些状况。"当她咀嚼百吉饼时，我一直看着她那因为麻醉而变得僵硬的脸颊，她告诉我，她的嘴巴后面有一种奇怪的咸味。"16名受试者中有8名称他们有类似的经历：2人有咸味幻影，1人有甜味，1人有苦味，1人有咸酸味，1人有酸金属味，还有1人有苦金属味，第八个人的味觉幻影先是苦味，然后变成酸味和甜味。真是幻影重重。"它们令人吃惊，甚至是意外的收获，"她回忆道，"但它们表明，味觉幻影实际上反映了味觉系统在大脑中的连接方式。"巴托舒克认为，三对味觉神经之间的对话有一个演进式的目的。除了我们基本的味觉能力之外，它还通过保护神经受损动物的感官来保障生存，但有时"音量"被过度放大，以至于产生了并不存在的感知。"对大脑抑制的释放是如此有力，我认为，患者实际上尝到的是他们神经系统中的'噪声'。"最终，这种洞见将为我们指明治愈之路。

"我们现在有一种药物，可以模拟大脑中的抑制作用。"巴托舒克告诉我。如果鼓索受伤，这种药物可以恢复神经对话的平衡，使幻影安静下来。"如果我能回到过去，知道我现在所知道的东西，拥有我们现在拥有的药物，我确信我可以帮助我父亲，让他最后的日子好过一些。"与此同时，福勒的味觉幻影在没有任何干预的情况下消失了，巴托舒克怀疑他的鼓索只是因为病毒感染而暂时丧失了功能。芬格说："琳达关于大脑如何处理感觉和创造幻影的发现令人着迷。然而，尽管在过去的一些年里取得了重大进展，但我们对皮质是如何处理味觉的知之甚少。我们对味觉感知如何产生的理解远远落后于视觉、听觉、触觉和嗅觉。这是目前该领域的一大争论。"随着我们知识的扩展，我们对这种感官及其他感官的定义也在发生变化。2014年的一项发现为鲇鱼的故事增添了意想不到的转折。

味觉不仅仅是味蕾的专利

海洋里的刚毛虫（多毛纲动物）是隐藏高手。它们生活在海床下的洞穴里，只有当它们出来觅食时才会搅动周围的海水。上面的沉积物掩盖了它们的身影和气味。然而，即使在最黑暗的夜晚，日本海鲇也能迅速准确地定位它们的洞穴，并用嘴裹住洞口，吸出里面任何毫无戒备的居民。路易斯安那州立大学的神经生物学家约翰·卡普里奥（John Caprio）对海鲇如何察觉这些蠕虫很感兴趣。他是用电生理检查技术记录鱼类神经活动的专家。他一天当中的大部分时间都是在一个法拉第笼里度过的。法拉第笼是一种由金属丝网制成的精巧装置，可以屏蔽周围的任何静电。"如果不屏蔽静电，我要记录的那些微小的动作电位就会被实验室大楼里所有电线的电压淹没。"卡普里奥告诉我。在给鱼注射了镇静剂之后，他用超细电极钩住并探测它们的线状神经，拦截神经信号。"我在一台示波器上看到了它们在放电，也听到了它们的声音。这套系统的设置使神经发现的声音就像机枪的嗒嗒声一样。"他之前对鲇鱼味觉神经的研究揭示了它们的外部味蕾对某些氨基酸有着独特的敏感性，这让它们能够探测到几米外的猎物。他怀疑，味觉可能在这种捕捉蠕虫的壮举中发挥了作用。

"科学可以是偶然发现，这就是我喜欢它的原因，"卡普里奥坦言，"你必须睁开双眼，敞开心扉，迎接各种可能。"当电极准备捕捉味觉神经中的任何刺激时，他过滤了鲇鱼胡须上的各种氨基酸。然后，奇怪的事情发生了。其中一组氨基酸触发的信号非常强烈，与典型的味觉反应明显不同。为了寻找答案，他打开自己的教科书，找到一张展示氨基酸相差巨大的酸碱度表格。"我就是在那时突然想到了这一点，"卡普里奥说，"我意识到这些氨基酸微妙地改变了我过滤在胡须上的溶液的 pH 值。这就是日本海鲇感受到的东西。"当刚毛虫呼吸时，它们释放的二氧化碳会逐渐增加原本偏碱性的海水的酸度。鲇鱼的胡须对这种微小而瞬时的酸度变化非常敏感，让刚毛虫毫无逃脱的机会。它们可以隐藏起来，但它们不能屏住呼吸。"这太巧妙了，令人吃惊，"他说，"这是第一次在生物身上发现对 pH 值的感知。虽然我在味觉神经中发现了这种反应，但它可能不是味觉。如果它是味觉，它也不是我们所熟悉的那种味觉。"卡普里奥想知道，自己的发现有没有可能是该领域正在进行的更广泛革命的一部分。这场革命可能会改写我们对味觉的定义。

孤立化学感受细胞是味觉研究的热门课题。虽然它们看起来很像味觉细胞，但顾名思义，它们是单独出现的，而不是聚集在味蕾中。最先被发现的孤立化学感受细胞散布在鱼类的皮肤上。"鲇鱼、盲鳗、七鳃鳗、鲨鱼，以及鳟鱼、斑马鱼、米诺鱼等硬骨鱼，"汤姆·芬格罗列了一份清单，然后补充道，"坦率地说，到目前为止，每一种鱼都被检查过了。"从那以后，科学家在其他脊椎动物中也发现了类似的细胞：两栖动物、爬行动物、哺乳动物，以及最近的人类。我们的舌头并不是我们身体中唯一的"味觉"细胞储存库。芬格和其他人在我们的呼吸道表面发现了名为簇细胞的类味觉细胞。"在我们的呼吸系统、鼻子和气管中都能看到它们,"他告诉我,"从胃、胆囊、胆管到小肠,类似的类味觉细胞还出现在了我们的消化系统中。"似乎我们越是审视自己,就会发现得越多。和我们舌头乳突中的味觉细胞不同,这些分散的类味觉细胞绝对不会产生任何对苦味、咸味、甜味、酸味或鲜味有反应的感知。它们"尝味",但我们不尝。它们在我们意识不到的情况下工作。"这些细胞表明,味觉不仅仅是味蕾的专利。在我们的嘴里产生苦味感觉的分子会在呼吸道和肠胃里做些不一样的事情,"芬格解释道,"例如,在鼻子里,同样的苦味分子会产生一种瘙痒感,所以我们会打喷嚏。"这些苦味受体不产生味觉,但会促使我们的身体强行排出空气中的毒素或病原体。它们还指示我们的免疫系统对溜进来的任何不速之客做出反应。

我们消化系统中的味觉细胞还有另一种作用。我们胃里的甜味和谷氨酸受体会释放一种促进食欲的物质,这也许就解释了为什么第一口芳香的炖肉或者甜甜的舒芙蕾让我们想吃更多。芬格解释道:"就像我们进食时,有意识的味觉既是卫兵又是向导一样,这些孤立味觉细胞保护和指引着我们,但以非常不同的方式,而且大多是在无意识中进行的。"它们的发现引出了一些根本性问题。"这些是味觉受体,但这是味觉吗?"芬格问我。在谈到卡普里奥的工作时,他补充道:"它们也许解释了约翰在日本海鲇身上看到的pH值感官,但是我们还不知道。还没有人定义鱼类体内的孤立化学感受细胞是什么,更别说人体内的了。我们不知道这些细胞在做什么。我们甚至不知道它们意味着什么。"它们的存在动摇了我们理解这种感官所依据的基础。

我们的舌头可以说话、开玩笑和嘲弄别人,但它也可以将我们提升到超级味觉者的境界。丝条短平口鲇和它的许多近亲表明,我们的味觉比我们想象的要更加多样化,而且它的势力范围超出我们的舌头之外。"很难理解作为人类意味着什么，"杰尔·阿特马说，"我们必须通过了解那些和我们共享地球的生物，才能知道自己是谁。相比之下，了解味觉如何在鲇鱼身上起作用或者嗅觉如何在龙虾身上起作用要容易得多。"就这方面而言，或许还包括视觉如何在后肛鱼身上、听觉如何在乌林鸮身上或者触觉如何在吸血蝠身上发挥作用。通过这些动物，我们的知识可以追溯到数百万年前。"在最简单、最基本的层面，鱼类和人类的味觉处理方式有很多相似之处，因为我们是从类似鱼的祖先进化而来的。"汤姆·芬格说。科学家甚至认为，在很早以前——当地球上的生命刚开始出现时，最早品尝世界的生物使用的就是孤立化学感受细胞。

随着岁月的推移，进化将这种无意识感官磨炼成了今天在鱼类和人类身上看到的复杂味觉系统。孤立化学感受细胞可能是自那以后每一种味道、每一次拒绝或享受的起源。100年前，当西奥多·罗斯福手握船桨走进他的独木舟，挺起肩膀和胸膛，准备第一次进入未知的世界时，他不知道前面会发生什么，也不知道他将会把致命的美洲矛头蝮、纳氏臀点脂鲤和吃人的丝条短平口鲇的故事带回家。如今，科学也踏入了未知之地，希望阐明和重新定义我们被严重忽视的味觉。

第 7 章

寻血猎犬和我们的嗅觉

人与狗的变形记

奥利弗·萨克斯的一名患者讲述了现实生活中一场卡夫卡式的变形记。一天早上，22岁的医学生史蒂夫·D（Stephen D）发现自己变了。"我梦见自己变成了一条狗，"他对萨克斯说，"而醒来后，我却发现了一个充满强烈气味的世界——在这个世界里，其他感官的灵敏度虽然都增强了，但它们在嗅觉面前黯然失色。"他回忆起自己参观一家香水厂时的经历："以前我的嗅觉一直都不太灵敏，但那时我能立刻区分出每一种香味，而且我发现每一种香味都是独一无二、令人回味的，是一个完整的世界。"他开始通过气味来辨别朋友和同事："每个人都有自己的嗅觉面貌，一张气味脸庞……比任何视觉脸庞都生动得多。"史蒂夫·D用他像狗一样敏锐的鼻子在纽约市区找路。他情不自禁地嗅一切东西，否则就会觉得"它不真实"。对于新出现的这种感知能力，他形容这就像自己原本是一个色盲患者，但突然有一天发现自己身处一个五彩斑斓的世界。

3周后，这种奇怪的变化突然停止，史蒂夫·D的嗅觉恢复正常。后来，萨克斯了解到他的病人此前一直在服用可卡因、天使尘[1]和安非他命[2]。于是，他诊断为这是"安非他命诱发的多巴胺能兴奋"，导致了异常的嗅觉过敏（hyperosmia），这个词来自希腊语词汇*"hyper"*和*"osme"*，字面意思是"过量的气味"。他以《皮肤下的狗》为标题写下病例记录，并以病人怅然若失的总结作为结尾："那感觉就像到了另一个世界，一个纯粹的感知世界，丰富、充满活力、自给自足且充实。要是我能回到过去，重新变成一条狗就好了！"史蒂夫·D专情于一种动物。他的选择揭示了一个更大的真相：在嗅觉方面，很少有动物能超越谦逊的猎犬。

佛罗里达州立大学感官研究所的主任詹姆斯·沃克（James Walker）开展了两项研究，将人类的鼻子和"人类最好朋友"的鼻子进行了对比。

---

[1] 一种拟精神病药物，可产生模拟精神分裂症的症状。

[2] 一种中枢神经刺激剂，已被列为毒品。

2003 年，沃克使用能够检测乙酸戊酯（成熟香蕉的气味）痕量分析样品的方法观察了人类。3 年后，他又观察了狗。犬类的阈值——可以闻到的最小量——是此前报道的两万分之一至三万分之一，狗能够检测到万亿分之一到万亿分之二的稀释浓度，相当于感知到奥运会游泳池里的一滴液体。在和人类进行对比时，沃克写道："我们最近对人类对气味检测能力的研究得出的阈值，大约是我们在这里报道的狗的阈值的 1 万至 10 万倍。"这些研究经常被引用，作为狗的鼻子比我们的鼻子灵敏最高可达 10 万倍的证据。难怪训练有素的寻尸犬能嗅出湍急的河流下面的尸体，训练有素的雪崩救援犬能找到被掩埋在 7.2 米厚的积雪下面的人。

最近，佛罗里达州国际法医研究所的一个团队在汽车上安装了铁管炸弹，他们引爆了这些炸弹，以证明汽车在被炸成碎片之后，寻血猎犬仍然能通过碎片探测到某个人的气味。在所有的狗中，这个品种一直以它灵敏的鼻子而闻名。在尼尼微的亚述王宫，有一块上面雕刻有寻血猎犬图案的石板，其历史可以追溯到公元前 7 世纪，但是古往今来，只有一只寻血猎犬被誉为"王中之王"。

"任何关于寻血猎犬的书中如果没有提到最伟大的寻血猎犬尼克·卡特（Nick Carter），就是不完整的。"凯瑟琳·布雷（Catherine Brey）和莉娜·里德（Lena Reed）在《新版寻血猎犬全书》（*The New Complete Bloodhound*）中写道。"这种狗是有史以来最伟大的狗。"利昂·F. 惠特尼（Leon F. Whitney）在《寻血猎犬及如何训练它们》（*Bloodhounds and How to Train Them*）中写道。尼克·卡特于 1900 年出生于肯塔基州的莱克星顿，名字取自美国通俗小说中的著名侦探，是猎犬史上最好的侦查犬。它服务于沃尔尼·G. 马利金（Volney G. Mullikin）警长。根据惠特尼的说法，这对"一人一狗"组合非常有名，以至于当他们来镇上查案时，会有一大群人前来观看。他们一起将 600 名罪犯绳之以法：仅一年就抓住 126 名罪犯。据布雷和里德所说，"案件定罪率达到 78%，这是许多人类侦探都羡慕的纪录"。

在一起值得一提的案例中，马利金和卡特被叫到一处纵火案的现场：

一座鸡舍被烧成了灰，他们在火灾发生100多个小时之后才抵达。在这四天四夜里，变幻莫测的天气一直影响着纵火者的踪迹。尽管如此，卡特还是设法找到了纵火者的气味，并循着气味来到一个邻近的村庄，追踪到一扇门前。当一名男子出现在门后时，马利金问道："你烧掉那个鸡舍的时候，没想到我们有这条狗吧？"男子的回答很简单："没有。"这是对他罪行的默认。这条狗的鼻子经过非常严格的训练，足以让惠特尼得出结论，"尼克·卡特保持着凭借105小时之后的气味踪迹找出罪犯的世界纪录"。科学家已经证明，不留痕迹地离开现场是不可能做到的。研究表明，人类每分钟会脱落100万个玉米片状、可在空气中飘荡的皮肤细胞；我们吸入的每升空气中有多达5万个皮肤细胞，我们每走1米就有500个皮肤细胞掉落在地面上。寻血猎犬下垂的耳朵有助于将这些气味分子送向它的口鼻部。它脖子周围皱巴巴的皮肉和流着口水的嘴巴很可能捕捉到了其中一些，但寻血猎犬的卓越之处在于它的鼻子。

金毛犬鼻子的流体工程学

加里·塞特尔斯（Gary Settles）被迫中断了对高速飞机流体力学的研究，转向其他课题。"在'冷战'结束后的十年里，研究资金枯竭了，所以我一直在积极寻找有待解决的新课题。"他告诉我。美国国防部高级研究计划局要求他将研究重点转到狗身上。"人们普遍认为狗的鼻子是嗅觉灵敏度的黄金标准，但我惊讶地发现，没有人研究过它如何闻气味，即气味分子如何进入它的鼻子的流体动力学。"作为宾夕法尼亚州立大学气体动力学实验室的负责人，塞特尔斯决定采用一种高度专业化的图像捕捉技术，即纹影摄影。该技术由一位德国物理学家在1864年发明，它利用烟雾和镜子让无形的气流在物体周围流动时变得可见。塞特尔斯发现一位同事的宠物金毛犬是理想的实验对象。"我们很幸运有贝利。它很漂亮，也很乖，而且它愿意为得到牛肉汤做任何事情。"除了我们的第一口气和最后一口气之外，呼吸是成对进行的，吸气然后呼气。研究团队立即发现，呼吸在狗身上有多么不同。

"我们训练贝利把头靠在一个木块上保持不动，这样我们就可以拍摄它闻气味的慢动作了。"他们以每秒1000帧的速度记录了它的吸气过程，并将一碗它最喜欢的肉汤放在离它鼻子越来越远的地方。在看回放时，纹影镜头显示，贝利在汤距离其鼻子10厘米之外时吸入了一股浓郁的气味分子羽流。"这个距离让人意想不到，"塞特尔斯对我说，"但是贝利的呼气带来了更多惊喜。"狗的逗号形鼻孔位于翼状皮瓣之下，当观看录像时，研究人员可以看到该部位在呼吸之间的伸缩：吸气时打开，让空气通过张开的鼻孔进入；呼气时关闭，空气被迫从逗号形鼻孔的尾部呼出并被转移到一边，远离贝利正在嗅的食物。"这意味着任何呼出的气体都不会原路返回，与来自气味来源地的气流背道而驰。"塞特尔斯解释道。

接下来，计算分析显示，当呼出的气体离开狗的鼻子时，这种伸缩的鼻孔结构如何挤压空气，使形成两个同向旋转的旋涡，而它们的旋转则会产生吸力。"这些呼出的空气夹带着周围的空气，增加了流向鼻孔的气流。"这进一步扩大了鼻子的吸气范围，让它能够从隐蔽的地方收集气味，无论是从石头下面还是裂缝内部。"我们第一次看到犬科动物的鼻孔是如何工作的，"塞特尔斯回忆道，"这使我们意识到，它们不只是简单的孔口，而是无与伦比的气味捕捉装置。"狗的灵活和定向气流辅助嗅觉就像乌林鸮带有颈羽的面盘一样，非常适合收集尽可能多的感官线索。为了可视化空气接下来的去向，研究人员创建了狗鼻子内部的首个三维详细图像。

当气味分子被吸入的气流裹挟，冲到鼻腔深处并抵达嗅觉上皮时，嗅觉就在狗和人类体内启动了。嗅觉上皮覆盖潮湿的黏膜，布满嗅觉神经元：这种神经元在鼻子里就相当于眼睛的视锥细胞和视杆细胞、耳朵的毛细胞、皮肤的机械感受器或触觉神经元，以及舌头的味蕾。这些长细胞的功能末端带有微小的纤毛，它们会伸出来并在气流中摆动。这些纤毛上覆盖着嗅觉受体蛋白，可以捕捉经过的气味分子。美国神经科学家琳达·巴克（Linda Buck）和理查德·阿克塞尔（Richard Axel）有一个惊人发现，即哺乳动物共享一个负责编码这些蛋白的庞大基因家族。正是因为这个发现，他们在2004年获得有史以来首个嗅觉方面研究的诺贝尔生理学或医学奖。由此可见，狗的鼻子和人的鼻子拥有同样的气味捕捉机制。

此外，阿克塞尔和巴克的合作研究还表明，每个嗅觉神经元只带有一个受体，该受体与特定的气味分子相互作用，就像一把锁只有正确的钥匙才能打开一样。香味是由许多气味分子组成的，所以拥有更多受体可以扩大探测范围。狗拥有大约800种功能受体，因此也就有800种嗅觉神经元，而人类只有这个数字的一半。该研究还揭示了我们的嗅觉组织不如狗的嗅觉组织面积大。亚力山德拉·霍洛维茨（Alexandra Horowitz）在《成为一条狗》（*Being a Dog*）中遗憾地指出："如果将嗅觉上皮沿着狗身体的表面展开，它将完全覆盖狗的身体，而在人类身上，它只能盖住我们左肩上的一颗痣。"无论确切的数量是多少，人们普遍认为，寻血猎犬嗅觉上皮拥有的嗅觉神经元数量比人类的多出几亿个，种类是人类的两倍，这意味着它们的嗅觉灵敏度和范围比人类的要更高和更广泛。然而，嗅觉上皮在狗鼻子里的位置让加里·塞特尔斯感到困惑。在人类身上，它位于鼻孔上方一指长的地方，但在狗身上，它位于突出的吻部末端，隐藏在一个凹陷处。"像死胡同一样藏在一边，"塞特尔斯说，"它是如何发挥作用的呢？我们希望能找到这个问题的答案。"

对贝利头部的核磁共振扫描图显示了构成这个隐窝的骨骼，它们错综复杂地折叠，好像精美的卷轴。"我们能够以前所未有的精细方式观察这些筛鼻甲骨，"塞特尔斯告诉我，"而且这提醒了我们狗的嗅觉组织表面积是多么巨大。"研究人员还看到了它是如何把一块水平骨板与主气流分开的。他们将之前收集到的关于贝利嗅到的气体的体积和速度的数据与扫描结果相结合，创建了一个计算机模型，用来模拟气流如何在狗鼻子内部和外部流通。他们首次见证了被鼻孔捕捉的气味分子是如何穿过鼻前庭的：抵达骨板后，它们要么沿着呼吸路线向下进入肺里，但绝不会被闻到，要么高速垂直向上被传送到嗅窝。"当我们看到前庭中快速而混乱的气流在抵达更大的嗅窝空间时立即变慢，我们意识到这条死胡同正是关键。"

人类没有嗅窝，所以空气以每分钟27升的速度在我们的鼻子里呼啸而过，将我们的嗅觉上皮暴露在强风中。狗的嗅窝能让更多的气味分子附着在纤毛上，找到并释放它们的特异受体蛋白。"我永远猜不到贝利会教会我们什么，"塞特尔斯说，"流体工程师也很难想到更好的解决方案。进化创造出了我所知道的最好的气味捕捉装置，也就是狗的鼻子。"然而，捕捉气味只是开始——诱人的香气或讨厌的味道必须通过嗅觉才能被闻到，就像在完全丧失色觉后，我们才能更好地理解色觉一样，嗅觉也是如此。

气味存在于我们体内

奥利弗·萨克斯在遇到那位嗅觉过敏的学生后不久，就见到了他的反面。这名男子的症状不是亢进的嗅觉过敏，而是嗅觉缺失：这种感官完全抛弃了他。"嗅觉？"他说道，"我之前从来没有思考过嗅觉。通常你也不会去考虑它。但是当我失去它时，就像突然失明了一般，生活失去了很多味道。而你原来是可以闻到人的味道，闻到书的味道，闻到这座城市的味道，闻到春天的味道的。"他痛悼那些他自认为理所应当的一切，并心酸地补充道："我的整个世界突然变得非常黯淡。"

人们已经发现，这种病症的影响既险恶又多面。由于味道主要靠嗅觉被闻到，所以食物给人的感官享受只剩下我们的五种基本味觉，剥夺了我们用餐时的乐趣。有些人会食欲不振，体重下降；另一些人通过多吃获得满足感，于是体重增加。很多人被这样的想法所困扰，担心自己再也不能闻到自己的体味、变质的食物或火焰的气味，与某些香味相关的珍贵记忆也丢失了。事实上，嗅觉缺失会导致抑郁，人们经常用骇人的词语描述它的影响。有人说："我感觉很空虚，仿佛置身于地狱边缘。"还有人说："那感觉就像我们忘记了如何呼吸一样。"一位女士抱怨说，自己仿佛与世隔绝了一般，性格也发生了变化，她丈夫说已经认不出她了。

令人悲哀的是，嗅觉缺失并不罕见。和丧失味觉一样，它可能是由病毒感染引起的。（2020年，作为新冠肺炎的一个令人不快的症状，嗅觉缺失被许多人所经历。）不过，这一症状是可以消退的。当萨克斯再次见到他的病人时，情况似乎就是这样。"让他感到惊讶和高兴的是，他最喜欢的晨间咖啡在之前变得'平淡无味'，如今又有了味道。他试着吸了一下几个月没碰的烟斗，竟然闻到了自己喜欢的浓郁香味。"然而，在再次接受检查时，这名患者却被告知自己的身体没有发生任何变化："没有丝毫恢复的迹象。你仍患有全面的嗅觉缺失。奇怪的是，你仍然能'闻到'烟味和咖啡味。"萨克斯了解到，患者的嗅觉缺失是在他头部受伤后开始的，这次意外损伤了他大脑的嗅束。因此，尽管他的鼻子仍在吸入充满香气的空气，他的嗅觉感受器仍在捕获气味分子，但他的大脑却扰乱了它们的信号，使其无法被感知。萨克斯怀疑这些新的气味由"一种受控的幻觉造成，所以如今他在喝咖啡或者点燃烟斗时能够无意识地唤起或再次唤起这些感觉，而且这种感觉是如此强烈，让他觉得它们是'真实的'"。可以说，这样的气味幻觉和史蒂芬·D可能由药物引起的感官变形记没有什么不同。

实际上，嗅觉幻觉有多种形式，但其中很少有让人感兴趣的。嗅觉倒错描述的是特定气味引起感知扭曲的情况：一名患者在醒来后闻到所有东西都有一股吐司烤焦的味道，另一名患者则闻到了汽油味。嗅幻觉是嗅觉的幻觉，相当于味觉幻影，气味完全是想象出来的。毫无疑问，最糟糕的是恶臭，污水的臭味无法避免。所有这些感知扭曲都在提醒我们，气味存在于我们体内。

大脑如何读取嗅觉信息？

回想一下第一章中提出的问题："如果一棵树在森林里倒下，附近没有人听到它倒下，那么它是否发出了声音？""如果旁边没有人类的眼睛看着，那么苹果就真的是红色的吗？"在《鼻子知道什么》（*What the Nose Knows*）一书中，嗅觉科学家艾弗里·吉尔伯特举了一个与倒下的树相似的例子："如果没有人在旁边闻，那么森林里燃烧的树就没有气味。"气味并不存在于刺激我们嗅觉神经元受体的分子中。正如神经生物学家戈登·谢泼德（Gordon M. Shepherd）所观察到的："当气味分子在嗅觉神经元受体中的受体结合口袋进进出出时，单个细胞'知道'的只是气味分子特征对其结合位点的刺激程度。刺激程度越大，细胞的冲动反应就越强烈。"大脑读取不同嗅觉神经元之间反应的差异，从而产生对气味的感知。大脑究竟是如何做到这一点的，这仍然是它保守得最好的秘密之一。我们的这种理解始于19世纪，与一位热衷于人体解剖的法国人有关。

终其一生，外科医生兼解剖学家保罗·布罗卡（Paul Broca）收集了432个人类大脑，并将它们保存在注满福尔马林的罐子里。1880年布罗卡去世后，按照他的遗嘱，他将自己的大脑也加入了这批收藏。一个世纪后，美国宇宙学家卡尔·萨根（Carl Sagan）前往巴黎的人类博物馆参观并见到了它，当时萨根想知道"那个叫保罗·布罗卡的男人在这个罐子里藏了多少秘密"。根据奥利弗·萨克斯的说法，布罗卡"为大脑神经学开辟了一条道路，这使得科学界在几十年后'绘制'人脑地图成为可能，将语言、智力、感知等特定功能归因于同样特定的'中心'"。

如今，布罗卡被誉为现代神经心理学的奠基人。他对我们前脑中被称为嗅球的区域特别感兴趣，该区域位于嗅觉上皮的后面。仔细观察就会发现它们之间的密切联系：嗅觉上皮的嗅觉神经元很长，实际上穿透了骨质且多孔的筛状板，直接进入嗅球。一根神经将气味送入我们的鼻子然后落到嗅觉上皮上，并与我们的嗅球分开；再用一根神经，就可以连接到嗅皮质了。正如神经科学家斯图尔特·法尔斯坦（Stuart Firestein）所说："你可以通过两个突触从外部世界抵达大脑的皮质组织——两个突触！如果在视觉系统中，你仍然在外层视网膜里。"没有其他感官可以用这么少的步骤访问大脑的核心皮质。当气味的各种分子解锁特异受体，令其神经元向嗅球放电时，对气味的感知就开始了。

布罗卡注意到，相对于大脑的整体大小，我们的嗅球在比例上比其他哺乳动物的小。他在大脑的另一个部位上看到了相反的模式：我们的额叶在比例上占比较大。在去世的前一年，布罗卡在《人类学评论》（*Revue d'Anthropologie*）一书中写道："额叶以牺牲其他部位为代价而扩大自身，夺取了大脑中的霸主地位，智慧生活集中在那里。引导这种动物的不再是嗅觉，而是所有感官启发出的智慧。"他认为，嗅球在进化过程中为额叶让路，我们用嗅觉换取了自由意志。他宣称："这就是嗅觉器官萎缩的原因所在。"在布罗卡看来，人类不仅仅是嗅觉不发达，我们还是"非嗅觉者"。他的结论成为20世纪的标准观点。西格蒙德·弗洛伊德（Sigmund Freud）支持这一观点，并认为只有儿童、精神失常者和神经过敏者对气味感兴趣。他声称："嗅觉的有机升华是文明的一个重要表现。"据说它的丧失让我们超越了其他动物，有效地使我们文明化和人性化。我们这个物种被降级为嗅觉削弱状态（microsmats）：和狗的嗅觉增强（macrosmatic）霸权相比，是"微小的嗅觉者"。在G. K. 切斯特顿（G. K. Chesterton）关于一条狗的著名诗歌《魁斗之歌》（*The Song of Quoodle*）中，魁斗为我们哀叹道："他们没有鼻子，夏娃的堕落子孙……噢，水的愉快气味，石头的勇敢气味。"然而，与布罗卡和弗洛伊德的教条智慧相反，越来越多的证据对人类嗅觉削弱的观念提出了质疑。

理查德·费曼的小花招

聋盲作家海伦·凯勒常被誉为嗅觉奇才。她称嗅觉为"堕落天使"，再加上触觉，就是她了解世界的方式。她描述了自己如何仅仅通过气味就能区分男人和女人、婴儿和成人、一个人和另一人。"实际上，我没有猎犬那种无所不知的嗅觉。"她坦言道。

> 不过，人类的气味像手和脸一样多样，而且能够被识别。那些我爱的人散发的亲切气味是如此明确，如此清晰，没有什么东西能将它们抹除。如果很多年之后我才能再见到过去的一个亲密朋友，

我想我应该能认出他的气味……而且和我识别出我兄弟气味的速度一样快。

但是人们普遍认为,科学研究并未表明盲人有更优越的嗅觉。引用过去20年的六项科学研究,艾弗里·吉尔伯特观察到,"无一例外,我们发现盲人并不比有视力的人更敏感——两组人探测到的气味浓度大致相同。盲人和有视力的人在区分两种不同气味方面的能力也没有差别"。如果说盲人有什么优势的话——这六项研究中只有三项表明他们有这种优势,那就是他们更擅长命名气味。所以,也许凯勒的天赋并不是那么神奇。

在《别闹了,费曼先生》一书中,理论物理学家理查德·费曼讲述了有段时间他决心探索自己体内的"寻血猎犬",当然在这一过程中,他请了妻子帮忙。"那些书你有阵子没看了,对吧?"他指着书架上的一排书说,"等我出去之后,你从书架上取下一本书,打开它——仅此而已——然后再把它合上放回原处。"她按要求做了。当费曼回到家时,他将鼻子依次贴在每一本书上,然后他正确地指出了妻子翻看的那本书。他回忆道:"这根本没什么!很容易。只需闻闻书上的味道就行。很难解释,但是你能分辨出来……人类并没有他们想象的那么无能,只是他们的鼻子距离地面太高了!"很快,这成了他的派对保留节目,他常以这样的开场白开场:"因为我是一只寻血猎犬……"观众们更倾向于认为自己被骗了,而不是他真的能闻到人手留下的细微气味,这种反应也许让他觉得很有趣。费曼是智力上的巨人,但是他的眼睛和鼻子与你我的没有什么不同。在过去10年里,大量的科学研究表明我们都有凯勒的天赋,我们当中的任何一人都可以用费曼的派对小花招震惊观众。

至少1万亿种气味

瑞典林雪平大学的感官生理学家马蒂亚斯·拉斯卡(Matthias Laska)

是研究动物界嗅觉敏感度方面的世界权威。"我妻子说，要是说我有什么才能的话，"他坦言道，"那就是我可以像动物一样思考。"科学界已经对人类测试了3000多种不同的气味，但在5500多种哺乳动物中，只有17个物种接受了测试，一共才用到138种气味。拉斯卡在过去的30年里一直试图调整平衡。"比较不同物种之间的嗅觉敏感度并非没有问题，"他说，"即使可以对不同物种使用相同的方法，也很可能得出一个物种比另一个物种更具优势的结论。"因此，他的大部分研究都是发明哄骗动物参与实验的新方法。他发现蜘蛛猴无法抗拒家乐氏的蜂蜜谷物圈，亚洲象愿意为一根多汁的胡萝卜做任何事。此外，如果你打算引诱松鼠猴，一定要建造一棵带有人造坚果的人造树，否则它们很快就会失去兴趣。"如果你把它们关在笼子里，它们会拧松它们视线范围内的每一颗螺丝；它们喜欢使用自己的双手。因此，我在树上设计了它们一定会打开的假坚果。其中一半用某种气味标记，里面藏着美味的零食；另一半用另一种气味标记，但里面是空的。一切似乎都很完美。但让我感到沮丧的是，它们太喜欢开坚果了，打开了所有的坚果！所以我必须给它们限时，让它们在一分钟内做出选择。它们的动作很快，但没有那么快。"通过诸如此类的实验，拉斯卡已经量化了动物能够检测到的气味的最小值。一次又一次，在将结果和人类研究进行对比时，他感到惊讶。他说："我发现人类受试者的嗅觉检测阈值更低。与目前接受过检测的大部分哺乳动物相比，人类对绝大多数气味都更敏感。"人类的表现似乎比猴子、海獭、果蝠、吸血蝠，甚至那些我们认为嗅觉超级灵敏的动物（如小鼠、大鼠和駒鼱）要好。在他看来，"人类嗅觉低能是一个迷思"。

狗是拉斯卡发现的唯一违反该模式的物种。"在人类和狗身上都做过测试的气味只有15种，所以只存在15个数据点，"他告诉我，"但有趣的是，在15种气味测试中，人类只有5种胜过了狗。让我们表现得更好的5种气味均来自植物，而在狗领先的10种气味中，有7种是它们的猎物所具有的典型气味。"此外，5种植物香气之一是乙酸戊酯的成熟香蕉气味：詹姆斯·沃克经常被引用的两项研究——这两项研究认为狗拥有动物界最优越的鼻子——使用的也是这种化学物质。拉斯卡还发现了另一项关于人类乙酸戊酯检测阈值的研究。虽然沃克发现当这种化学物质的浓度被稀释到 −5.94 log ppm 时，狗仍然能够闻到它，但这项研究报告称，人类可以闻到的浓度更低，即 −7.02 log ppm。在听说了拉斯卡的研究后，艾弗里·吉尔伯特调皮地问道："你觉得这听起来像是狗鼻子的全面胜利吗？"在他看来，这证明了一个更普遍且被大量引用的说法是没有根据的，即狗对气味的敏感度比人类高 1 万到 10 万倍。2014 年，一项研究进一步加速了猎犬头顶王冠的滑落速度。

大马士革玫瑰的醉人香味由 100 多种挥发性成分混合而成，但是我们真正能闻到的有多少呢？当琳达·巴克和理查德·阿克塞尔凭借他们的嗅觉研究获得诺贝尔奖时，媒体声称，他们的发现"是我们能够识别大约 1 万种不同气味并形成记忆的基础"。吉尔伯特对这个数字持怀疑态度，但是出于尊重，他说："这当然是一个我们可以相信的数字。"毕竟，这也是一个经常会在大学教室里听到的数字。话虽如此，但并不是每个人都能被说服。"这个数字来自 1927 年的一项理论研究，采用的是有问题的假设。"神经生物学家安德烈亚斯·凯勒（Andreas Keller）告诉我。他是洛克菲勒大学嗅觉研究中心的联合创始人，他们用充满活力和感觉的受试者验证了这个理论。当时，他和同事将由 128 种不同气味组成的数百种组合放在未经训练的志愿者的鼻子旁边挥舞。他们在罐子里混合 10 种、20 种或 30 种气味，然后故意让它们之间的差异变得越来越小，希望找到人们无法区分它们的那个点。接下来，他们使用复杂的统计技术计算出我们辨别气味的能力，最终数据远远超出预期。

"我们的研究结果比想象的高出好几个量级，"凯勒说，"我们估计人类至少可以区分 1 万亿种嗅觉刺激。"实际上，最终的计算结果是 1.72 万亿。"这看起来似乎是一个令人震惊的大数字，但是因为我们用来测试的混合物最多只有 30 种成分，所以这很可能是我们潜力的下限，"马蒂亚斯·拉斯卡说,"我非常激动,终于有人算出来了。如果你在过去读过那篇最先提出'1万亿'这个数字的科学论文,就会发现,实际上,文章中说的是人类可以闻到'至少'那个数量的不同气味。当这篇文章被一次又一次地引用时,'至少'这个很关键的词被遗漏了。"洛克菲勒大学的研究不仅表明我们的嗅觉被严重低估了,还颠覆了关于我们感官能力等级的所有观念。大多数听觉科学家都认为,一般人的耳朵可以辨别出数十万种可听的音调。大多数视觉科学家都断言,普通人的眼睛可以看到数百万种色度。然而,我们的鼻子可以闻到至少1万亿种不同的气味。

我们也可以是气味追踪者

2017年,《科学》杂志上刊登了一篇标题为《糟糕的人类嗅觉是19世纪的迷思》的文章。它的作者约翰·麦根(John McGann)是新泽西州罗格斯大学的心理学家,他对第一个将我们的嗅觉认定为贫瘠的人提出了质疑。"保罗·布罗卡将人类归类为'非嗅觉者',这不是因为任何感官测试,而是因为他相信这一点。"他对我说。麦根意识到,如果我们采用布罗卡的方法,比较嗅球在大脑中的占比,我们注定会失败。"就小鼠而言,它的嗅球占其大脑的2%,但我们的嗅球只占大脑的0.01%",所以小鼠胜过了人类?"如果你看一下绝对大小,我们的排名实际上相当不错。我们的嗅球相当大,有60立方毫米,而小鼠的嗅球最多只有10立方毫米。"麦根指出,随着我们的大脑在进化中不断扩大,我们的嗅球可能没有增长,但它也没有缩小,没有为额叶或其他大脑结构让路。然而,他对布罗卡的致命一击来自最近独立实验室的两份报告。他们使用同位素分馏技术清点了哺乳动物嗅球中单个神经元的数量。"这两项研究都表明,大小其实无关紧要。哺乳动物的嗅球无论是大是小,都拥有同样数量的神经元。"无论是人类、小鼠还是星鼻鼹鼠,一般来说,它们的嗅球拥有1000多万个神经元。那么,考虑到我们鼻子的硬件不如狗——嗅觉上皮面积较小、附带受体的类型较少,再加上更低效的嗅探装置——是什么让我们产生了优势?

最近耶鲁大学神经科学家戈登·谢泼德提出,我们对嗅球的关注过于简单。"更重要的是处理嗅觉输入的中央嗅觉脑区,"他解释道,"这些区域在人脑中的分布比通常意识到的更广泛。"他的清单相当长:嗅皮质、嗅结节、内嗅皮质、部分杏仁核、部分下丘脑、背侧丘脑、内侧和外侧眶额皮质,以及部分岛叶。"这些区域使人类在辨别气味方面拥有更强的认知能力,这意味着人类可以用更强大的大脑闻气味。"谢泼德用与听觉相关的内耳毛细胞和语言进行对比。他提到在人类和老鼠、猫或者猫头鹰之间,这些感官细胞的数量几乎没有差别。"这种来自外周听觉受体输入的适度增加,几乎没有为人类的交谈能力和语言的发展提供帮助。"我们的语言技能更多地归功于我们的大脑。同样,我们的气味传感器无法解释我们庞大的气味词汇库。也许我们多层面的大脑足以补偿我们表现不佳的鼻子。

虽然最近的科学研究高度赞扬了我们鼻子惊人的灵敏度和能力范围,但事实是,与尼克·卡特和贝利不同,我们很少重视或者依赖我们的嗅觉。2007年,科研人员在加州大学伯克利分校绿油油的草坪上开展了一项古怪的实验,以揭示当我们这样做时会发生什么。有32名学生(女生和男生各占一半)报名参加,但他们需要跪在地上,双手撑地,姿势就像寻血猎犬一样。"大多数人都愿意尝试,"神经科学家杰斯·波特(Jess Porter)回忆道,"这些学生只是觉得,好吧,这些都是疯狂的科学家,这是他们做的又一件疯狂的事。"每个志愿者都戴着眼罩、耳罩、厚手套和护膝,以抑制视觉、听觉和触觉等,也就是除嗅觉之外的几乎所有感官。然后他们被要求闻出一条10米长的弯曲小径,这条小路用浸有可可精油的麻绳做了标记。研究证明了当我们下定决心闻气味时,我们的能力实际上很强。我们不仅是相当熟练的气味追踪者(三分之二的志愿者在10分钟之内完成了这项任务)——并且能够通过训练提升速度(那些在两周后重复这个实验的人,花费的时间减少了一半以上),而且我们会自然地模仿狗(沿着曲折的路线在这条有气味的小径来回穿梭)。

波特还发现，成功在于拥有两只鼻孔。当她用胶带堵住一些仍然蒙着眼睛的志愿者的一个鼻孔时，只有三分之一的人完成了挑战，而且他们用的时间都比之前长很多。结果表明，当我们嗅气味时，每个鼻孔都会对不同的区域采样，然后对比输入的不同气味信息。波特说："我们认为，这类似于你可以用成对的耳朵来定位空间中的声音，可以用成对的眼睛来感知深度。"乌林鸮的两只耳朵赋予它灵敏的听觉，我们的两只鼻孔赋予我们立体的嗅觉。"虽然人类早上不会用鼻子寻找面包房，"波特说，"但我们仍然保留了通过练习可以恢复的惊人的嗅觉能力。真令人兴奋！"

在去世的三年前，奥利弗·萨克斯不情愿地做了一次坦白。史蒂芬·D——萨克斯描述他是一名"非常成功的内科医生，我在纽约的朋友和同事"——这个人完全是捏造的。实际上，萨克斯描述的是他自己，他就是那个在晚上吸食安非他命、可卡因和天使尘的年轻人，直到有一天早上醒来，他坚信自己变成了一条狗。萨克斯向一位记者承认："我现在不那么害怕说出来了。我认为，部分原因是我已经远离了这些东西，那都是40年前的事了。而且我不认为，这是为了哗众取宠或者出风头——事实上，我和其他人基本上是一样的，但我会以一种内省的、科学的视角看问题。"也许萨克斯的"犬类变形记"是由药物引起的幻觉，但现在我们知道了我们的鼻子是如何被错误判断的，这让人不禁怀疑他的症状或许不是嗅觉幻觉，而是简单的嗅觉成瘾。这位已故的伟大神经学家描述，当他想象自己是一条狗时，他产生了一种想要四处嗅一嗅、摸一摸的冲动。也许萨克斯由此产生的感官体验——那个气味世界，那个充满芬芳的世界……如此生动，如此真实——并不是想象出来的，而且也不特殊。也许任何下决心使用自己鼻子的人都能发现这个世界。费曼、拉斯卡和两位凯勒讲述的故事表明，我们每个人的皮肤下面都有一条"狗"，等待着我们的哨声。

第8章

大孔雀蛾和我们的欲望

多情的"夜孔雀"

1877年5月的一个晚上,在普罗旺斯的一个偏远角落,一只在当地被称为"夜孔雀"(又名大孔雀蛾)的雌蛾慢慢钻出它的茧。首先出现的是羽状触角,然后是仿佛覆盖着一层奶油的头以及毛茸茸的身体和细长的腿,让-亨利·卡西米尔·法布尔(Jean-Henri Casimir Fabre)——维克多·雨果称他为"昆虫界的荷马"——在一旁静静地观察着这一切。虽然法布尔后来被誉为"昆虫学之父",但此时的他仍然默默无闻,生活贫困,只顾寻求"他亲爱的昆虫们"的陪伴。这只飞蛾颤抖着展开它的灰褐色翅膀。法布尔在《昆虫记》中写道:"由于刚孵化出来的幼虫身上还是湿漉漉的,所以我立刻把它罩在一个金属细网纱罩下面。"他丝毫没有预料到接下来发生的事情,但是随着月亮升起,许多不速之客开始通过敞开的窗户飞进他的房间。

> 巨大的飞蛾轻轻地拍打着翅膀,围着罩子飞来飞去,落下,起飞,折回……猛地冲向天花板,然后又从天花板上飞快地俯冲下来。它们扑向蜡烛,用翅膀一扑棱将烛火扑灭;它们撞上我们的肩膀,撕扯我们的衣服,扫过我们的脸颊。这里就像死灵法师的巢穴,盘旋着成群的"蝙蝠"。

法布尔在深夜里守着它们,被眼前的场景迷住了:"我不知道它们是如何得到消息的。实际上,这里至少有40只从四面八方飞来的'多情种',它们下决心要向那天早上出生在我房间的适婚雌蛾求爱。"在接下来的一周里,他数了数,有多达150只雄性追求者向他的这个孤独的俘虏示爱,它们甚至在雌蛾被挪走后仍然涌向钟罩。法布尔开始怀疑,这些雄蛾是从空气中某种物质那里"得到消息"的,而这种物质是他的鼻子所无法感知的。他不知道吸引这些飞蛾的并不是任何普通的气味,而是一种靠空气传播的催情剂,这种物质会让人怀疑我们所说的"嗅觉"究竟指的是什么。

夜孔雀又名"巨皇蛾"或"大孔雀蛾"。它完全配得上这个名字。它的翅展可达 15～20 厘米，是欧洲最大的蛾。它的野生亲缘天蚕蛾科，是世界上体形最大的昆虫类群之一，也是鳞翅目昆虫中的庞然大物。虽然色彩不鲜艳，但大孔雀蛾吸引了文森特·梵·高的注意。梵·高用颜料使它变得"永垂不朽"。他在一封写给弟弟的信中说它"是如此与众不同"，并特别指出它呈现"黑色、灰色、白色等色调，并闪烁着暗红色或者橄榄绿的光"。该物种中雄性存在的意义是寻找雌性并使其受孕。因为没有可正常行使功能的嘴和消化道，它们甚至无法抽出时间进食。自它们从茧里出来的那一刻起，生命的倒计时就开始嘀嗒作响，而它们为完成这一任务所储备的食物也仅能维持数天。雌蛾很少会出现在附近，但它所散发的独特香味却能从远处诱惑雄蛾；实际上，有报道称，曾有一只意乱情迷的雄蛾从大约 5 千米之外的地方被引诱过来。大约在法布尔的"大孔雀蛾之夜"过去 75 年后，一位获得诺贝尔奖的有机化学家也开始追踪这种神秘的飞蛾气味。

信息素：充满争论的爱情魔药

阿道夫·布特南特（Adolf Butenandt）将注意力转向了一个比大孔雀蛾更容易获得的物种上：它就是大孔雀蛾的驯化表亲蚕蛾，因其蚕茧可制作丝线而闻名。1953 年，他从商业育种者那里购买了他能买到的所有样本，并将它们送到位于图宾根的马克斯·普朗克研究所。他仔细地分拣了这些蛹，将雄性保存在甲醇中，让雌性继续进行看不见的变态发育过程。很快，布特南特的实验室里到处都是刚孵化的雌性蚕蛾。他开始从蚕蛾腹部末端切下散发着气味的微小腺体，即它们的侧小囊（sacculi laterales），并取出其中的内容物，以提炼其中可以引诱雄蛾的成分。这项工作既精细又费力，不过他发明了一项可以分离微量分子的技术。到 1956 年，他发明的技术已经接近完美，而他的实验后期需要更多的蚕蛾才能完成。

二战结束后，随着欧洲丝绸业的衰败，他不得不将目光投向远方，最终从日本购买了 50 万只蚕茧。他从这些数量庞大的东方雌蛾身上获得的提取物非常少：50万个性腺产生的提取物不足12毫克，相当于一片小雪花的重量。不过，这足以让他推测出这种气味的分子结构，并在实验室里人工合成它。通过展示这种分子复制品可以让雄蛾坠入爱河，布特南特证明，他找到了雌蛾的"爱情魔药"。1959年，他发表了自己的这一发现。该分子的化学名称是（E,Z）-10，12-十六碳烯醇，布特南特为其命名了一个更容易读的名字——"bombykol"（蚕蛾醇），这个名字来自蚕蛾的拉丁学名 *Bombyx mori*。同年，他的两名同事彼得·卡尔森（Peter Karlson）和马丁·吕舍尔（Martin Lüscher）创造了一个术语，用来形容类似于蚕蛾醇散发出的这种能够触发其他同类某些特定行为的气味。根据希腊语词汇"*pherein*"（携带）和"*hormōn*"（刺激），他们创造出"pheromone"（信息素）一词，意思为"携带刺激物的载体"。对于这种奇怪的嗅觉成瘾，科学家仍在努力揭示它的全貌，并探讨它对我们的嗅觉来说意味着什么。

作为一名如今在马克斯·普朗克研究所工作的感官生理学家，卡尔-恩斯特·凯斯林（Karl-Ernst Kaissling）追随着布特南特的步伐。如今他即将退休，而在过去的5年里，他研究了数千种蛾。就像他的前辈一样，凯斯林也从世界各地搜集飞蛾："我们从德国、英国、法国、意大利的商业育种者那里购买蚕蛾，从德国、美国和捷克的商业育种者那里购买大孔雀蛾。我们很少自己繁育飞蛾。"凯斯林将雄蛾释放到风洞里，并观察引入微量雌性信息素后里面会发生什么。他工作态度严谨，思维缜密。他告诉我："我们发现50%的雄蚕蛾会对源负载为 2×10^{-5} 微克、气流速度为每秒60厘米的信息素做出反应，并拍动它们的翅膀。"可以这么说，雄蚕蛾一直在感应信息素，直到它的浓度下降到千万亿分之一或千万亿分之二。大孔雀蛾的触角是蚕蛾的两倍大，很可能更敏感。寻血猎犬的鼻子是个传奇，但它只能识别出浓度为万亿分之几及以上的气味。飞蛾的触角可探测到的气味浓度是它的千分之一：它们从经过的气流中筛出稀少的信息素分子，而寻血猎犬只能漫无目的地嗅着空气。然而，这种跨物种对比产生了一个难题。"它们的嗅觉神经元数量相差很大，"凯斯林解释道，"蚕蛾触角上有34000个蚕蛾醇受体，但是狗的鼻子里至少有 1 亿个嗅觉神经元。"野生雄性蚕蛾用很少的感官受体拥有了超自然般的敏感度，这说明雌蛾释放的信息素拥有不可思议的效力。

利用马克斯·普朗克实验室发明的一种名为"触角电图"的装置，凯斯林将电线插入雄蛾细如丝的触角，以读取当含有信息素的空气被吹过触角时神经的放电情况。他还分离并研究了单个的嗅觉神经元。他的实验表明，落在触角毛状嗅觉受体上的一个蚕蛾醇分子就足以触发通向大脑的神经冲动。"但飞蛾若想感知到信息素，则需要更多的神经冲动。"他解释道。即便如此，少量分子也足以使雄性改变行为，并驱使它在情欲的折磨下逆风而上，飞向等待中的雌性。雌性信息素与其说是化学信使，倒不如说是化学指令，因为哪怕是最微弱、最短暂的邂逅也会让雄蛾屈服。这样的信息让雄蛾感到不安，也让我们感到不安。医学研究员兼作家刘易斯·托马斯（Lewis Thomas）在《对信息素的恐惧》一文中如此描述雄蛾：

> 很难说它是否意识到自己被某种化学引诱剂的气溶胶捕获了。相反，它很可能突然觉得今天是个好日子，天气特别好，很适合锻炼一下这双老翅膀，一个干脆利落的逆风转弯……然后，当它抵达目的地时，发生了在它看来可能是最不寻常或最幸运的事情："老天爷，看看这儿有什么！"

信息素暗示了嗅觉的阴暗面：一个无味的世界，一旦吸入这种气体，某种看不见的机制就开始劫持个体的行为，剥夺它们的自由意志。"信息素不是通过认知处理的，"神经科学家蕾切尔·赫茨（Rachel Herz）说，"它会引起本能的、甚至是无意识的反应。"正如生物学家特利斯特拉姆·怀亚特（Tristram Wyatt）所说："信息素是一个非常强有力的词语。它会让人联想到性、放纵和失控。"人类版蚕蛾醇的存在，威胁着我们对人际关系的理解：当我们坠入爱河时，到底发生了什么？它会让我们像妖精王后泰坦妮娅[1]屈服于小精灵帕克[2]的紫花那样，疯狂地爱上任何路过的人，或者像帕特里克·聚斯金德[3]小说《香水》中的主人公一样，用一种令人难以抗拒却又令人毛骨悚然的香水来控制别人吗？撇开小说不谈，世界各地的大学和商业实验室一直在热忱地寻找人类信息素。军事机构资助了对人类信息素的研究，而香水行业也投入了大量资金，竞相寻找"欲望灵药"并期望将其装瓶售卖。美国学术期刊《科学》将人类信息素是否存在视为我们这个时代悬而未决的问题之一。争论非常激烈，常常升级到充满敌意的地步，以至于现在当科学家在谈论我们这个物种时会避免使用"信息素"这个术语，除非在前面加一个限定词，即"假定的"。然而，表明人类信息存在的证据十分诱人。

创造欲望，控制情感

研究表明，气味比任何其他感官体验都更能创造和控制情感。蕾切尔·赫茨将它描述为"我们与情感联系得最紧密的感官"。这是因为嗅觉不仅与大脑关系密切——只有两个神经突触将大脑与外部世界相连——而且与大脑中的一个特殊部位密切相关。影像学检查表明，视觉、听觉、味觉和触觉首先被记录在丘脑中，而嗅觉则绕过这个通道，直达大脑的情感中心——杏仁核。赫茨说："没有其他感官系统拥有这种特权，可以直接访问我们大脑中控制情感的部位。"她补充道，"我常常想，假如我们没有嗅觉，那么我们还会不会有情感？"对此，她致敬了法国哲学家笛卡尔，并活用了他的至理名言：我闻故我感受。

气味会唤起我们从喜悦到愤怒的各种情感：它们会让我们伤感，让我

[1] 英国戏剧家威廉·莎士比亚的作品《仲夏夜之梦》中的人物。她是妖精王奥伯隆（Oberon）的妻子，有着美丽的外表、魔法能力以及和凡人无异的情感。
[2] 莎士比亚的作品《仲夏夜之梦》中的一个小精灵，他用一朵紫色魔花把所有的事情搅和得乱七八糟。
[3] 帕特里克·聚斯金德（Patrick Süskind, 1949—），德国作家，其主要作品有《香水》《鸽子》和《夏先生的故事》等。

们热泪盈眶，甚至让我们充满恐惧。"你是否曾无缘无故地突然感到害怕，然后注意到空气中有股奇怪的味道？"赫茨问道。"在 2001 年 9 月 11 日之后的几个月里，成千上万的纽约人——当他们走在世贸中心附近的街道上，或者乘地铁路过世贸中心附近的车站时——都有过这样的经历。奇怪的烧焦味和尘土味让人立刻想起一个恐怖的事件。"气味会让我们心痛，它们也会挑逗或者诱惑我们。引用弗拉基米尔·纳博科夫的话——气味比景象或声音更能让你的心弦断裂。赫茨甚至将嗅觉重新定义为"令人惊叹的欲望感"。这种效力并没有从我们祖先身上消失。

自古埃及人的时代起，人类就在大自然中四处探索，并找到了很多因可以提高情欲而受到珍视的宝贵香料。维多利亚时代的著名性学家哈夫洛克·埃利斯（Havelock Ellis）写道："麝香作为男人的性兴奋剂在世界各地一直享有盛誉，尤其是在中东地区。《爱的秘密》（El Ktab）一书中评价它是最高贵的香料之一，也是最能引起性欲的香料之一。""麝香"一词的英语"musk"来自梵文，原意为睾丸，是从喜马拉雅麝的腺体中提取出来的。埃利斯观察到，"直到现在，女性喜欢的依然不是最细腻或者最精致的气味，而是最强烈、最具野性、最性感的味道"。人类将麝猫肛门腺的黄色油性分泌物、抹香鲸肠道的蜡质病理性增生物和海狸肛门腺的提取物涂抹在自己的脖子和手腕上。这些成分至今仍被添加到香水中。我们对动物气味的使用促使了嗅觉与情感在我们大脑中的紧密结合，以加快我们的脉搏，但据说我们的天然体味更具诱惑力。16 世纪，一种这样的气味差点搅乱了法国宫廷。

1572 年，据说孔代公主（Princess of Condé）吸引了法国未来国王的目光，或者说是鼻子。然而，当时两人甚至都没有见过面。这件事发生在卢浮宫的一场舞会上，即她与另一个男人的婚礼宴会。19 世纪的巴黎内科医生查尔斯·费雷（Charles Féré）写道："这位公主跳了很长时间的舞，但由于舞厅里实在太热了，她觉得有点不舒服，于是走进了一间盥洗室。"她换好衣服后，就把自己湿漉漉的衣服留在了里面，但当安茹公爵（也就是未来的亨利三世）进来梳洗时，他误把公主的衬衣当作毛巾，擦了自己的脸。从那一刻起，正如费雷所说："他对她产生了最强烈的感情。"

亨利只是历史上据说对女性体味心醉神迷的一长串男人中的一个。回想一下拿破仑写给约瑟芬皇后的那句臭名昭著的话："三天之内回家。不要洗澡！"19世纪的法国小说家若利斯－卡尔·于斯曼（Joris-Karl Huysmans）曾在其作品中描写女人腋下的香气如何"轻易地释放男人体内的野兽"。由男性撰写的《爱经》（Kama Sutra）声称，女性的美不在于其容貌，而在于她的体味。据说，伊丽莎白时代的女士们会将削了皮的苹果放在腋窝处，等它们被汗水浸透时再拿出来，然后她们将这些"爱情之果"送给心爱的人。类似的传统在奥地利农村世代相传，直到现在，那里的姑娘们还会在跳舞时将一片苹果夹在腋下，然后送给自己选择的舞伴吃。历史上有很多逸事可以验证女人未经修饰的体味的魅力，并且现代科学也可以证明这一点。这方面的证据来自一个看似不太可能的学术研究对象：阿尔伯克基的绅士俱乐部。

新墨西哥大学的进化心理学家杰弗里·米勒（Geoffrey Miller）对"大腿舞酒吧"的科学潜力感到好奇。他想知道，如果让男性自由选择女性，他们是否可以提供一扇了解男性心理和吸引力法则的窗口。在2007年发行的一期《进化和人类行为》（Evolution and Human Behavior）中，米勒写道："在美国大多数城市，大腿舞都是私密且合法的性工作形式。顾客可以通过亲密的语言、视觉、触觉和嗅觉互动来评估不同女性的吸引力，而这些吸引力的判断会直接影响女性的小费收入。"此外，这种交易是对男性欲望的明确衡量，正如米勒所说："这是男性对女性吸引力敏感程度的首个真实的经济证据。"研究团队招募了18名异国舞者，并要求她们记录下自己两个月内（共有大约5300场舞）的收入情况。米勒指出，研究人员甚至都不需要去脱衣舞俱乐部，数据是通过一个网站收集的。

科学家们发现，女性的吸引力在一个月内发生了变化：它会随着女性生理周期的变化而变化。当这些舞者处于最易受孕的排卵期时，她们收到的小费几乎是平时的两倍（这时她们平均每晚可以收到334美元小费，而平时只有184美元）。米勒很想知道女性是如何发出变化的信号，而男性又是如何感知这种变化的。他观察到，"小费收入不太可能受到舞蹈动作、服装或者最初对话内容的影响，因为这些方面变化不大"。他提出或许存在一种"在有意识的意图或感知之下发挥作用"的线索：女性并不知道自己在发送这种信号，而男性也不知道自己在接收它。它可能是通过空气传播的。有机化学家乔治·普雷蒂（George Preti）和蕾切尔·赫茨都将这项研究选为无味信息素施展魔法的潜在案例。正如赫茨承认的那样，在没有进一步证据的情况下，"这个极具争议性发现的原因仍然是个谜"。科学家仍然不能确定男性是否像雄性大孔雀蛾一样容易受到雌性信息素这一秘密手段的影响。而关于这种假定的信息素可能产生于人体的哪个部位这类问题，科学家们则更有把握。

是什么让人坠入爱河？

动物学家大卫·迈克尔·斯托达特（David Michael Stoddart）在《有气味的猿》（*The Scented Ape*）一书中宣称："人类被认为是迄今为止体味最浓烈的猿类之一。"由于我们的末端没有像飞蛾一样的气味腺，所以斯托达特的研究重点就放在了我们的皮肤以及它所隐藏的数量异常多的腺体上。皮脂腺分泌出一种浓稠的油性物质，被认为可以保持皮肤湿润和柔软。另外两种腺体会产生汗液。遍布我们全身的小汗腺是大量汗液的制造者：约300万个小汗腺在运动中每小时可以释放多达3升水溶液，以冷却我们的身体并调节体温。相比之下，大汗腺——只分布于于斯曼笔下的"香料盒"（我们的腋窝）和其他多毛的部位——只有在受刺激变得紧张或兴奋的情况下才会出汗。它们直到青春期才开始发挥作用，而且在两性之间有所不同，男性的大汗腺更大，而且数量也更多。当它们复杂的化学分泌物被我们皮肤上的细菌菌群分解成更小、更轻的分子时，它们会飘散到空气中，形成我们的自然体味。因此，人们普遍认为，这些腺体会释放信息素。正如特利斯特拉姆·怀亚特所说："我们释放出数百种甚至数千种不同的挥发性分子，因此信息素很可能隐藏在这团气味分子中。"

对男性和女性汗液的分析发现，男性汗液中含有更多与雄激素相关的类固醇，其中包括一种长期被认为是猪的性信息素的类固醇。和蛾的爱情魔药不同，雄烯酮被公猪释放到口水中，用来吸引母猪。它是如此有效，以至于作为母猪诱情剂被批量化生产，只需喷几次就能让母猪接受公猪的求爱。这一发现扭转了交配游戏的局面。科学家进行了大量研究，以确定这些雄激素类固醇——雄烯酮、雄甾烯醇、雄甾二烯酮及其同类——会不会是人类版蚕蛾醇。

最著名的实验是在一个牙科候诊室里进行的。科学家得到了一家当地诊所的帮助。连续3周的每天早上，他们在12个座椅中的一个椅背上喷洒雄烯酮溶液，然后等待病人前来。他们发现，女性明显更容易被喷过雄烯酮溶液的座椅吸引：就算浓度降至3.2微克每毫升，这一现象也会出现。研究人员很好奇这些女性是否能感知到这种气味。科学家们最近进行了一项类似的实验，实验对象是男同性恋和女异性恋，但这一次，科学家进行了阈值测试，以确保只有当实验对象站在椅子旁边时才会闻到一点点气味。他们发现，女异性恋和男同性恋都更倾向于选择被喷过溶液的座椅。

另一项研究通过项链秘密地让女性接触雄甾烯醇：在毫不知情的情况下，学生志愿者整夜暴露在充满信息素活性物质的蒸汽中，然后再和对照组进行比较。在佩戴含有或不含有信息素的项链过夜之后，她们记录了自己第二天与其他人的对话。科学家们了解到，据那些佩戴了含有雄甾烯醇项链的学生回忆，她们和男性的对话次数更多、时间更长，而且谈得更深入，于是他们提出信息素让这些女性产生了投身爱河的决心的结论。在过去的几十年里，人类以各种富有想象力的方式对雄激素类固醇进行测试——在它们的影响下，受试者被要求对照片中人物的吸引力和简历的工作适配度进行评价，与此同时，研究人员还会判定她们的情绪，扫描她们的大脑。2008 年，一项研究首次将人们置于现实生活的浪漫场景中：直接进入真刀真枪的"单打巡回赛"，这是快速求爱的最新趋势。

"闪电约会"（speed dating）这一概念是一位犹太教拉比的创意，以方便单身人士见面和相互了解，它始于比弗利山庄的毕兹咖啡馆并很快风靡全球。通常情况下，女士们固定地坐在一张桌子旁，而男士们则轮流变换座位。每名有希望的候选者都有三分钟的时间来推销自己，然后铃声响起，继续变换座位。最后，参与者将中意的选择反馈给组织者；如果配对成功，双方会相互交换电话号码。"由于个人的社交能力是关键，所以我对这种基于实验目的的吸引力研究持保留态度，"心理学家塔姆辛·萨克斯顿（Tamsin Saxton）对我说，"我们想做一项生态学层面的有效研究，看看这些雄激素类固醇在现实世界中是否有影响。所以闪电约会是最完美的选择。"萨克斯顿当时在利物浦大学工作，所以她在学校的学生会组织了这场活动。为了确保学生们彼此不认识，她从附近的两所大学招募男生志愿者。她回忆道："我花了几天时间四处跑，邀请学生。我很担心自己找不到足够的人，闪电约会可能让人畏惧，但最后来的人很多，而且大家都很上心，都精心打扮了一番。也许是活动结束时的免费饮品发挥了作用！"

学生们被严格要求在活动前不能饮酒，也不能使用任何味道浓烈的香水、须后水或祛臭剂。女学生被分成三组，研究人员在她们鼻子下方的皮肤上分别涂了水、丁香油或者稀释在丁香油中的雄甾二烯酮。萨克斯顿解释道："我们使用的雄甾二烯酮浓度低于大多数人能够有意识地察觉的水平，但为了以防万一，我们添加了丁香油来掩盖其他气味。"在女士们坐下后，第一次铃声响起，约会开始。"我不知道那天晚上有没有人最终收获爱情，"萨克斯顿笑着说，"但是我们得到了有趣的结果。"男性在那些接触过雄甾二烯酮的女性眼中比在其他女性受试者眼中更有吸引力。"我们决定在年龄更大的参与者身上重复这项实验。值得庆幸的是，这次活动由当地一家酒吧的私人速配机构协助我们组织。"然而，两项后续研究中只有一项支持最初的发现。萨克斯顿是第一个坦言还需要有更多研究来验证这一发现的人。她说道："我们发现雄甾二烯酮对两组女性的影响都足够大，综合结果仍然显著。也许这些假定的信息素并不支配行为，而是微妙地调节行为。"她的研究表明，男性腋窝里的一种类固醇可能会潜意识地作用于女性的心智，与其说是控制她会不会把谁带回家，倒不如说是下意识地施加影响。

这些以及许多其他雄激素类固醇研究的结果都很有启发性，但它们没有一个是无可挑剔的：每一项研究都或多或少受到了批评，要么是实验设计存在问题，要么是无法复制实验结果，有时这些批评甚至来自实验者自己。此外，有很多研究表明，雄激素类固醇并没有起到信息素的作用：既没有在潜意识中发挥作用，也没能触发预期的行为。嗅觉科学家理查德·多蒂（Richard Doty）在他的《伟大的信息素神话》（*The Great Pheromone Myth*）一书中嘲笑了整个科学界，他问道："实际上，女性到底是被公猪的气味吸引，还是在充满这种气味的环境中更愿意发生性关系？难道有养猪场的州的人口出生率或者性行为指数更高？"后来，多蒂引用刘易斯·卡罗尔（Lewis Carroll）的诗歌《猎鲨记》——讲述的是一群古怪的船员为了猎捕一种神秘而诡异的生物而进行的冒险之旅——做进一步的论证，他将寻找人类信息素的探索比作捕猎蛇鲨，并补充说："信息素学已经成为化学感官科学的现代颅相学。"然而，其他科学家反驳了这一观点，并提出有证据表明我们至少表现出了一种信息素反应，尽管这种反应没有直接涉及男性。

女性信息素

"我是房间里唯一的女性，也是唯一的本科生。我记得我在举手时感到非常尴尬，脸都红了。"玛莎·麦克林托克（Martha McClintock）回忆道。她现在是芝加哥大学身心研究所的创办者和负责人，而在1968年夏天，她还是韦尔斯利学院的一名学生，正在参加一个有很多著名的生物学家出席的研讨会。他们当时在讨论小鼠中的雌性小鼠如何使用信息素。雌性大孔雀蛾利用信息素改变雄蛾的行为，而雌性小鼠则利用信息素改变其他雌鼠的生理机能，使它们的生殖周期同步。麦克林托克住在一栋有 100 多名女生的集体宿舍里，作为被指定去采购女性卫生用品的人，她注意到了一种奇怪的模式——每月大家会同时喊一次"我们没存货啦"。于是她就骑上自行车前往药店。在研讨会上，她站起来对着一群以男性为主的听众发言。"我指出，生活在一起的女性的月经周期也是同步的。我到现在还记得，在我说完之后，所有眼睛都齐刷刷地盯住我，"她回忆道，"我的感觉是他们认为这很荒谬。但是他们礼貌地将他们的怀疑包装成一个科学问题，即'你的证据是什么'。"人类嗅觉领域最著名的实验之一就这样开始了。

在舍友的帮助下，麦克林托克着手在接下来的学年里为她的这一发现收集证据。135 名女性依次被询问她们的月经周期是何时开始的、持续了多久、所住房间号是多少，以及她们和谁待在一起的时间最长。麦克林托克发现，在新学期开始时，每个人的月经周期都不同，但在 4 个月后，一些观察对象的月经周期会开始变得和与当事人接触最多的那个人一样。她的教授、伟大的社会生物学家爱德华·O. 威尔逊（Edward O. Wilson）鼓励她将这一研究结果发表。当她的论文被刊登在英国著名杂志《自然》上时，她只有 22 岁。她在这篇文章中声称："虽然这是一项初步研究，但月经周期同步和抑制的证据非常有力……也许至少有一种女性信息素会影响其他女性月经周期的变化。"她又花了近 30 年的时间才解开自己观察结果背后的生物化学机制。

1998 年，她在《自然》杂志上又发表了一篇文章，阐释了她在女性腋下汗液中发现两种无味化合物，并且它们会联动对其他女性发挥作用。研究表明，当排卵期前产生的汗液被涂抹在另一个女性的上嘴唇时，它会加速对方的排卵并缩短她的月经周期，而排卵期产生的汗液则会延迟另一个女性的排卵并延长她的月经周期。这种化学耦合让一名女性能够影响另一名女性的生理变化，并在对方不知情的情况下控制她们的生育能力。因此，麦克林托克宣称，自己的研究终于"提供了人类信息素的确切证据"，这引起了热议。然而，就像关于雄激素的研究一样，这些结果也遭到了质疑，很多科学家（不只是理查德·多蒂）仍然需要被说服。

寻找爱的信息素

牛津大学的动物学家特利斯特拉姆·怀亚特讽刺地说："关于人类信息素的争论几乎和环尾狐猴敌对派之间的'恶臭战争'一样激烈，这种动物挥舞着涂有信息素的尾巴来表明自己的统治地位。"他对我说："如果我们对人类的了解和对飞蛾的了解一样多就好了。"自阿道夫·布特南特以来的研究表明，信息素有多种形式。例如，那些控制行为的信息素，如雌性大孔雀蛾散发到夜空中用来吸引雄性的信息素，如今被称为释放体信息素；那些传播生育能力和摇摆等行为的信息素（可能存在于杰弗里·米勒所研究的异国舞者身上），被称为通信信息素；那些微妙地改变情绪或性欲的信息素（或许在塔姆辛·萨克斯顿的学生身上发挥了作用），被称为调节信息素；最后，那些产生生理反应的信息素（可能是在玛莎·麦克林托克的汗液中发现的），则被称为引体信息素。

就像实验结论一样，这些定义同样存在争议。"我们需要重新开始，"怀亚特说，他的意思是字面上的，即回到布特南特的研究那里，"他为我们应该如何进行信息素分析创建了模型。"布特南特通过分离出雌蛾的活性物质，然后在实验室里合成它，进而证明自己的人造版本可以吸引雄蛾。"布特南特完成了这个闭环实验，这是人类以前从未做过的事。"怀亚特认为，麦克林托克和其他信息素猎人必须做同样的事情才能消除"假定"这个前缀，并毫无疑问地证明存在以爱欲、生育能力等为功能的人类信息素。尽管如此，他仍然受到了鼓舞，因为他的证据是整个自然界。

自布特南特1959年令人惊喜的发现问世以来，该领域已经见证了多种信息素的发现。"信息素在整个动物王国随处可见，它们在求爱的龙虾、受惊的蚜虫、尚未断奶的幼兔、筑巢的白蚁和追踪气味的蚂蚁之间传递信息，"怀亚特说，"藻类、酵母菌、纤毛虫和细菌也会使用它们。"在释放爱情诱惑方面，雌性大孔雀蛾绝不是唯一物种——其他100多种雌性蛾和蝴蝶也都这么做，但在帝王蝶种群中，是雄性在雌性身上覆盖一层充满信息素的细小颗粒。研究还发现，雄鱼（从虾虎鱼到生活在地中海的孔雀拟凤鳚）也使用信息素吸引雌鱼。某些物种会"窃听"这些化学信息。"当加利福尼亚州的研究人员在野外设置诱捕器以测试蠹虫对聚集信息素的反应时，他们意外地捕捉到60万只捕食性甲虫。后来的研究发现，这些捕食者进化出了对猎物信息素高度敏感的嗅觉受体。"有些物种还会制造赝品。雌性美洲流星锤蜘蛛用蛛丝编织出硕大的黏性球状诱饵，并将假的蛾类信息素覆盖在诱饵上，然后朝被骗过来的雄蛾摆动。如果这种蜘蛛发起攻击，飞蛾很少能逃脱。怀亚特补充道："它在夜里生产不同种类的信息素混合物，以匹配受害蛾类的不同飞行高峰时间。"

哺乳动物是最后被发现拥有信息素的动物类群。"最引人注目的是1996年发现了雌性亚洲象的性信息素，这种小分子也被大约140种蛾类用作雌性信息素的成分之一。"总而言之，在你能想到的几乎所有动物身上都发现了信息素。怀亚特问道："如果整个动物界都充盈着靠空气传播的催情药，那么我们又有什么不同呢？""作为哺乳动物，我们很可能使用了信息素，"他总结道，"可能永远都不会有一种神奇药水让我们魅力不可挡，但是我敢肯定人类信息素会让我们大吃一惊。"事实上，科学家们已经处于突破的边缘：它有望终结怀亚特的证据闭环，不过它并未出现在配偶身上，而是出现在了两者的结晶身上。

法国一家医院产房的研究表明，刚出生几个小时内的婴儿会对母亲乳头的气味做出明确且可靠的反应。他们在醒来后会转过头，张开嘴巴，伸出舌头，然后开始吮吸。科学家们认为，我们生命的最初几个小时是最危险的，因为婴儿要是找不到乳汁就会死。母亲释放一种信息素来诱导她的孩子寻找食物，似乎是个完美的解决方案。实际上，由博努瓦·沙尔

（Benoist Schaal）领导的研究小组已经在兔子身上分离出这种乳腺信息素，现在他们希望能在人类身上分离出这种信息素。这种乳汁分泌物中的化合物符合多种关键标准。首先，正如沙尔所说："这个发现尤其有趣，因为成年人几乎察觉不到这种刺激。"其次，它会引起即时而明显的反应。怀亚特已经看到，在熟睡婴儿的鼻子下方挥舞一根蘸有母亲分泌物的玻璃棒时会发生什么。"那是鉴赏家的喜悦反应，"他说，"婴儿张开嘴，伸出舌头，开始吮吸。"婴儿也会对其他母亲的分泌物做出反应，沙尔说："这与个体识别无关。它可以来自任何一位母亲，所以它很可能真的是一种信息素。"这种有效但难以辨认、通过空气传播的信息素可能会触发我们这个物种的吮吸行为。怀亚特告诉我，他们的目标是复制布特南特的实验："这个法国团队的谨慎是合情合理的，但是如果我们能够识别并合成这种分子，我们就可以用它让早产儿能更及时地吮吸母乳并存活下来。"如果成功了，他们还将拥有无可争辩的证据，证明人类存在爱的信息素，尽管这种爱是母亲和孩子之间的。虽然对更传统的诱发情欲的药物的追寻仍在继续，但有证据表明，我们在寻找爱情时会潜意识地屈服于气味。

闻到最佳配偶

穿着同一件T恤睡三个晚上，然后把它装进袋子带到酒吧。2010年始于纽约的"信息素派对"早已跨越大陆和海洋，伦敦在2014年举办了本地的首场活动。参加派对的人在抵达后，将他们的T恤装进桌上有编号的袋子里。在这个派对之夜，自己的T恤会被别人闻，而自己也会闻别人的T恤。当气味偏好一致时，双方就可以交换电话号码。"我是一位进化生物学家，不是气味科学家，"引发这股风潮的人说，"我只从择偶的角度对气味感兴趣。"克劳斯·韦德金德（Claus Wedekind）现在是洛桑大学进化和生态学专业的教授，但是20年前在伯尔尼上学时，他正在寻找博士学位的研究课题。他说深夜里偶然看到的一篇文章为其提供了灵感："我当时在图书馆里。夜色已经很黑了，大多数人都走了，就在那时我发现了这篇文章，讲的是小鼠如何根据它们的 MHC 选择配偶。"和玛莎·麦克林托克一样，韦德金德决定看看小鼠的情况是否也适用于人类。"那天晚上，一想到这个，我就兴奋得睡不着。"MHC 指的是主要组织相容性复合体（major histocompatibility complex）：一组为我们的免疫系统编码的基因。就像指纹一样，每个人都有自己的一组 MHC 基因，同卵双胞胎除外。为了确认它在人类身上是否会以某种方式表现出来并通过气味被其他人感知到，韦德金德设计了一个新的实验方案。他对我说："闻 T 恤似乎是一种从求偶时发送和接受的所有其他信号中提取气味的好方法。"他不知道的是，这将激发全世界人们的想象力。

　　韦德金德的首要任务是招募一些愿意捐献汗液的人和愿意闻气味的人，而找到后者的难度更大。像萨克斯顿和麦克林托克一样，他将目光投向了自己的大学。"我选择了不同的院系，以确保受试者之间彼此不认识。"他很快就招募了 50 名男性汗液捐赠者和 50 名女性接受者，但接下来发生的事情堪称灾难。"记者很快得知了这件事，然后是政客。其中一位政客因为在我的研究计划书里看到了'人类''配偶选择''基因'这样的字眼，所以她试图终止该项目并让学校开除我。之后，她在接受当地一家著名媒体的采访时，对此事发表了恶毒的评论。这导致我的一些志愿者在看到这篇文章后退出了。其他学生则爆发了一场抗议活动。媒体引用了一个坚持认为这项研究是不合适的观点，因为它'优化'后代。还有人声称，这项研究贬低了女性，暗示她们的'功能和能力仅限于繁殖'。"怒火愈演愈烈。一名政客谴责这个项目是"纳粹研究"，韦德金德所在大学的领导很快被卷入争议。值得庆幸的是，大学校长非常支持这项研究，但此时它已经大受挫折。

　　6 个月后，在志愿者数量大大减少的情况下，实验开始了。研究小组从整个团体中采集血样，并将它们送去进行血清学分析。这让韦德金德得到了每个人的 MHC 基因谱。他指挥女性受试者连续 14 天使用鼻腔喷雾来保护她们的嗅觉，并让她们阅读聚斯金德的小说《香水》，从而更关注她们的嗅觉感知。他告诉男性受试者，不要做任何可能改变他们体味的事情：无论是发生性行为、吸烟还是喝酒，甚至不要进入有臭味的房间。在此期间，化学家们一直在忙着制作没有香味的特殊肥皂和清洁剂——它们只有清洁作用，不留香——便于受试者洗澡和清洗床上用品。最后，他给男性受试者每人发了一个装有T恤的密封袋，让他们连续两晚穿着它睡觉。"我在第三天早上回收了T恤，"韦德金德回忆道，"但是我发现气味真的很微弱，我几乎闻不到，这可把我吓坏了。这个实验背负了太多东西。我得到了各方面的支持，但现在的状况眼看即将成为一场巨大的尴尬。"

那天下午，他将男性受试者的T恤装在盒子里交给女性受试者。盒子上有一个三角形开口，她们将鼻子贴合地塞进去，然后对自己吸入的气味进行吸引力方面的评价。"谢天谢地，这些盒子稍微放大了气味，但是仍然很微弱，所以我告诉女士们，一切都发生在第一次闻的时候。如果你第一次闻就错过了，就有可能闻不到了。"实验在几周内重复进行，不断有新穿过的T恤送达。"我希望所有女士都处于月经周期的第二周，也就是即将排卵前，因为研究表明，女性此时的嗅觉敏感度最高。"测试完最后一位女士后，韦德金德开始分析数据。"这是我第一次在人类身上做实验。我过去在动物身上做的很多实验都不成功，导致一开始我都不敢相信这些结果，"韦德金德回忆道，"我测试过的一切都很重要。"

韦德金德发现，尽管这些体味几乎无法被察觉，但女性受试者还是利用它们来做决定。当与MHC分析数据放在一起考虑时，她们的选择有一种明显的模式。"我意识到，不存在某个男性的体味对所有女性来说都好闻的情况。吸引力的大小取决于谁在闻谁，而且和各自的MHC相关。"当双方的MHC基因之间存在差异时，女性往往认为男性的体味更有吸引力。和雌性小鼠一样，她们无意识地偏爱基因和自己互补的伴侣。她们还表示，她们最喜欢的体味常常会让她们想起自己过去或现在的男朋友。"这些记忆关联是最有趣的证据，"他告诉我，"它们让我有勇气提出，这种气味偏好确实存在于现实世界中。它们正是我敢于在论文标题中使用'人类择偶偏好'一词的原因。"然而，他的兴奋之情持续时间很短暂：他发现不仅论文很难发表，而且等到它最终发表时，科学界的反应一点也不积极。"当时很多人无法接受这个结果。这真的令人沮丧。我一直在问'你为什么忽视这个研究？'我觉得人们就是无法相信它。"对韦德金德理论的支持来自美国的一个小角落，那里被称为"永远的欧洲"。

哈特莱特人是生活在北美洲的一个自给自足的宗教社群，最初于1528年在蒂罗尔州阿尔卑斯山建立。由于受到迫害，他们在19世纪70年代逃离，前往南达科他州并定居了下来。从那以后，他们蓬勃发展：最初的三个定居点如今增长到大约350个，400名创始人已经繁衍出超过35000名后代。哈特莱特人生下哈特莱特人。大多数人与来自其他定居点的人结婚生子；男人们在收获时四处奔走，帮忙收割；女人们则负责做家务、园艺或者照顾刚生完孩子的姐妹。婚姻没有限制，可以自由恋爱，但是考虑到每个人都是数量如此少的祖先的后代——科学家将这种情况称为"遗传瓶颈"，令人惊讶的是，与近亲繁殖相关的遗传疾病并不常见。

芝加哥大学的遗传学家卡罗尔·奥伯（Carol Ober）对哈特莱特人进行了10多年的研究。他发现，这里婚姻关系的缔结并不是随机的，而是发生在MHC差异最大的男女之间。她的研究揭示了一项在自然界中进行了一个多世纪的实验。它的结果证实了韦德金德的研究结果。"得知奥伯的工作后，我非常兴奋。我仔细地读了论文，完全被说服了，"他告诉我，"我们的发现是时候该被认真对待了。"

韦德金德最初的调查后来引发了更多的研究和争论。"在当时，人们无法接受这个结果。这是一场漫长的斗争，但如今它是一项教科书式的研究。"韦德金德说。他的发现暗示，真实的身体化学在求偶中发挥作用。我们每个人释放的分子云团都是独一无二的，并且充满了信息。"这些气味是如此微弱，一开始你可能注意不到它们。当你遇到某人时，比如说在酒吧里，这些气味在当时并不重要，但在接下来的一周或者一个月里，你可能会开始思考自己是否喜欢这个人。"它们在感知的边缘发挥作用，我们根本意识不到它们对我们产生的影响。你可能以为自己被那个高大、黝黑、英俊的陌生人或者睫毛弯弯的丰满金发女郎吸引了，但是鼻子的吸引力可能会压倒眼睛的吸引力，而且鼻子的偏好就发生在两个对立面之间。

韦德金德的研究表明，我们会被那些身体散发的体味表明其基因与我们互补的人吸引：进化升级了配对形式，以创造出拥有强大免疫力的健康婴儿。尽管这些气味会潜意识地作用于我们，操纵我们认为谁有吸引力，但它们不是信息素，因为它们因人而异。"我们的嗅觉比我们所想象的都要复杂得多，"韦德金德说，"聚斯金德在他的小说《香水》中提出存在一种完美的体味，在这一点上，他是错的。"

寻血猎犬是我们如何有意识地闻周围世界的典型范例。蛾类揭示了这种已知感官的未知方面：我们如何下意识地闻到我们的爱侣。在《给青年诗人的信》（*Letters to a Young Poet*）中，莱内·马利亚·里尔克（Rainer Maria Rilke）写道："一个人去爱另一个人也许是最难的任务，是典范，是终极考验。"他不知道的是，我们以自己既不理解也不能控制的方式投入爱和情欲。吸引力可能是由信息素引导的，但肯定是通过气味。"人们对此持怀疑态度，因为它就发生在'我们鼻子底下'。"克劳斯·韦德金德对我说。玛莎·麦克林托克则表示，这样的认知令人畏惧，因为"当谈到性和爱时，人们真的想要相信它们在自己的掌控之中"。潜意识气味的效果超出了欲望的范围。"信息素不仅仅与性有关，"特利斯特拉姆·怀亚特说，并列举了动物信息素如何影响家庭和友谊，以及如何引起恐惧和逃跑，"人类可能会用信息素做各种各样的事情，只是我们现在还不知道罢了。"最终，信息素和其他潜意识气味这一领域引发了争议，因为它对我们生活的方方面面提出了根本性的问题：我们如何思考，如何感受，以及我们是否拥有自由意志。

　　让-亨利·法布尔去世后，《纽约时报》在1915年10月11日发表了一篇文章哀悼他。他的话指引我们走出哀思："因为我在岸边搅动了几粒沙子，就可以说自己知道海洋的深度吗？生命的秘密深不可测。在我们获悉小蚊虫对我们说的最后一句话之前，人类的知识就将从世界的档案中被抹去。"同样的道理也适用于他的大孔雀蛾对我们的嗅觉及其秘密所说的最后一句话。

第9章

猎豹和我们的平衡感

快而敏捷的"斑点导弹"

在2009年柏林世锦赛上，尤塞恩·博尔特（Usain Bolt）以9.58秒的惊人成绩冲过百米短跑的终点线，成为历史上跑得最快的人。3年后，在一个阳光灿烂的夏日，来自辛辛那提动物园的猎豹萨拉创造了吉尼斯世界纪录，它比"闪电"博尔特的成绩缩短了几秒钟。在一条经过美国田径协会认证的跑道上，它在5.95秒内跑完了100米。一位旁观者形容它是"一枚带斑点的导弹"。

"没有人可以像萨拉一样奔跑，"它的饲养员补充道，"我一直都知道它可以跑进6秒，但是亲眼看到这样的事情，感觉真是太美妙了。"猎豹身体轻盈、细长，头颅小，就像一支箭一样，全力启动时简直就像在空中飞。它的脊柱是所有猫科动物中最长、最灵活的，就像螺旋弹簧一样将腿向前甩出去，步幅长达7米。它一半的体重是肌肉，主要是优先考虑速度而不是耐力的快缩肌。因此，像萨拉这样的猎豹爆发式起跑后，可以在3秒之内从零加速到每小时95千米。望尘莫及的不只是博尔特，还有专门为了竞速而繁育的动物，如灵缇犬和赛马。只有像法拉利为纪念该公司成立70周年而推出的LaFerrari Aperta这样的超级跑车，才能匹敌它的极致加速。猎豹是大自然的陆上终极速度机器。然而，在2013年，对它在野外捕猎的首次运动研究表明，速度并不是它真正的强项。

伦敦皇家兽医学院的艾伦·威尔逊（Alan Wilson）是世界上研究猎豹运动的顶尖专家之一。他是结构和运动实验室的负责人，在那里，他用相机、测力板和医疗扫描仪分析圈养的猎豹。最近的一次冒险将他带到了肯尼亚的平原。"对于猎豹的最大速度，我们只有一种有效且实际应用过的测量方法，"他告诉我，"那来自克雷格·夏普（Craig Sharp）的一篇精彩论文，它测出了每小时90多千米的速度。"夏普是一位生理学家，曾服务于英国奥运代表团，他保持着攀登肯尼亚乞力马扎罗山的最短用时纪录。然而，这项研究是在1965年用一只半驯化的猎豹完成的。正如威尔逊所解释的："它用的是很老派的方法，涉及一辆路虎、一些绳子、一块肉和一个秒表。"考虑到这次测量是在 200 米长的道路上进行的，威尔逊想知道野生猎豹是否会继续在更长的距离上加速，从而提高夏普测得的记录。

威尔逊有一些专门定制且高度创新的追踪项圈可供使用。这些项圈配备了 GPS 和电子运动传感器，可以记录除速度以外的所有信息，包括加速、减速、转向力和倾斜角。抵达肯尼亚后，研究团队就把它们安装在了 5 只野生猎豹（2 只雌性和 3 只雄性）身上。在接下来的 18 个月里，他们让这 5 只猎豹在野外自由活动，因为他们知道，这些项圈会夜以继日地监控它们，无论它们是在游荡、玩耍、进食还是捕猎。回到英国后，当研究人员仔细查看规模庞大的数据时，他们发现了一些令人惊讶的模式。"当你开始做科学研究时，你不能有太多期望。此前，我们唯一知道的是这种动物曾展现出惊人的速度，但这一次我们没有看到这一点，"威尔逊说，"我们记录到的最高速度仅为每小时 93 千米，而它们捕猎时的大多数速度只有这个数字的一半。"猎豹没有达到创纪录的速度：证据指向其他技能。

"在向前加速和减速方面，我们得到了一些在所有陆地动物中的最高测量值。"威尔逊说。仅仅往前跨出一步，这些猎豹就能达到 3 米每二次方秒的加速度，而它们的减速幅度甚至更大。这种程度的速度控制前所未见，甚至在以敏捷性为目标而选育的动物中也是如此。"我们看到的一些加速度和减速度值几乎是那些公开数据的马球马的两倍。"进一步的数据显示，这种加速度还延续到了急剧的倾斜转弯中。"横向加速度非常高——13 米每二次方秒，仍然是马球马的两倍多，也是我们所知的陆地动物中的最快纪录。"猎豹捕食瞪羚、跳羚、好望角大羚羊、非洲大羚羊、薮羚和黑斑羚。这些羚羊可能跑得很快，但如果在一场正式的赛跑中，它们会被猎豹毫不费力地超越。

猎豹更为人所熟知的是它们轻盈的脚步和转弯的天赋。"我们一直以为猎豹是短跑运动员，但现在看来这只是故事的一部分，"威尔逊总结道，"像那些运动员一样，猎豹可以跑得很快，但当在野外时，它们往往不会这么做。相反，我们发现成功的捕猎需要非凡的机动性。"为了追上善于躲闪的猎物，像辛辛那提的萨拉这样的猎豹重新定义了快车道上的生活，它们不仅是无可争议的陆地速度冠军，还拥有非凡的敏捷性。这种成功且致命的组合是由一种未受到充分认识的感觉实现的，而对大多数人来说，它仍然完全是个谜。

人体内的水平仪

在《错把妻子当帽子》（*The Man Who Mistook His Wife for a Hat*）一书中，奥利弗·萨克斯讲述了一位老绅士的故事，他的身体出现了一个相当不寻常的问题。那位绅士说："其他人总是说我的身体偏向一边，如'你简直是比萨斜塔''要是再倾斜一点，你就倒啦'。"从病人走进诊所的那一刻起，萨克斯就明显地看出了这种倾斜。他往左偏得太厉害了——大约有20度——只要轻轻推一下就肯定能让他跌倒。然而，老绅士麦格雷戈先生确信自己的身体与地面垂直，并补充道："我感觉很好。我不明白他们在说什么。我的身体怎么可能会在自己不知情的情况下倾斜呢？"萨克斯决定录下他走路的样子。在看录像时，这名病人非常震惊。"我这是怎么了！"他惊呼，"他们说得对，我完全倒向了一边。我现在看得很清楚，但是我一点感觉也没有。我感受不到。"麦格雷戈先生的病因是一种感官受到了干扰，这种感官我们每个人都有，但它的缺失造成的影响比它的存在更明显，因为我们当中没有人能感受到它。

"我们拥有五种感官，我们因之欣喜、认可并赞美它们，这些感官为我们构建了可感知的世界。但是还有其他感官同样重要，如隐秘感官和第六感，却没有得到认可和称赞。"萨克斯对麦格雷戈先生说。这些感官在我们的意识雷达下面运作。有时它们的感觉器官与已知感官有关，有时它们在众目睽睽之下将自己"隐藏"起来。因此，它们不仅不为亚里士多德所知，还躲过了后来的许多伟大的头脑。在麦格雷戈先生身上出现异常的这种感官直到 19 世纪初才为人所知，当时一个名叫弗卢朗（Flourens）的有进取心的法国人在研究鸽子时发现了它。又过了半个世纪，人们才认识到这种感官对于人类的重要性。当萨克斯的病人努力理解自己的特殊病症时，他问道："本应该有某种感受，某种清晰的信号，但它却没有出现，对吧？"麦格雷戈先生想起自己以前从事的木工工作，补充道："我们总是用水平仪来判断一个平面是否水平，或者垂直平面是否倾斜。我们的大脑中有没有类似的水平仪呢？"他很难再找出比这更贴切的类比了。

在我们的颅骨结构中，有两个骨迷路位于我们的耳朵深处。这两个内耳并不比豌豆大。然而，每个内耳都包含形似蜗牛的耳蜗，声波从那里开始转换成听觉。除了耳蜗，内耳还包含另外两种感觉器官。半规管和前庭让我们保持直立，昂首挺胸。它们一起构成了我们的位觉感受器，赋予我们"平衡感受"（equilibrioception），这个术语来自拉丁语单词"*capere*"（把握）和"*aequilibrium*"（平衡）。它们的骨壳内有膜囊——膜囊里的物质就像麦格雷戈先生水平仪里的液体一样发挥作用，还有向大脑发送信号的高度敏感的毛细胞。耳石上的毛细胞被嵌入膜内的胶状物质里，而半规管上的毛细胞则被浸没在名为内淋巴的黏性液体中。至关重要的是，当我们的头部移动时，膜和内淋巴的跟随速度较慢，这种微小的惯性滞后会使毛细胞弯曲，增强它们对大脑发出的电信号。

正如神经科学家布莱恩·戴（Brian Day）告诉我的："内耳测量的正是这种'滞后程度'。"如果我们的耳朵里被灌满海水，当我们转动头部时，我们会感觉到重力的影响，而我们的平衡水平仪则在我们体内默默地发挥作用。这些感官毛细胞保持连续不断的独白，使我们的前庭感觉不同于大多数其他感官，产生不可识别、不可定位或无意识的感觉。虽然这种感官看似是沉默的，但它却在持续不断地发挥作用。

我们一共有 10 个天然的水平仪器官，每个内耳迷路有两个前庭和三个半规管。耳石对直线速度变化有反应，无论是加速还是减速。两个耳石的位置使得其中一个对直梯状的垂直上下敏感，另一个对汽车似的水平运动敏感。相比之下，三个半规管就像游乐场里的旋转飞车，通过起伏和旋转记录下三个不同平面上的所有转速变化。它们彼此之间呈90度；而外骨半规管是水平的，与我们的下巴大致平行；另外两个半规管是垂直的，因此前骨半规管向前倾斜，后骨半规管向后倾斜。"赞许地点头"这个动作在技术上被称为"俯仰"：左右内耳的前骨半规管都会被激活，而后骨半规管则会安静下来。将你的右耳靠近右肩：这样的转动会同时刺激右耳中的前骨半规管和后骨半规管，并让左耳里的这些半规管保持平静。最后是"摇头以示反对"，这种偏摆动作主要由外骨半规管感知。最终，大脑通过每只耳朵里的三个半规管和两个前庭的放电模式整合俯仰、转动和偏摆的不同程度。只有这样，它才能估计出身体在空间中的位置。所以，如果我们被绊了一下，我们头部的下坠加速度将激活这些内耳平衡器官，提醒大脑采取行动以恢复平衡。

科学家们现在知道，原始的水平仪器官是在漫长的时间里进化出来的，所以即便是地球上最早的生命也能分辨出哪个方向是上。大约50万年前，内耳迷路的半规管和前庭随着脊椎动物的诞生而出现。如今，脊椎动物身上存在着各种版本的半规管和前庭，而且其中有些版本更极致。

独一无二的猫科动物

"我一直对猎豹很着迷——它的运动之美，它的速度和敏捷性。科学界已经对它的运动进行了很多研究，但是还没有人研究过它的内耳，以及它是如何实现这种平衡的。"卡米尔·格罗赫（Camille Grohé）说。2018年，她在一个最适合问这个问题的地方做古生物学研究。美国自然历史博物馆拥有3200万件标本和人工制品，每年还会增加大约9万件，因此它成为世界上拥有门类最广泛的收藏的自然博物馆之一，包括罕见的猎豹头骨。"当你在博物馆工作时，你可以像从图书馆借书一样借出标本，"格罗赫告诉我，"我还记得自己第一次参观哺乳动物收藏时的情景。一条条走廊，很多房间，每个房间里都摆满了化石陈列柜，从地面延伸到天花板，让人应接不暇。我走啊走，忘记了时间。"最后，她找到猎豹化石的陈列柜，并挑选出7个完整的头骨。

为了了解它们的身体构造是否发生了特化，她还借出了来自猫科每个主要谱系的标本：老虎、豹、云豹、渔猫、纹猫、非洲金猫、长尾虎猫、短尾猫、非洲野猫，美洲狮、细腰猫，以及驯化家猫。凑齐这批不同寻常的藏品之后，她用小推车将这些颅骨运到了博物馆的地下室。"扫描设备在地下室里，我需要用CT扫描仪扫描这些标本。"在此之前，科学家已经使用X射线计算机断层扫描技术查看了恐龙蛋、陨石甚至埃及木乃伊的内部。格罗赫是第一个用它查看猎豹内耳骨头的人。

随着这些头骨在格罗赫的计算机上被重塑为三维虚拟模型，它们的骨质内耳迷路的精确尺寸和形态就一览无余了。乍看之下，猎豹的内耳似乎是猫科家族中的另一个版本。格罗赫对每只内耳都进行了数字绘图，并区分了负责平衡的空间与负责听力的空间，也就是半规管、前庭和螺旋状耳蜗最初所在的地方。接下来，她在图上绘制了前庭体积与体重的相对比例。"在自然界中，我们发现体形较大的动物拥有较大的平衡器官，所以这一结果让我可以去搜寻其他变化。"格罗赫解释道。几乎所有猫科动物的数据都落在同一条线的不同点上，只有猎豹除外。"这张图表让我意识到，猎豹的内耳不是简单的不同，而是截然不同，"她回忆道，"我曾怀疑它可能更大，但让我惊讶的是，研究结果表明，与其他12种猫科动物——囊括了猫科的每一种主要野生类群，以及高度衍生的家猫——的内耳相比，它的竟是如此大。"撇开体重不谈，大多数猫科动物的平衡器官只占内耳空间的26% ~ 36%，而猎豹的占比则高达44%。"这些百分比并不意味着猎豹的听觉器官相对较小，而是前庭器官在内耳中占据了更多空间，"她补充道，"相对于体重而言，我们意识到猎豹的前庭器官是目前已知猫科动物中最大的。"

科学家很早之前就观察到，较大的平衡器官与快速灵活的生活方式相关。例如，即使考虑到体重，擅长杂技的长臂猿和婴猴的"前庭水平仪"明显也比树懒和懒猴的大，善于飞行的海鸥的"前庭水平仪"比迟缓的鸭子和鹅的大。这种模式在动物界非常普遍，科学家将其描述为"一种基本的生物学现象"。该理论认为，较大的平衡器官对幅度较小的运动更敏感。"事实上，我们扫描的头骨不再有软组织，只剩下前庭和半规管曾经所在的那个空间，"格罗赫解释道，"较大的空间意味着曾经有更多软组织、更大的感觉表面区域和更多毛细胞。它们共同赋予猎豹非凡的前庭感觉。"萨拉及其姐妹们灵动流畅的优雅动作正是源于这种敏锐的平衡感。

格罗赫将注意力转向了半规管。她开始使用三维几何形态测量软件分析它们的形状，并说："我在猎豹三个半规管的中线上都设置了数字点位，共标出80个地标。"然后她重复这个过程，在其他猫科动物的半规管系统中设置相同数量的地标。"我的想法是，每个点都是对应的，也就是说点1对应所有半规管系统中的点1，点2对应点2，以此类推，直到最后的点80。"通过互相对比这些点，格罗赫能发现半规管配置的任何变化。"研究结果表明，猎豹前庭系统的形态与其他12种猫科动物的有很大不同，"她对我说，"它内耳的某些部分特别大。虽然它的外骨半规管相对较小，但它的前骨半规管和后骨半规管被明显拉长了。"增加的部分多位于监测垂直运动的两个半规管上：点头的上下俯仰和耳朵靠近肩膀的头部转动。但是，为什么增加这些垂直面上的运动敏感度会提高猎豹的平衡性呢？这个模式曾经出现过一次，那是在几百万年前，发生在与我们关系更密切的动物类群中。

迈出直立的第一步：平衡器官的重大时刻

古人类学家最喜欢争论的一个话题是，究竟是什么让人类成为"人"？一些特质使我们有别于那些与我们关系最近的现存近亲，即其他类人猿：红毛猩猩、大猩猩、黑猩猩和倭黑猩猩。脑容量大被认为是我们的决定性特征，因为它们促使了语言、技术和艺术的产生。正如柏拉图在将人定义为"没有羽毛的双足动物"时所暗示的那样，在某个时刻，人类将自己从地面解放出来，昂首站着，直立行走。很长一段时间以来，直立人被认为是第一种双足原始人类，其拉丁学名 *Homo erectus* 的字面意思就是"垂直"。

　　然后在20世纪70年代，有两个发现质疑了他的这个头衔。第一个是在埃塞俄比亚，人们发现了一个生活在320万年前的、身材娇小的女性。这种脑容量较小的南方古猿——以科考队最喜欢的歌曲《露西在缀满钻石的天空》中的"露西"命名——拥有长且肌肉发达的手臂，和猿类的手臂很像。露西还有宽阔的骨盆和承重的大腿骨，这表明她可能会走路。之后，人们在坦桑尼亚的莱托里发现一些脚印化石。这些足迹是原始人类在大约350万年前用双脚站立时留下的。鉴于这些场景发生在我们的大脑膨胀之前，可以说双足行走开启了原始人类成为人类的旅程。当时人们还不清楚是谁迈出了第一步，直到一位科学家意识到他可以用一种新的方式看待旧的证据。

　　弗雷德·斯普尔（Fred Spoor）现在是伦敦自然历史博物馆的人类进化学教授，20世纪90年代，他在荷兰乌得勒支大学做博士后研究。"已经有人想要通过观察内耳化石以了解古人类如何感知声音。这显然是内耳的耳蜗部分，"他告诉我，"但我最先把注意力集中在了内耳迷路化石的另一部分。"斯普尔认为，直立行走的进化必定在平衡器官上留下印记。他不久前结识了乌得勒支大学医学院的成像专家弗兰斯·宗内维尔德（Frans Zonneveld）。他们将率先合作使用医疗CT扫描仪观察古人类头骨中的平衡器官，格罗赫在猎豹研究中关注的也是同类器官。"我们将注意力集中在头部最小、最精致的结构之一上，也就是半规管，"斯普尔说，"大多数感觉器官都不能形成良好的化石，因为它们主要由软组织构成，如眼球。但骨质内耳的半规管可以留下非常好的印记。"这些平衡器官化石使斯普尔和宗内维尔德能够穿越到过去，与我们的祖先同行。他们扫描了一系列过去的原始人类标本：从直立人到更古老的能人，再到更加古老的南方古猿（如露西）。他们还扫描了31种现存灵长类动物的头骨，包括现代人和所有其他类人猿。通过合并这些证据，他们确认了我们的平衡感在过去发生巨大变化的时刻。

这些物种的内耳都有三个差不多大的半规管，只有一个物种除外。就像格罗赫证明了猎豹在猫科动物中是独一无二的一样，斯普尔发现，我们在灵长类动物中也是独一无二的。人类半规管的大小使我们与我们关系最近的灵长类近亲以及所有原始人类化石有所不同，只有一个除外。斯普尔解释道："在被扫描的原始人类化石中，最早表现出现代人类形态的物种是直立人。"

尽管存在的骨骼和脚印化石证据与之矛盾，但斯普尔推断，虽然像露西这样的南方古猿可以用两只脚走路，但它们仍然用四肢爬来爬去。真正的双足运动始于直立人，这种能力不只是简单地走路，还可以单脚跳、蹦蹦跳跳地走、原地起跳等。斯普尔撰写了论文并将其交给《自然》杂志。他回忆道："这个发现令人兴奋，而且在某种意义上是成立的。"尽管后来有人发现了早于露西且可以走路的原始人类的化石，但这个推断至今仍然成立。他的发现引起了格罗赫的兴趣。"弗雷德·斯普尔使内耳研究再次流行起来，他的研究和我的关系密切。变大的前骨半规管和后骨半规管正是我在现代猎豹身上看到的。"当早期原始人类用两只脚走路时，进化强调的是垂直方向而不是水平方向，之后在非双足运动的猎豹身上，进化再次强调了这一点。因此，为了理解这一点，必须科学阐明半规管的工作原理。而其灵感来自一种电爆炸源。

不止视听：眼和耳的平衡作用

神经科学家布莱恩·戴最近刚刚退休，不再负责伦敦大学学院的全身感觉运动实验室。他职业生涯中的大部分时间都是在那里度过的，致力于揭示人们在公园里悠闲散步时表面上的轻松自如是多么有欺骗性。"人类是杰出的平衡者。两条腿本质上是不稳定的，所以每一步都是向前并偏向抬脚的一侧跌倒，"他告诉我，"因此，即便是速度最慢的漫步也是动物界中最大胆的平衡行为之一。"我们的半规管在此类壮举中起到的作用让戴开始着迷。"我们知道半规管向大脑发出头部转向的混合信号，但是还没有人搞明白大脑如何利用这些信息来站立和行走。"戴了解到，电池背后的意大利天才科学家亚历山德罗·伏特（Alessandro Volta）进行过一些激进的研究，他的名字如今作为电压的度量单位被流传下来。

1790年，伏特决定在自己身上实验他的新发明，以研究亚里士多德的"五感"。他依次将电极连接在自己的每一种感觉器官上，然后打开电源开关。当电击眼睛时，他看到了光；当电击皮肤时，他感受到了疼痛；当电击舌头时，他感知到了味觉，但是当他将电极插进耳朵里时，他无法解释电击的全部效果。40多个锌和银组成电元件将30伏特的电流穿过他的内耳。除了听到东西煮沸的声音和脑袋里的一声爆炸声之外，他的世界随之颠倒并开始旋转起来。戴解释道："煮沸声大概是听觉刺激，不过也可能是真实血肉冒泡的声音，但伏特不明白为什么他的世界会突然开始转动。"毕竟还要再过40年，弗卢朗才会揭示内耳如何影响平衡，而且还只是发生在鸟类身上。"这些感受显然是前庭神经受到刺激的表现，"戴补充道，"我开始思考我们是否可以利用电来探索我们的平衡感。"这个想法引发了一些革命性的研究。

2006年，戴及其同事决定使用前庭电刺激过程来研究大脑如何控制行走。通过将电极连接在耳朵后面的乳突骨上，他们可以刺激内耳并影响其半规管。只要简单地改变受试者头部的位置就能创造出不同的虚拟旋转，骗过他们的大脑，让他们觉得自己在水平或垂直的平面上转动。当被蒙住眼睛的受试者在走路时遇到虚拟的水平转弯时，他们会下意识地朝相反的方向调整自己的路线。戴和他的团队对这种效果非常有信心，他们前往当地植物园对志愿者进行测试。"结果是如此明显，我们实际上可以通过远程控制来引导蒙上眼睛的人，精确度非常高，足以使他们不偏离狭窄、蜿蜒的小径。"戴总结道，当头部位于正常直立位置时，来自外骨半规管的水平输入一定为我们提供了导航提示。然而，对垂直方向的研究产生了非常不同的结果。

"当我们调整垂直的、来自前骨半规管和后骨半规管的输入时，我们实际上对我们的受试者实施了平衡干扰。"戴说。打开开关以创造虚拟的垂直转动，会让蒙上眼的受试者立即下意识地倾斜身体，而且是几乎要倾倒的程度，就像麦格雷戈先生一样。"我们一直在现场，防止有人受伤，"戴向我保证，"通常情况下，其他感官也会发挥作用，让他们及时调整身体。"戴自己也试了试。"我几乎没感受到任何虚拟输入，这并不奇怪，因为我们的前庭感觉是沉默的，但我很快就感觉到了身体的反应。我实际上在摇晃，不得不迈出一步以阻止自己跌倒。这是一种奇怪的体验，仿佛我的大脑瞒着我做了什么似的。"戴和他的团队已经识别出两种来自半规管且让我们能够行走的不同输出。关于头部水平转动的信息（通常来自外骨半规管）让我们能够掌控导航能力。关于垂直转动的信息（通常来自前骨半规管和后骨半规管）让我们能够保持直立和向前迈步时的平衡。这项研究提供了斯普尔发现的变大的半规管与双足运动所需的稳定性之间的因果关系，但是它们让我们保持直立的工作原理则超出了内耳的能力范围。

"我们的前庭系统不是孤立运行的，"戴解释道，"大脑会将它输入的信息与其他关于身体所处空间的感官信息整合在一起。"因此，我们的眼睛发挥着关键作用："对于平衡而言，我们的视觉和前庭系统一样重要。"正如我们的耳朵不仅仅是听觉器官，我们的眼睛也不仅仅是视觉器官：两者还是平衡器官。此外，我们视觉的一个重要方面是由我们内耳的半规管控制的。戴解释道："我们知道，半规管还会触发两种无须意识的身体反射，即前庭颈丘反射和前庭眼反射。"第一种反射实现了无意识地调整颈部肌肉组织，使头部在身体移动时保持稳定。第二种反射矫正我们眼窝中的肌肉，从而在头部移动时稳定眼球。当我们在周围环境中移动时，这两种反射都有助于我们将目光锁定在四周的事物上。戴详细阐述道："前庭颈丘反射和前庭眼反射确保当我们移动时，世界看起来仍然是稳定的，它们将我们的眼睛变成了一台配备有稳定器的摄像机。"如果说斯普尔证明了后半规管变大伴随着真正的双足运动在人类身上的进化，那么戴探索的就是其中的原因。它们增大的尺寸让这两种稳定视力的反射变得更加有效，并让我们在行走、跳华尔兹舞和冲刺时保持平衡。

猎豹的进化催化剂

卡米尔·格罗赫回到了她的四足动物身边。她开始观看猎豹奔跑的慢动作视频。"我已经看了很多次，但这一次，我认真研究了它们。"她对我说。仔细看了几次后，她看到了强壮有力的背部和腿部流畅协调的动作之外的东西。"我发现，这种动物的头几乎完全不动。"尽管四条腿来来回回地猛冲，但猎豹的头却沿着笔直的路径前进，总是在大致相同的高度移动，而且始终与地面保持平行。"四足动物的头通常会上下移动，"她说，"我从未在食肉动物身上看到过这么稳定的头。"格罗赫终于明白了。研究表明，生活在三维栖息地——如森林、海洋或天空——的敏捷动物常常拥有更大的外骨半规管，这会赋予它们更好的导航能力，使它们能更好地控制自己的高速跳跃、俯冲或猛扑。"但是猎豹的前骨半规管和后骨半规管使其对狩猎时头部的垂直运动反应更加灵敏，并增加了两种调节敏感度的反射，从而稳定了头部和眼睛。"在我们身上起作用的自动反射也让猎豹能够将视线锁定在目标上。"这意味着猎豹同时拥有非凡的视觉和姿态稳定性。"格罗赫说。最终，变大的前庭系统有助于稳定高速追逐，而变大的后半规管则将猎豹变成了寻觅羚羊的导弹。

和斯普尔一样，格罗赫也开始回顾过去。她联系了法国的化石收藏馆，那里有灭绝猫科动物的两件重要标本，并且很快就获得来自猫科动物进化谱系的另外两个虚拟头骨。她首先想将猎豹与大约 2000 万年前已知最古老的猫科动物始猫进行对比，然后再将其与猎豹最近的祖先巨猎豹进行对比，后者是一种生活在 100 万年前的巨型猎豹。她测量了这两个化石标本的内耳尺寸。和除猎豹之外的所有猫科动物一样，始猫的前庭器官相对较小。"我预料到了这一点，毕竟它被认为是整个猫科家族的祖先，但我没意料到的是巨猎豹的数据。"格罗赫告诉我。将体重考虑在内，它的平衡器官（包括半规管）在大小上更接近老虎或豹。"它们没有表现出现代猎豹变大的迹象。"这种已灭绝的巨兽的体重是现代猎豹的两倍，因此不太可能跑得很快，而且研究结果表明，它还缺乏后代的敏捷性和注视的稳定性。"我们如今在现代猎豹身上看到的非凡猎杀本领显然是晚期快速进化的结果"，另一位古生物学家称之为"一项最近的进化副产品"。格罗赫认为，这种猫科动物增强的平衡感是这种转变的催化剂："我认为，对运动敏感的内耳的进化为猎豹成为地球上最快、最敏捷的奔跑者提供了可能。"那么对于像麦格雷戈先生这种平衡感出现障碍的患者来说，这意味着什么呢？

踏入芭蕾舞池：眩晕症的解药？

巴里·西门格尔（Barry Seemungal）是伦敦查令十字医院和圣玛丽医院的神经科医生。"在诊所里，我看到很多患有慢性眩晕症的患者，这意味着他们的症状不是只持续了几天，而是几个月，有时甚至是几年。"他遇到了各种各样的病例。"'眩晕'的定义是模糊的，"他说，"对莎士比亚而言，它的意思是'愚蠢的'，但是在我看来，它是一种不平衡的感觉。"这可能意味着像麦格雷戈先生一样失去平衡，或者在静止不动时会产生运动、摇摆或旋转的感觉。西门格尔感兴趣的是，大脑如何从我们的身体接收信息以创造对平衡的感知？"例如，一些患者抱怨他们只有在看到东西移动时才会感到眩晕。"他说。如果你的内耳出了问题，大脑就会开始更加关注来自眼睛的信号。"这在一定程度上是有道理的，但是如果大脑过于依赖眼睛，那么即便是微小的视觉移动也会产生自我运动的错觉。"有时这种错误可能出现在其他地方。奥利弗·萨克斯将西门格尔先生的症状归结为帕金森病，并说："我们常常看到帕金森病患者以严重倾斜的姿势坐着，但他们自己对此却毫无意识。"他补充道："这位老人体内的水平仪没有问题，但是他无法使用它们。"同样，很多内耳非常健康的患者也走进了西门格尔的诊所。

造成眩晕的原因多种多样，而且常常很复杂。为了更好地理解它们，西门格尔将目光投向一群似乎拥有超自然平衡能力的人。

单腿快速转身旋转是芭蕾舞者的一个日常动作，但它绝对会让我们其他人头晕目眩。"研究已经表明，芭蕾舞者对眩晕有抵抗力，"西门格尔说道，"我们认为，他们并不是天生具有这种能力，而是与他们的训练有关。"芭蕾舞者会被教授某种技巧来对抗晕眩。例如，他们可能将目光锁定在一个点上；他们的头在身体开始旋转时保持不动，直到最后一刻才猛地转过去。这种"定点技术"会抑制内耳对旋转的反应。"想象一下，我用一只脚的脚尖快速旋转 20 秒——相信我，这不是我平常会做的事，"西门格尔解释道，"如果我每半秒猛地转动一次头部，我就将 20 秒的旋转转化成了许多次半秒的转动。"这可以防止耳朵里的内淋巴液持续加速并启动前庭系统。然而，这些技巧只能在一定程度上解释芭蕾舞者的平衡天赋。

西门格尔决定让芭蕾舞者和另一群身体同样强健，但日常生活中没有那么多旋转的人展开一场较量。除了从皇家舞蹈学院、伦敦芭蕾工作室中心和中央芭蕾舞学校招募芭蕾舞者之外，他还找到了当地赛艇俱乐部的女性。首先，研究人员测试了他们新招募的人员对眩晕的敏感程度：每个人都被绑在暗室里的一把电动椅子上，然后椅子开始旋转。"当椅子开始向右旋转时，他们两个水平半规管里内淋巴液的流动速度会滞后于身体的移动速度，产生眩晕感。"30 秒后，这个信号减弱了，但是椅子的转动速度并没有改变。"所以，虽然他们仍在黑暗中旋转，但他们感觉自己好像是坐着不动的。从大脑的角度来看，他们是静止的。"60 秒后，椅子猛地停下。"虽然他们现在静止了，但他们半规管里的液体还在流动，因此他们感觉自己在剧烈地向左旋转。"受试者被要求转动一个小轮子以表示他们感受到的这种持续旋转的方向和速度，同时连接在他们眼睛上的电极会测量他们的生理反应。"我们第一个发现的是，芭蕾舞者旋转后眩晕的持续时间和强度都不出所料地远低于赛艇运动员，无论是在生理层面还是在感知层面。"西门格尔解释道。芭蕾舞者的确更能忍耐旋转。

每个受试者都接受了大脑扫描。大约50次扫描后，研究人员看到了一种非常清晰的模式。在这两个群体中，扫描结果揭露出大脑中负责从内耳接收信息的小脑区域存在差异。西门格尔解释道："我们发现，小脑中负责处理平衡信息的特定部位——灰质，存在差异。"你也许会认为，芭蕾舞者的这个区域会更发达，就像肌肉一样。然而，他们的灰质不仅显著减少，而且在经验最丰富的舞者身上所占总比例最小，这说明它会随着练习的增加而缩小。"小脑处理来自平衡器官的信号，然后将其发送到与感知相关的大脑皮质区域，"西门格尔解释道，"它就像一扇门，而在芭蕾舞者身上，这扇门减少了信号的流入。"

在关于星鼻鼹鼠的那一章中，我们了解到盲文读者的大脑会发生适应性变化以放大触觉。舞者的大脑也会发生变化，但这是为了抑制来自内耳的信息，淡化平衡感的作用。"这是因为芭蕾舞者是超量练习的，他们的动作始终是正确的。他们不需要来自前庭系统的反馈来告诉自己在哪儿，他们已经知道自己的身体在空间中的确切位置。"他们的日常生活有助于减少对平衡器官的依赖。这对西门格尔的病人而言意义重大。

这项研究强调了大脑在我们的平衡感中所发挥的基本作用。"理解眩晕的关键是意识到它不是耳朵的问题，而是大脑的问题。实际上，大脑是人体最重要的平衡器官。"这个想法与保罗·巴赫－利塔的想法相呼应：我们不是用眼睛看，而是用大脑看，而且就像我们不是用耳蜗听、不是用皮肤感受、不是用舌头尝味、不是用鼻子闻一样，我们也不是用前庭或半规管来稳定自己的身体。至关重要的是，虽然我们内耳的硬件可能是固定不变的，但我们大脑的软件可以重新布线。这种神经可塑性为西门格尔这样的研究人员提供了开展研究的机会。与直觉相反，他计划通过让慢性眩晕患者踏入舞池这一方法去治疗他们。"可以是芭蕾舞。可以是霹雳舞，"他说，"他们不需要很熟练地做出复杂的舞蹈动作，只需做一些移动自己头部的练习就可以。"他希望这可以像芭蕾舞者的练习一样重塑患者的小脑，淡化他们的前庭反应，最终消除他们的头晕症状。

奥利弗·萨克斯的病人采取了不同的方法，即利用他的木工技能来解决自己的不平衡感。在被告知脑袋里的水平仪不再发挥作用时，麦格雷戈先生想知道，"为什么我不能用我脑袋外面的水平仪（我能用眼睛看到的那个水平仪）呢？"在诊所验光师和作坊主的帮助下，他制作了一副被萨克斯描述为"复杂到有些怪异的"水平眼镜。这副原创眼镜有一个从鼻梁架上伸出的夹子，夹子上固定着微型水平仪，这样麦格雷戈先生在走路时随时都可以看到。一开始，他花费了大量的精力来应对日常生活，必须不断关注水平仪并相应地调整身体，让自己保持直立。然而，正如萨克斯所解释的："在接下来的几周里，这变得越来越容易：盯住'仪器'已经变成了一种无意识的行为，就像开车时可以一边观察汽车仪表盘，一边自由思考或聊天一样。"尽管患有帕金森病，但麦格雷戈先生的中枢平衡器官已经适应了这项任务，让他能够再次昂首阔步。

只有当问题出现时，我们才会注意到我们的平衡感。例如，当我们最终变得像麦格雷戈先生一样以不稳定的角度倾斜身体时，像巴里·西门格尔的某位病人一样感到晕头转向时，或者像亚历山德罗·伏特一样躺在地板上时。它不知疲倦地工作，不产生有意识的感知。它是我们的众多秘密感官之一。"我们对前庭感官仍然知之甚少，"布莱恩·戴感叹道，"它涉及运动的很多方面，不仅是平衡，还有导航、空间定向，甚至对眼睛的控制，而且最近的研究表明，它还帮助我们预测超出自身范围的其他物体的运动。"我们知道，在大约 10 万年前，它促成了地球上步伐最稳定、最迅捷的动物的进化。几百万年前，它让我们的祖先从地上站起来，并使他们走上成为人类的道路。然而，科学才刚刚开始揭示这种默默无闻的感官在遥远的过去以及我们的日常生活中发挥关键作用的许多其他时刻。

第10章

碎屑线圆蛛和我们的时间感

蜘蛛也有捕食时间表

　　一只蜘蛛蹲伏在死尸之间，一动不动地待在它的蛛网中央。它隐藏在一个由被挖空的腹部、身首异处的胸部和零散的腿编织而成的柱状结构中。众多苍蝇被捕捉、杀死、小心分解，然后重新组装，而这个苍蝇坟场就是蜘蛛隐藏自己的方式。碎屑线圆蛛是伪装大师，它的网就是它的伪装。蛛网的细丝就像蜘蛛身体里的蛛丝一样向外辐射。它的八条腿分别放在单独的蛛丝辐条上。有时，它会拨动丝线以感受它们的紧张程度，找到破损的地方；其他时候，它则坐着等待即将到来的最细微的震动。科学家已经证明圆蛛[1]可以检测到幅度仅有人类头发宽度千分之一的动作。它还能区分风造成的震动和接近自己的雄性追求者或猎物造成的震动。被困在碎屑线圆蛛蛛网黏性旋涡里的苍蝇会奋力挣扎求生。碎屑线圆蛛会"倾听"它们越来越急促的动作，然后急速飞奔过去，蹑手蹑脚地沿着蛛网不黏的辐射支路前进。如果猎物较大，它就用自己的吐丝器抛出蛛丝将猎物紧紧地包裹起来，再用毒牙刺穿猎物的硬质外骨骼。接下来，它收缩毒腺，将猎物麻痹。之后碎屑线圆蛛会将苍蝇吸干，并将它的躯壳编织到自己可怕的碎屑线中。碎屑线圆蛛的网让它能够感受到更广阔的世界，但是蛛网的创造受到另一种鲜为人知的秘密感官的影响。

　　在东田纳西州立大学，很少有学生敢走进托马斯·琼斯（Thomas Jones）的办公室。门上有一张可怕的、长着尖牙的无脊椎动物的照片，上方还有"蜘蛛实验室"的字样。透明的塑料盒子靠墙摆放，里面装着令人眼花缭乱的蛛形纲动物。"这是罗西，我们的智利红玫瑰蜘蛛。"琼斯指着一只几乎和他的手一样大的蜘蛛说，但是它的样子更像一只毛绒玩具，而不是蜘蛛。接着他指向另一个盒子，一个小小的黑影藏在角落，它的腹部露出标志性的红色沙漏图案。"来认识一下我们最毒的蜘蛛之一——红斑寇蛛，也就是臭名昭著的黑寡妇蜘蛛。"琼斯伸手拉出第三个盒子，然后掀开

---

[1]　圆蛛（orb weaver），圆蛛科物种的统称。

盖子：最先看到一条无毛的蜘蛛腿，末端是尖的，关节分明，接着是金黑相间的硕大腹部。琼斯将它哄骗到自己的手掌上。"这是一只雌性络新妇蛛。"它几乎填满了琼斯的手掌。"在北美洲数千个编织圆形蛛网的圆蛛科物种中，它是体形最大的。另外，它虽然看上去威风凛凛，但是无害的。"

　　蜘蛛实验室的整个四周都被琼斯用来存放体形小的圆蛛。一排排木框之间悬挂着一系列带有独特碎屑线的蛛网，每条碎屑线中都隐藏着一个宽度仅有几毫米的身体。"我对蜘蛛的个性很感兴趣，"琼斯说，"而小小的碎屑线圆蛛就很有个性。"它总是和自己的碎屑线待在一起——如果去别的地方织网，它也会拖着碎屑线一起——所以当琼斯派学生到校园的树林里采集这种蜘蛛时，他严格指示不能遗漏它们的"蛛丝行李箱"。"每条碎屑线里都含有这种蜘蛛曾经吃的所有苍蝇的尸体，"他对我说，"这相当恶心，当你想到它时，也许会觉得毛骨悚然。"回到实验室，他们发现了一些奇怪的现象。"这些蜘蛛是昼行性的。我们看到它们整天捕猎，看到它们的蛛网慢慢积累损伤，但我们从未见过它们修复蛛网。"在野外，除了猛烈挣扎的苍蝇，破坏蛛网的东西还有花粉、树叶、小树枝，甚至露水和湿气。"奇怪的是，每天早上这些蛛网都像新的一样。"琼斯开始怀疑这种蜘蛛在夜间也是清醒着的。"没有人考虑过时间如何影响蜘蛛的行为，但就在我实验室的楼上，刚好有一位生物节律方面的世界级专家。"

　　达雷尔·摩尔（Darrell Moore）过去40多年（他职业生涯中的大部分时间）一直在研究蜜蜂。"我本以为自己不会研究其他物种了，"他坦言道，"但是当托马斯敲开我的门并表现得非常兴奋时，我无法抗拒。"摩尔用一种名为运动活动监测器的实验设备分析节律行为。它依靠一系列紧密且纵横交错的恒定红外光束测量试管内的运动。当研究对象（蜜蜂或蜘蛛）移动时，它会不可避免地打断一条光束。一台计算机连续数天记录每一天的每一分钟，绘制出这种生物随时间变化的活动情况。这些图表被称为"活动度图"。"从本质上说，运动活动监测器就像我们的间谍，让我们不必全程监视，"摩尔解释道，"我们只是让研究对象在不受干扰的情况下做自己的事情，而我们回来取结果即可。"

摩尔和琼斯决定用 5 天时间分析 12 只碎屑线圆蛛。首先，他们必须确保这些蜘蛛有充足的食物。琼斯告诉我："我认为，每个试管里有一只果蝇和两滴水对一只蜘蛛来说已经绰绰有余。"接下来，他们将试管口松松地堵住，这样里面的居住者就能呼吸了，然后将试管放入一个环境受控的房间里的架子上。"我选择了一个适宜的温度和湿度模拟这种蜘蛛的自然栖息地，并将光暗循环设定为每天各 12 小时，相当于早上 8 点日出，晚上 8 点日落。"摩尔回忆道。在第 5 天夜里，摩尔查看了 12 只蜘蛛的活动度图。在那训练有素的眼睛里，一种模式立即显现出来。所有蜘蛛都遵循着基本上一样的日程：它们正如摩尔和琼斯所预期的那样，白天很活跃，但在夜晚更加活跃。摩尔说道："这些蜘蛛在凌晨 4 点之后的两个小时里处于最活跃状态，然后变得不活跃，直到太阳出现。"琼斯解释道："我们意识到它们不只是在黑暗的掩护下修复自己的网，它们每天晚上都从头开始重新编织蛛网。"这些所谓的"昼行性蜘蛛"会在日出之前的深夜醒来。它们对光的反应与其说是按部就班，倒不如说是抢占先机。

生命的身体时钟

1729 年夏，在温暖惬意的法国朗格多克省，被伏尔泰誉为 18 世纪最杰出的五位学者之一的天文学家让·雅克·奥托斯·德梅朗（Jean Jacques d'Ortous de Mairan）没有像他平常一样研究行星现象、日食和极光，而是将目光转向了一种常见的园艺植物：一种叫作含羞草的豆科草本植物，俗称"别碰我"。也许他在位于贝济耶的家中或者蒙彼利埃附近欧洲最古老的植物园之一里散步时见过这种含羞草。不管怎样，德梅朗观察到当他触摸这种植物精细的复叶时，它们会收缩，而如果未受到外界触动，它们在一天之中则会自行移动，德梅朗对这种移动方式产生了兴趣。他注意到叶片随着日出竖起，展开，露出一排排小叶，然后再随着日落重新折叠并垂下。

后来随着夜晚过去，白天到来，他观察到它们在不断地重复这个模式。

一个朋友将德梅朗的发现作为"植物学观察"汇报给了巴黎皇家科学院："我们知道这种敏感的植物是一种向阳植物，也就是说，它的枝叶总是朝着光照最充足的方向。"含羞草似乎总是在追逐阳光，德梅朗很想知道，如果将它和阳光隔绝会发生什么？于是他将一株盆栽含羞草放进了柜子里。在接下来的几天里，他透过柜门缝隙观察里面发生的变化，并且小心翼翼地不让阳光照进来。"这个实验是在夏末进行的，并重复了几次……即使没有暴露在太阳下，含羞草似乎也能感觉到它们的作用。"和碎屑线圆蛛一样，这种植物似乎能够预感到阳光。实际上，这个简单的实验揭示了一种感知特定事物——它不是光，但和光有着密切的关系——的能力。德梅朗永远不会意识到自己工作的全部意义，但他是第一个证明这种含羞草可以感知时间的人。

大约38亿年前，地球上出现了生命体。自那以来，地球的自转速度变慢了，如今它完成一圈自转所需的时间接近24小时。"准确地说，是23小时56分钟4秒。"神经科学家罗素·福斯特（Russell Foster）说。我们将自己能看到太阳以及沐浴在阳光中的这段时间称为白天，而随着地球的转动，夜晚降临。在地球上，生命以（大约）每24小时一次的可预测序列开展活动。甚至在第一缕阳光穿透古老的山毛榉森林之前，一只小鼠就开始活动了。随着太阳慢慢升起，鸟鸣声四起。鲜花盛开，蜜蜂到来，它们在白天按照预定的程序精确地重复造访盛开的鲜花。在海洋里，浮游生物沿着水柱飙升，然后随着太阳一起下沉。暮色降临之际，一种生活在珊瑚礁上的鱼类会切换自己眼睛的模式，以适应光照从白天到夜晚的变化。当马达加斯加的丛林进入黄昏时，环尾狐猴汽笛般的叫声便停止了。它们在高处的树枝上靠着彼此的肩膀歇息，而它们的远亲——害羞的指猴，则睁开眼睛迎接自己新的一天。科学家探索了自然界的这些寻常节律。和德梅朗一样，他们不让生物接受光照，然后观察到某些行为仍然在持续，这证明了碎屑线圆蛛和含羞草并不是唯二能够感知时间的物种。

　　几乎所有植物和动物，以及真菌、藻类甚至某些细菌，都会遵循某种内部计时器的节拍。这是一种非常可靠、非常准确的时钟，有人说它具有人造时钟的特征。然而，机械时钟记录的是人类关于小时、分钟和秒的概念，而身体时钟测量的是自然时间和太阳日的更替。这种时钟是否在我们体内默默地嘀嗒作响——也就是说，在没有日晷、沙漏、手表、手机或日光的情况下，我们能否在潜意识之中感知时间——这一思考激发了科学界最大胆的自我实验之一。

隔离在洞穴和掩体中

　　1962年7月16日，洞穴学者米歇尔·西弗尔（Michel Siffre）动身前往法国阿尔卑斯山深处的斯卡拉森洞穴。在沿着令人眩晕的40米深的陡峭竖井下降到洞穴底部并支好帐篷后，他向自己的同事道别，然后看着他们的头灯渐渐消失在黑暗中。"我决定像动物一样生活，没有手表，而且在黑暗中也无从知晓时间。"他的著作《超越时间》（*Beyond Time*）讲述了接下来两个月发生的事情。"洞穴里一片漆黑，只有一个灯泡可以照明。"在脱离了预定的日夜周期后，他打算听从自己身体的声音。他饿了才吃东西，渴了才喝水。他在感到疲倦时关灯睡觉，醒来后再把灯打开。他与外界的唯一联系是一根连接到洞口的电话线，另一端一直有人值守。他和他的守护者制定了一个简单的协议。"我会在醒来、进食和睡前给他们打电话，"他解释道，"我的团队不能给我打电话，这样我就不知道外面的时间了。"在西弗尔第一次入睡后，伴随着不可避免的意识丧失，实验开始了。地面上的团队夜以继日地守护着，记录下受试者醒来、进食、入睡的时间，然后在第二天，他们发现西弗尔的作息时间已经与正常的作息时间相差两个小时。

　　随着白天与黑夜融为一体，西弗尔意识到，尽管他储备的食物保鲜时间比预期的要长，但情况仍然很有挑战性。"我的装备太差了。"西弗尔回忆道。当他睡觉时，唯一将他与冰冷地面隔开的是一张用厚海绵做的床垫，而海绵在吸收湿气后，变得冰冷刺骨。空气一直是湿冷的，衣服一整晚也晾不干，这使他第二天早上穿衣服的体验变得极不愉快。"我的体温低至34℃，"他解释说，"我的脚总是湿的。"他感觉越来越孤独了。所以，他找了另一个洞穴居民做伴，尽管在托马斯·琼斯的实验室里，它绝不会显得格格不入。西弗尔将蜘蛛放在一个盒子里，给它喂食物和水，然后两两相望。

正当他为这段体验倒计时的时候，他接到了一个出乎意料的电话，他的地面团队宣布他的体验时间结束。西弗尔确信还有几天时间才结束，但地面团队坚称两个月已经过去了。他的身体非常虚弱，只能用绞车吊上地面。由于当时他昏了过去，所以需要用直升机迅速运下山。但是事实证明，这场磨难是值得的。西弗尔在日记里写道："时间对我来说不再有任何意义。我跟它脱离了，我生活在时间之外。"然而，尽管他有这种感知，并且错误地估计了自己在洞穴里度过的时间，但地面团队收集的数据揭示了不一样的东西。事实证明，西弗尔在不知不觉中一直在坚持规律的清醒和睡眠周期。"在不知不觉中，我开创了人类时间生物学这个领域，"他说，"我的实验表明，人类和其他动物一样，拥有生物钟。"

研究人员陆续开展了其他洞穴隔离研究，一次比一次大胆。1965年，乔西·劳雷斯（Josie Laures）坚持了88天，安托万·森尼（Antoine Senni）坚持了126天，而西弗尔则于1972年再次打破纪录，这一次他在得克萨斯州的"午夜洞穴"深处待了205天，也就是6个多月。如今，此类行为被严格禁止，他对此颇有怨言："当我们第一次这么干时，我还很年轻，我们承担了所有风险，（但现在）洞穴实验没戏了。"然而，他和那些具有开创性精神的同事证明，就像他的宠物蜘蛛一样，人类也有生物钟：一种在无意识的情况下记录时间流逝的时钟。关于人类生物钟如何运作以及许多其他问题的答案，都可以在德国巴伐利亚州起伏的山丘之下、圣山附近的安德希斯修道院找到。

于尔根·阿朔夫（Jürgen Aschoff）是时间生物学这一新兴领域的重要

科学家，他听说了西弗尔的事迹，并且想知道如何用严谨的科学方法复制西弗尔的那些实验。晋升为安德赫斯新成立的马克斯·普朗克行为生理学研究所的部门主任后，他在附近发现了一个二战时期的掩体，这为他的研究提供了机会。在美国国家航空航天局的资助下，他将这个废弃的破旧防空洞改造成了一个隔离单元。他还做了防光、隔音、防震的处理，像被包裹在一个铜制笼子里，甚至屏蔽了地球电磁场的每日干扰，和西弗尔的洞穴相比更加与世隔绝。然而，它里面设计有相对豪华的生活区：一个起居室——兼作卧室，一个淋浴间和一个小厨房。唯一的入口是一条两端都有厚门的走廊。当受试者从外面的世界走向他们的新家时，身后的外门会被两道锁锁住。磁性锁扣确保了只有当外门锁上时才能打开内门，所以一旦进入房间，他们在整个逗留期间既看不到日光，也见不到其他人。手表、时钟、电话和收音机都不能带入。"受试者与外界交流的唯一方式是收发信件。"阿朔夫解释道。这些东西和食物一起被送进来，有时还会有一瓶修道院酿的啤酒。受试者被要求在醒来时开灯，睡觉时关灯，每天做饭并吃三餐。"我们要求他们过'有规律的'生活，"阿朔夫补充道，"除此之外，他们想做什么都可以。"然而，这些男性和女性会被严格监控。研究人员会测量他们的体温，分析他们的尿液，而且就像摩尔的蜘蛛运动活动监测器一样，嵌入掩体地板内的电触点将记录他们走的每一步，最后生成人类活动度图。

阿朔夫是这次实验中第一个穿过有两道门锁的受试者。他在为《科学》杂志撰写的一篇论文中回忆了自己的这段经历："在地下掩体生活的头两天，我很想知道'真正的'时间，但是在这两天之后，我对此就兴趣全无，觉得这种'不受时间影响的'生活很舒服。"他继续写道："在'早上'，我很难判断自己是否睡得足够久。在第8天……吃完早饭后不久，我在日记里写道：'肯定是出了什么问题。'"掩体外的科学家可以看到，阿朔夫只睡了三个小时，但后来有什么事促使他回到床上，又睡了一觉，然后在一个更合适的时间重新开始自己的一天。和之前的西弗尔一样，阿朔夫正在形成一种非常稳定的节律。"因此，当我在第10天被放出来时，"阿朔夫回忆道，"我惊讶地得知我最后一次醒来的时间是下午3点。"仍然和西弗尔一样，他慢慢地偏离了真实的时间。活动度图表明，他的生物钟虽然有规律，但一个周期大约是25个小时，每天增加近1个小时。这种偏离虽然幅度不大，但可能会造成令人惊讶的扰乱。对于在掩体里待了较长时间的受试者来说，第12天的早上6点可能会推迟至晚上6点，白天变成了夜晚。在第24天，他们可能会恢复到与真实时间同步的状态，但是他们只过了23天，而且每天的时间略有延长。阿朔夫和受试者的活动度图解答了西弗尔的生物钟如此规律却又不准确的悖论。这是按照与西弗尔大致相同的速度自由生活两个月的必然结果。

在接下来的24年里，这里又进行了400多次实验：只有4名志愿者要求提前出来，而其余的人则提供了大量证据。一名学生进入掩体为考试做准备，结果他的生物钟变得极其紊乱，周期长达33小时，而当他被放出来时，他沮丧地发现考试日期比他以为的更迫在眉睫。除此之外，其他人生物钟的表现与阿朔夫的很像，平均每天的时间长于24小时，但不到25小时。这个掩体无可争辩地证明了人体生物钟拥有昼夜节律（circadian），这个词来自拉丁语词汇 *"circa diem"*，意思为"大约一天"。它与自然日非常接近，但不完全一致。在安德赫斯开展研究的这个团队从未确定我们如何感知一天的流逝，但答案一直就在他们面前。

是什么在给生物钟上发条？

1999年8月31日，英国陆军中士马克·斯来德戈尔（Mark Threadgold）的头部遭受了致命的创伤。他的大脑严重受损，被迫在三家医院之间转来转去，而这三家医院的神经外科医生团队都在尽力挽救他的大脑功能。在此期间，斯来德戈尔的意识时有时无。他依稀记得有人告诉自己，他丧失了嗅觉和味觉，还失明了，他拒绝相信这一点。"我的眼睛上贴着湿垫，我记得我跟一个护士解释说我的眼睛好好的，我可以看得很清楚，"他对我说，"为了证明我的话没错，我告诉她，她有一头黑色长发。我肯定是精神恍惚了。"

　　一个月后，随着伤口愈合，以及从吗啡导致的恍惚中清醒过来，他才真切地感受到自身状况的恶劣。"我不想吃东西，我闻不到任何气味，也尝不出任何味道。我不想起床。如果一直这样，那活着还有什么意义？虽然我可以在病房里走动，但我只想躺在病床上。环境很陌生，周围的人也都是陌生人，我什么也看不见。"斯来德戈尔的眼睛完好无损，但是他的视神经受损，所以没有信息能够抵达他的大脑。他说自己的视觉丧失是"黑暗失明"。他的白昼如黑夜：彻底且永无止境的黑暗。最后，他被送到一个专业康复中心，在那里，有人发给他一个会报时的时钟。"至少有一件事是我不需要向别人询问的，那就是时间。"他很快就发现了一些奇怪的状况。"在我拿到时钟之后的一天晚上，9点左右我就上床睡觉了，而当我一觉醒来时，时钟播报说现在的时间是11点30分。"斯来德戈尔很惊讶自己竟然睡了这么久，于是他迅速刮了胡子，冲了澡，然后走到楼下，却发现屋子里非常安静。"安静得诡异。"他告诉我。慢慢地，他意识到自己周围根本没有人。"我吓坏了，我再次询问现在的时间。实际上是晚上11点30分，所有人都刚刚上床睡觉。"

　　斯来德戈尔意识到，时间对他而言是不可靠的。当他离开康复中心独自生活时，这种时间感知变得更糟糕了。午餐后的小睡会持续几个小时。他会在深夜醒来，以为已经是早上了。"在第一周，我发现我的日夜变得颠倒了。我彻夜难眠，筋疲力尽，白天也不能保持清醒。然后在另一周，我又恢复了正常节奏。"就像西弗尔在他的地下洞穴、阿朔夫在他的掩体里一样，斯来德戈尔的生物钟已经被扭曲和拉长。他在时有时无的时间里飘浮，丢失了好几个完整的白天。这种干扰持续不断，且毫不留情，夜间魔咒将他与外面的世界隔绝。他陷入了抑郁情绪。"这简直是在摧毁灵魂，"他解释道，"那是我的人生跌入谷底的时刻。"医生既没有意识到也不理解斯来德戈尔面对的这一挑战的本质。庆幸其他一些眼盲的退伍军人能够给他建议。"他们说，克服这种情况的唯一方法是遵循严格且周密的生活作息，不只是何时起床和睡觉，还有吃饭和锻炼的时间，"他说，"我一天也不能松懈。我每一天的每时每刻都要按照这个时钟生活，即使感觉不太对。"他以军人般的精确性，用发声时钟代替了自己的生物钟，更仔细地听它说的是上午还是下午。斯来德戈尔之后被诊断患有一种不常见的疾病，他的视觉失明以某种方式致使他的时间感丧失。

罗素·福斯特是对斯来德戈尔和类似病例感兴趣的少数科学家之一。他想知道这些病例能否揭示我们是如何感知时间的。"如果你不能将时钟调到一天中的正确时间，那么拥有它就毫无用处。"他对我说。阿朔夫的掩体表明光的作用就像机械手表上发条的每天调整，将我们的生物钟调整到正确的时间。这种光是如何被感知到的，以及哪些部位能感知到，一直是人们激烈讨论的主题。

我们在上一章讨论过，人们直到19世纪初才发现耳朵里隐藏着一种无意识的感官能力：一种隐秘的平衡感。福斯特想知道，眼睛是否也是如此？"像马克·斯来德戈尔这样的患者让我意识到眼睛的重要性，但是没有人问它是如何让我们拥有时间感的。"眼科医师认为，在解剖学和神经科学的历史上，人眼是被人理解得最充分的器官之一。它的两种光感受器——视杆细胞和视锥细胞——赋予我们色彩和暗视觉的方式已经得到了全面的揭示。因此，它们还可能有其他用途的想法被认为是荒谬的。"但是你看，我不是人类视觉科学家，所以也许我的'无知'反而帮了忙。"当时，福斯特自称光生物学家，他的灵感就源于自然世界。如今，他是牛津大学纳菲尔德眼科实验室的负责人。

"我第一次涉足奇怪的光受体的世界是在七鳃鳗身上。"他告诉我。在阅读了关于这种形似鳗鱼的古老鱼类的所有信息之后，他开始研究两栖动物，然后又转向了鸟类。最后，他将注意力集中在哺乳动物身上，特别是小鼠。他解释道："我们有各种各样的实验室小鼠品系，每一种都有不同程度的眼睛突变，被用于研究失明。"他希望这种小小的哺乳动物能够为揭示人类时间感丧失的实验提供启发。"首先，我研究了一种几乎全盲的小鼠，被称为视网膜退化（retinally degenerate，简称 rd）突变鼠。"这种小鼠的眼睛没有视杆细胞，只有极少量的视锥细胞。福斯特记录了它们转动活动转轮时的活动度图。当将研究结果与正常小鼠的结果进行对比时，他发现它们保持了相同的时间表。即便没有视杆细胞，这些突变小鼠也能将自己的生物钟与自然日同步。然后，他对一种无视锥细胞（cone-less，简称 cl）小鼠做了同样的实验。结果是一样的。为了排除视杆细胞和视锥细胞之间某种尚未发现的作用机制的可能性——也许一种细胞在另一种细胞失效时会接管其功能，他需要一种新的小鼠品系，它不含有这两种细胞中的任何一种，视觉科学家们此前从未有过这种需求。"我们没有坐等偶然发现突变的哺乳动物，而是自己开发了一个新的小鼠品系，"他说，"我们亲切地叫它 rd/rd cl 小鼠，虽然这个名字没什么创意。"

福斯特在这种新小鼠身上重复了实验，并将它与正常小鼠的活动度图进行对比。"让人震惊到起鸡皮疙瘩的时刻到来。两种小鼠的活动度图根本无法区分。这种视觉完全失明的小鼠并没有出现时间感丧失的情况。"在下结论之前，他又做了一次实验，但是这一次完全遮住了它们的眼睛。被遮住眼睛的小鼠失去了所有的时间感，结果很清楚。"眼睛里肯定有某种其他类型的光传感器，让它能够保持正常的昼夜节律。"福斯特指出，小鼠、人类，实际上所有哺乳动物的视网膜都有视杆细胞、视锥细胞和第三种未知的光感受器，而后者赋予了他们时间感。

学术界对此的反应算不上热情。"我在一场科学会议上宣布了这个观点，"福斯特回忆道，"别人对我说'这不可能''现实点儿'，人们叫我傻瓜、白痴。有个小伙子站起来，盯着我的眼睛，同时骂了一句脏话，然后摔门离去。这种敌意让我感到震惊。"就连福斯特的同事们也告诉他，关于他的失明小鼠如何感知时间，肯定还有别的解释。四眼后肛鱼的发现者罗恩·道格拉斯后来与福斯特开展了他口中"短暂但成功的合作"。道格拉斯在谈起那段经历时说："我很惭愧地说，当福斯特开始为他的工作申请资助时，我并不是总能帮上忙。当时很多视觉科学家都很难相信视网膜里还有一种尚未被描述的光感受器，而我就是其中之一。"科学界的主流学派几乎一致拒绝这样一种可能性，即在对人眼进行了大约 150 年的严格科学研究后，遗漏了一整类光感受器。福斯特很沮丧，但他决定找到无可辩驳的证据。"我涉足的学科领域超出了自己的研究范围，所以我的科学研究必须像恺撒之妻一样不容置疑。"他不会意识到这个信念将决定他接下来 20 年的研究，并得到世界各地实验室的帮助。

在世纪之交，福斯特的团队发表了一张小鼠视网膜的显微图像，而图片中染色后的视网膜突显了神经节细胞网络中纤细的网状结构。这些细胞覆盖在视杆细胞和视锥细胞上，它们的突起聚集在一起形成了视神经。"重要的是，这个神经节细胞网络是如此稀疏和分散，不会将视觉光感受器与光线隔绝。"他告诉我。在这些细胞中，每 100 个细胞中只有 1 或 2 个细胞吸收了染料。"这几个细胞肯定是昼夜节律光感受器。"最后，福斯特和他的团队终于发现了眼睛的第三种光感受器。它的光敏性基于一种全新的视蛋白光色素。它既不是视杆细胞的视紫红质，也不是视锥细胞的光视蛋白。它是一种叫作黑视蛋白（melanopsin）的光色素蛋白，最近才在蛙的皮肤中被发现。为了进一步消除疑虑，科学家们测量了这些细胞对光的实际反应。最终，他们证明了天生缺乏这种视蛋白的小鼠和斯来德戈尔一样无法感知时间。

事实证明，为这种给生物钟上发条的细胞命名几乎和发现它一样困难。"我们一开始称它为'内源性光敏视网膜神经节细胞'。"福斯特说。"有时也称'内在光敏黑视蛋白视网膜神经节细胞'，"道格拉斯补充道，"现在我们最终选定'光敏视网膜神经节细胞'（intrinsically photosensitive retinal ganglion cell，简称 ipRGC）这一名字。"这些名字都不如视杆细胞或者视锥细胞那么顺口，但是撇开名字不谈，福斯特关于我们体内还有一种新型传感器在运作的理论得到了明确的证明并被科学界认可。科学界的反叛者如今变身为变革者。后来道格拉斯和福斯特开玩笑说，正是他早期的反对激发了福斯特的这一行动并确保了研究的成功。道格拉斯坦言道："尽管我没有提供帮助，但福斯特的工作还是得到了资助，这对我们所有人来说都是幸运的。他发现了我们眼睛里的第三种光感受器，这可以说是过去50年里视觉科学领域取得的最大进步。"

多亏了福斯特，我们现在知道眼睛不只是一种为我们提供有意识的空间感并在平衡中发挥重要作用的视觉器官，还是一种昼夜节律器官，赋予了我们对时间的下意识的秘密感知。光子穿过我们的瞳孔，抵达视网膜。在那里，它们要么击中视杆细胞，要么击中视锥细胞或福斯特的时间感应细胞。来自这三者的信息一致通过视神经传播，然后在大脑中的视神经交叉处分裂。来自视杆细胞和视锥细胞的输出进入视皮质，最终通过明暗对比、颜色和深度构建我们对面前场景的感知。来自时间传感器的信号继续深入大脑，抵达下丘脑底部。它们的目的地是名为视交叉上核的一对细胞团。

2017年，三位科学家因展示了果蝇细胞中的生物钟是如何运作的而被授予诺贝尔奖。"值得注意的是，苍蝇的'分子时钟'与包括我们在内的所有哺乳动物的生物钟极为相似，"福斯特解释道，"我们已经了解到，我们身体的几乎每个细胞都可以产生昼夜节律。迄今为止，人们在肝脏、肌肉、胰腺、脂肪组织以及每一种被研究过的器官和组织中都发现了某种时钟。"但是视交叉上核中的时钟支配着其余所有时钟，让它们适时地嘀嗒运转。福斯特将这个主时钟比作管弦乐队的指挥，并警告说："如果你开枪射杀指挥，乐手们会继续演奏，但是随着他们彼此之间时间线的错乱，这场交响乐将变成嘈杂的噪声。"

时间感丧失让像马克·斯来德戈尔这样的患者每天都在与这种不同步做斗争。即使视网膜功能完整，如果没有视神经，视网膜里的视锥细胞、视杆细胞和时间感应细胞的反应也无法抵达他的大脑。不过，他启发的这项研究可以应用在很多人身上。"它促使人们对所有失明症状进行重新评估，这一点很重要，"福斯特说，"有些人可能失明了，但和马克不同，他们仍然拥有正常的时间感。现在，我们知道要坚持让他们生活在他们所看不见的光里。"只有这样才能防止他们的主时钟丧失与昼夜交替同步的功能，从而失去对他们体内所有其他时钟的控制。由时间感丧失或普通失明造成的这种干扰所产生的后果，不只是睡眠和清醒时间的偏移。科学研究表明，它们可能会造成更大的影响。

时间生物学的著名奠基人科林·皮登卓伊（Colin Pittendrigh）说："玫瑰不一定是玫瑰，也不一定有资格被称为玫瑰。我的意思是，它的生物化学系统在中午和午夜是完全不同的。"这句话也同样适用于蜘蛛、树懒或人类。我们的主时钟编排了我们体内发生的所有反应，它确保它们以定期、准时的顺序发生。我们是习惯塑造的生物，以各种奇怪和令人惊讶的方式。"有数百项研究表明，包括身体和认知方面在内的大量活动，都受一天中时间的影响。"福斯特对我说。他清单中的事务范围很广泛。例如，我们的牙痛在晚上会加剧。分娩疼痛很可能在晚上开始，但是婴儿通常在早上自然出生。校对和短距离游泳比赛在晚上表现最好。"从凌晨4点到6点，我们进行数学运算或其他智力任务的能力比几杯威士忌下肚后还差。"尽管凌晨3点的车辆很少，但交通事故的高发时间段却是这个时间。切尔诺贝利事故和"埃克森·瓦尔迪兹号"邮轮漏油事故都发生在夜间，这并不是巧合。

通宵工作和穿越国际时区旅行揭露了违反我们的生物节律带来的严重后果。"轮班工作和时差让我们的主时钟与自然日以及我们的细胞时钟分离，于是我们的正常昼夜节律系统分崩离析，"福斯特解释道，"打个比方，你的肠胃在北京，你的肝脏在德里附近的某个地方，而你的心脏还在旧金山。"对这种不同步的研究表明，它可以通过多种方式影响身体，并不只是使人疲倦。副作用简直就像药物的免责声明：记忆力和注意力下降，认知和运动能力减弱，易怒、抑郁和冒险的风险增加，免疫力和内分泌功能下降。施加在轮班工作者身上的持续且强烈的不同步可能会发展为慢性疾病。最近，世界卫生组织将轮班工作列为癌症的风险因素之一，但是研究也将它与2型糖尿病和心血管疾病联系起来。昼夜节律研究人员仍在收集数据，但是他们担心时间感丧失的人也容易患上这些致命的疾病。福斯特如今正在研究让他们的视交叉上核表现得就像他们暴露在光照下一样的药物。"如果我能用这些药物让那些失去视力的人重获时间感，我就能快乐地退休了。"福斯特说。正是由于不同步的成本如此高，我们的生物钟才会对我们施加昼夜节律。科学家们认为，所有生物都是如此，直到最近，他们在树林里发现了一种不受控的偏离。

最长和最短的生物钟周期

达雷尔·摩尔决定继续自己对碎屑线圆蛛的实验。第五天过去，第六天开始，环境控制室的灯被关闭，受试者依然留在持续的黑暗中，并接受运动活动监测器的严密监视。第十天，摩尔再次查看它们的活动度图。果然，尽管缺少光照，这些蜘蛛的生物钟仍然让它们的行为按照常规流程循环往复。然而，他可以看出它们以相当奇怪的方式计算时间。"碎屑线圆蛛的节律和我们接近24小时的昼夜节律差得远，"他告诉我，"它真的很短很短。事实上，正是因为太短了，所以一开始我没有告诉托马斯，因为我不敢相信。"他重新进行测试，然后又对另一群碎屑线圆蛛重复了这个实验。几周过去了，结果并没有任何变化。"这一次的结果无可否认，"摩尔说，"碎屑线圆蛛的生物钟以18.5小时的周期自由运转。"是时候告诉托马斯·琼斯了。"我还清楚地记得达雷尔来敲我们门的那个早上。当他走进来时，我可以感觉到肯定是发生了什么事。"他们意识到自己发现了自然界中最短的生物钟。琼斯补充道："结果让我心潮澎湃。发生了什么？原因又是什么？"

"我们认为找到了碎屑线圆蛛的近亲可能会带来的一些启示。"琼斯告诉我。首先出现在他们名单上的是在进化树上与碎屑线圆蛛离得最近的两种蜘蛛：*Allocyclosa bifurca* 和 *Gasteracantha cancriformis*，它们只有拉丁学名。"我们尝试了群策方式，让学生帮忙抓蜘蛛。"这两种蜘蛛很容易通过不寻常的腹部识别：*Allocyclosa bifurca* 的腹部分叉，而 *Gasteracantha cancriformis*

的腹部有6根尖刺。很快，学生们从附近的灌木丛返回并带回数量足够多的蜘蛛。摩尔对每个物种进行了十天的黑暗测试。"我记得自己去查看活动度图时的情形，"他回忆道，"我又一次不敢相信结果。事实证明，碎屑线圆蛛不是独一无二的：另外两个物种也拥有短得出奇的生物钟周期。"*Gasteracantha cancriformis* 的昼夜节律是19小时，而 *Allocyclosa bifurca* 的昼夜节律是最短的，只有17小时多一点。琼斯说："我们很难解释这些结果。因为这三种蜘蛛之间的亲缘关系密切，我们至少可以认为，可能有一次进化事件导致了这些蜘蛛很短的时钟周期。"

接下来和碎屑线圆蛛亲缘关系最近的物种是因其腹部的独特尖刺而得名的星腹蜘蛛。这种小生物的行踪令人捉摸不定。几天过去了，然后几周过去了，搜寻小队总是空手而归。"我们最后给它起了个外号，'独角兽蜘蛛'，"琼斯说，"我甚至在我的节肢动物学课堂上贴出了'通缉海报'。"一个月后，他们的运气变好了，这种神秘的生物在距离他们实验室近50千米的灌木丛里被捕获。"我们发现星腹蜘蛛的时钟周期一点也不短，"琼斯告诉我，"一点也不短，出现了我们最预料不到的结果。它的时钟周期很长，特别长。"星腹蜘蛛的生物钟周期超过28小时。摩尔回忆道："当我们拿到数据时，我们在托马斯·琼斯的课堂上举办了一次特别会议，向找到这些蜘蛛的学生做了汇报。学生们惊讶地倒抽一口气，然后是沉默，因为从没有人听说过这么长的生物钟周期。"

碎屑线圆蛛及其大家庭的成员拥有迄今自然界中最短和最长的生物钟周期。唯一接近这些记录的是科学家为了研究昼夜节律在实验室制造的突变体。摩尔解释道："在碎屑线圆蛛之前，我们所知道的最短的时钟周期是突变仓鼠的20小时和突变果蝇的19小时。我们还知道其他突变果蝇的时钟周期和我们的独角兽蜘蛛一样长。"人们总是认为，这些实验室产物无法在野外持续生存。"科学一次又一次地表明，生物钟不同于太阳日24小时的动物难以生存。"琼斯说。就在此时，两位科学家异口同声地说："所以从理论上讲，这些蜘蛛都不应该存在。"然而，它们就在那儿，它们的蛛网就挂在琼斯实验室的木架子之间。在凌晨的黑暗时刻，每只碎屑线圆蛛都在忙着重新编织它的网——首先是结构辐条，然后是有黏性的螺旋蛛丝。忙完这件事后，它就会在黎明破晓时一动不动地蹲在自己的苍蝇墓地里。每只蜘蛛每天都走一遍同样的流程，对彼此和它们所造成的恐慌一无所知。

阳光将这种蜘蛛的生物钟重置为与太阳日同步，所以在野外不会出现极短和极长的生物钟周期。"但是想想看，"琼斯说，"这意味着生物钟周期为18.5小时的碎屑线圆蛛必须相位偏移5个多小时才能保持同步。"科学家们认为，这相当于调整5个小时的时差。摩尔阐述道："这就像从伦敦向西旅行到纽约，然后立即调整为当地时间，也就是比格林尼治时间晚5个小时。"而星腹蜘蛛必须反方向偏移4个小时。"那就像从纽约向东返回伦敦，"摩尔解释道，"而且要记住，我们不只是在谈论这种罕见的情形。"人体每天适应1个小时的换班都有困难。这些生物面临着会让我们陷入紊乱的时间相位，并且能够在每个黎明重置自己。

这些蜘蛛的时钟和我们自己的生物钟完全不同。摩尔接着说："当我告诉其他昼夜节律研究人员这些结果时，他们的第一反应是：'什么？'，第二反应是：'千万别把结果发表出来！'。"其他实验室也加入了这项研究。科学家们希望能发现这些蜘蛛的昼夜节律多样性背后的原因，以及它们的短时钟和长时钟周期能带来什么好处（如果有任何好处的话）。"在实验里，我们看到有些蜘蛛一开始的周期较短，然后保持这种短周期，有些蜘蛛一开始周期较长，然后保持长周期，但是还有些蜘蛛一开始的周期是23小时，然后变成25小时，之后又切换回来，"摩尔说道，"所以也许蜘蛛拥有短的和长的时钟周期，而我们看到了它们之间的相互作用。"问题的数量很快就超过了答案。

20世纪30年代，法国生物物理学家勒孔特·杜诺伊（Lecomte du Noüy）写道："西方人制造刻度越来越小的时钟，直到现在可以测量出百万分之一秒。西方人认为，对一秒的极小一部分的测量代表着对某种严格的客观现实的绝对测量。"2017 年，《自然物理学》（*Nature Physics*）上的一篇论文将时间细分为十亿分之一秒的万亿分之一：1 仄秒（zeptosecond）。没有其他生物像我们这样判断时间。只有我们会看可以计时小时、分钟和秒的手表。只有我们设计了计时仄秒的工具。然而，这些测量是我们的发明。碎屑线圆蛛是自然时间的图腾。我们有能力感知时间的流逝，这一突破性的发现应该会让我们有信心抛弃人造时钟，转而使用我们的生物钟。碎屑线圆蛛能够轻松地进行时间穿梭，这是我们向往的能力。鼓舞玛莎·麦克林托克研究信息素的社会生物学家 E. O. 威尔逊写道："智人，第一个真正自由的物种，即将解除自然选择，这种力量让我们……很快，我们必须深入探究自己，决定自己想要成为什么。"也许我们应该向我们长着八条腿的伙伴寻求指导。

托马斯·琼斯说："如果我们能够理解这些蜘蛛每天早上如何进行相位偏移而不会受到有害的影响，想象一下，这能教会我们什么。也许这些蜘蛛可以向我们展示轮班工人如何避免时间不同步的危险。也许它们可以帮助我们找到克服时差或者治疗时间感丧失的药物。"达雷尔·摩尔也看到了希望："鉴于我们关于昼夜节律的大部分知识都来自三四个模型物种，而仅仅是我们对这些物种的研究就揭示了巨大的差异，所以大自然要向我们展示的东西还有很多。"然而，福斯特恳求我们仔细思考这些知识可能会将我们引向何方。"并不算过于牵强的一种想象是，在接下来的数年里，我们将学会如何操纵昼夜节律，从而让我们脱离自然的束缚。"我们现在需要决定自己想要什么样的未来。"那会是'时间失调'的地狱吗？"他问道。这个世界也许拥有一周 7 天 24 小时不睡觉的士兵、太空人，以及每晚只睡寥寥几小时的轮班工人。也许它"对时间不够用的民众而言，将会是'时间天堂'或者'时间乌托邦'？"只有时间才知道答案。

第11章

斑尾塍鹬和我们的方向感

不止不休的8天和11680千米

传说，毛利人被太阳、星星以及一种他们称为"夸卡"（kuaka）的鸟指引，抵达了他们的岛屿家园——奥特亚罗瓦（Aotearoa），该词在毛利语中的意思是"绵绵白云之地"。多年来，他们的波利尼西亚人祖先目睹了这种优雅的长腿涉禽——在其他地方被称为斑尾塍鹬——成群结队地从北半球飞向南半球。他们给这些曾短暂停留的访客增添了一丝神秘感，并借用它创造了象征着不可获得之物的谚语："Kua kite te kohanga kuaka? Ko wai ka kite I te hua o te kuaka?"字面意思是："谁曾见过夸卡的巢穴，或者拿过它的蛋？"那些梦想着它所飞向的未知之地的人将乘着它的气流扬帆起航。他们是第一批踏上后来被库克船长命名为新西兰的那片土地的人。毛利人不可能知道的是，他们与斑尾塍鹬共度的时光只是动物王国波澜壮阔旅程中的一个瞬间。

2007年8月，美国地质调查局的生物学家鲍勃·吉尔（Bob Gill）和李·蒂比茨（Lee Tibbitts）正在研究世界另一端的斑尾塍鹬。"李和我当时待在阿拉斯加一个偏远的村庄里。"吉尔告诉我。蒂比茨补充道："我打开自己的笔记本电脑，想看看我们的鸟有没有传送回新数据。"当年早些时候，也就是2月，他们在新西兰捕获了16只斑尾塍鹬，并在它们身上植入了无线电发射器，这样环绕地球运行的卫星的地图坐标就能被传送到蒂比茨的电脑里。"除了位置之外，发射器还能报告电池电量，"她说，"它们会连续运行8个小时——我们希望在这段时间内可以得到两到三个卫星数据，然后关闭发射器24个小时以节省电量。"他们用的是当时能够弄到的体积最小的发射器。"但即便是它们，重量也有26克：对斑尾塍鹬而言这是相当有分量的额外负重。"吉尔说。毕竟这些鸟自身的重量在迁徙季开始时也只有260克左右。

整个春天，吉尔和蒂比茨追踪了这些被标记的鸟的飞行轨迹，它们从新西兰向北飞行数千千米，途中在中国黄海沿岸休息了很长一段时间，然后继续飞往它们位于阿拉斯加苔原的繁殖地。2002年，类似的方法曾被用来追踪从澳大利亚飞往中国的大杓鹬，结果表明，有一只鸟在水上飞行了大约4500千米，创造了鸟类不间断飞行的最长纪录。吉尔和蒂比茨想知道，当这些斑尾塍鹬向南返回新西兰时，能否打破这个纪录。然而，那年夏天，他们眼看着自己的16只旅行者（有1只除外）因为发射器电量逐渐耗尽而在雷达上一个接一个地消失了。

吉尔和蒂比茨仍然能收到那只代号为E7的雌鸟身上的发射器发回的报告。它身上发射器的电量已经很低了，但还在正常工作。吉尔说："我记得我和李当时都觉得这是一个多么残酷的玩笑，因为根据以往的情况，一旦电池电量低到这种水平，我们预计发射器在一两天之内就会停止工作。"他们每天都在等待，并观察电池是否还在坚持，E7是否已经起飞。然后在8月29日晚10点，他们收到了一份报告，这说明它已经起飞了，位于阿拉斯加以南不远处，已经飞过阿留申群岛。"我们非常激动，兴奋得上蹿下跳。"蒂比茨回忆道。太平洋是地球上最大的海洋，覆盖了30%以上的地球表面。在抵达夏威夷之前，没有地方可以停下来休息。E7朝着夏威夷群岛飞了两个晚上。第三天凌晨，当下一份报告送达时，它已经转弯了：位于夏威夷以西大约650千米的地方，它没有着陆就直接飞过去了。它已经飞了4800千米，打破了大杓鹬的纪录，而此时它的旅程甚至连一半也没完成。到第六天时，它的飞行距离突破了8000千米，并经过了波利尼西亚的斐济岛。"斐济是一个里程碑，"吉尔说，"经过这里意味着在抵达新西兰之前都是开阔的海洋，所以它别无选择，只能继续往前飞。"现在所有希望都被寄托在这只鸟及其身上发射器的电池上。

第八天下午，两份报告连接而至。第一份报告显示，E7距离新西兰最北端只有150千米。两小时后的第二份报告显示，它在大洋上空向西南方向飞行。"我们都震惊了，它这是要去哪儿？"吉尔回忆道。他们并不是唯二在等待这只斑尾塍鹬的人。"2007年3月，也就是它准备启程时，海滩上挤满了人，到处都是摄像机。几乎全世界的人都在关注着它。"人们一直等到深夜，然后它的信号出现在了雷达上。吉尔继续说道："这令人难以置信，但卫星发射器传回的数据显示，它位于皮亚科河河畔。"这只斑尾塍鹬着陆了。"距离它一开始被标记的地方有 11 千米远。"蒂比茨解释道。自那以后，E7 已经飞行了 29500 千米。它的最后一段行程长达 11680 千米，将近地球周长的四分之一，它在 8 天内不间断完成。3 年后，一只北极燕鸥被追踪到在近一年内飞行了 71000 千米，成为目前已知迁徙距离最长的鸟类之一。2010 年，一只斑头雁在穿越喜马拉雅山时飞到了海拔 10175 米的高空，这是海拔最高的鸟类迁徙。斑尾塍鹬仍然保持着鸟类不间断飞行的最长纪录，而且领先了第二名一大截。

"连续 8 天不休息，一路飞越太平洋，这远远超出了我们的想象。正如我们所知道的，它不吃不喝，也不睡觉，"吉尔说，"作为一位科学家，我尽量保持客观，但这的确是一个令人困惑又震惊的壮举。"后续研究表明，斑尾塍鹬使用了多种策略。起飞前，它的身体发生了显著的变化。不仅砂囊和肠胃等器官会收缩，为飞行肌肉和肺部扩张腾出空间，它们的身体还会储存大量的脂肪。"这些鸟的体重在短短两个月内增加了一倍，"吉尔说，"它们看起来就像会飞的球。""而且摸上去很软。"蒂比茨补充道。该科研团队还发现，斑尾塍鹬还会利用盛行风。它们从阿拉斯加乘着向南吹的风暴顺风飞行。"尽管它们仍然需要不停地扇动翅膀，但风会将它们的速度提高到 80 千米/时。"他解释道。随着它们继续向南飞行，它们会遇到不同的风带。吉尔补充道："直到我们看到这些鸟在不同的风场中移动，并适时地选择最佳风场时，我们才意识到它们肯定知道自己的确切位置。"这引发了一个深刻的问题：当这位超级马拉松冠军夜以继日地在辽阔且毫无景观特征的大洋上飞行时，它是如何找到路的？

鸟类的磁罗盘

1873 年，创刊仅四年的《自然》(Nature) 杂志邀请读者就"人类和其他动物是否拥有与生俱来的方向感"这一问题发表文章，这种感官就像平衡感和时间感一样，此前一直没有成为科学研究的对象，因为它是在没有意识感知的情况下发挥作用的。多位科学家做出了回应，其中包括查尔斯·达尔文。达尔文的论文引用了"弗兰格尔《北西伯利亚探险》一书的英译本"作为证据，书中讲述了这位探险家如何震惊于自己的哥萨克司机在不使用指南针的情况下，也能在蜿蜒曲折、崎岖不平的冰原上找到正确的路。再往前一个世纪，库克船长在波利尼西亚人身上也见到了类似的导航技巧。当时库克和他的船员邀请被逐出部落的赖阿特阿岛原酋长图帕亚登上英国皇家海军舰艇"奋进号"，他们很惊讶图帕亚居然能在不借助任何导航工具的情况下指出回家的路。在图帕亚准确无误的指引下，这艘船在环礁和群岛之间驶向新西兰。这些故事加上达尔文的话，明确了这样一种信念，即包括人类在内的所有动物都拥有与生俱来的方向感，只是有些动物的天赋比其他动物更强。19世纪下半叶和20世纪初，关于这种未知的秘密感官的讨论一直存在。因为缺乏证据，这一观点变得声名狼藉，而该情况直到20世纪50年代才发生改变——至少对鸟类而言是这样。

　　鸟类学家很早就注意到，养在笼子里的鸟会在迁徙季节扇动翅膀，变得焦躁不安。这种无法抑制的迁徙冲动被称为"迁徙兴奋"（zugunruhe），来自德语单词"zug"（迁徙）和"unruhe"（躁动不安）。甚至在卫星发射器这样的科技奇迹出现之前，一位科学家就意识到可能有一种研究迁徙的方法。康奈尔大学的史蒂夫·埃姆伦（Steve Emlen）想出了一个简单而巧妙的计划。他制作了一个漏斗形鸟笼，内衬是吸墨纸，并将鸟笼底座换成了印泥板。当处于迁徙兴奋状态下的实验对象被放进这个装置时，它们会不可避免地留下无法消除的脚印，从而指示出它们希望前往的罗盘方向。世界各地的研究人员很快就开始使用埃姆伦漏斗来探索鸟类如何感知方向。早期的研究结果表明，就像波利尼西亚的水手一样，它们利用天空中恒星的位置导航。研究人员发现，欧洲椋鸟会望向太阳。埃姆伦带着他的漏斗和一群靛蓝彩鹀前往天文馆，发现这些鸟会看向星空。随着证据的增加，科学家们开始讨论：白天迁徙的鸟类体内有一个内置太阳罗盘，夜间迁徙的鸟类有一个恒星罗盘，而那些迁徙时不分昼夜、连续飞行的鸟类则二者都有，如 E7。这两类罗盘的运作方式和人造罗盘不同，它们依赖的是视觉。然而，法兰克福大学的一名学生在欧亚鸲身上见到了不那么容易解释的行为。

在夜幕的掩护下，一些欧亚鸲在冬天向南迁徙，德国北部的欧亚鸲会向西南方向的英格兰或者气候更温暖的地方飞去。果然，沃尔夫冈·威尔茨科（Wolfgang Wiltschko）和他的导师弗里德里希·"弗里茨"·默克尔（Friedrich 'Fritz' Merkel，和第 5 章中的弗里德里希·默克尔不是同一个人）发现，在繁星闪烁的夜晚，圈养欧亚鸲会向西南方向跳跃。然而，即便厚厚的乌云使它们深陷黑暗之中，它们也会继续保持稳定的西南航向。这些鸟似乎能够在不依靠太阳或星星的情况下保持方向。这一观察结果引发了一系列实验，最终证明了鸟类身上存在真正的磁罗盘感官。

法拉第笼中鸟

在我们脚下 3000 千米——这一距离对斑尾塍鹬而言只是两天的路程——深的地方，有一团巨大的熔融金属旋涡。从本质上讲，它将地球变成了一个拥有磁极的巨大磁铁。地球的磁极不可阻挡地牵引着人造罗盘的指针，后者本身就是一块轻便的磁铁。虽然磁北极是罗盘指针所指的磁极的名字，但严格地说，它其实是磁南极，因为异性相吸。更令人困惑的是，磁北极不是我们日常所说的地理北极；受到液态铁地核激流的牵引，它的位置不断漂移，目前位于加拿大北极群岛的某个地方，距离地球自转轴北端数百千米。两个磁极之间的磁场很微弱：一小块冰箱贴所施加的磁力大约是 1000 万纳特斯拉[1]，而地球从赤道到磁极的磁力不超过 6.5 万纳特斯拉。按照惯例，磁力被可视化为线条。它们从一个磁极垂直伸出，并在包裹地球的过程中变平——经过赤道时与地面平行，然后线条的走向再次变陡，

---

[1] 纳特斯拉（nanoteslas，缩写为 nT），电磁场中的一种测量单位。

垂直落入另一个磁极：仿佛将地球装进了鸟笼一样。当然，在现实生活中，磁力不能被我们的视觉、嗅觉、味觉和听觉感知。威尔茨科和默克尔怀疑，它们并没有超出欧亚鸲的感官世界。

他们回到自己的实验。这一次他们用亥姆霍兹线圈缠绕埃姆伦漏斗，当通电时，这些线圈会产生一个可调节的局部磁场。当他们改变这个磁场的方向时，里面的鸟也做出了相应的反应，改变了跳跃的方向。这些欧亚鸲不知以何种方式读取了弱磁场并对其做出反应。在《自然》杂志发布征文公告80年后，终于出现了关于方向感的证据。更多的实验和更多的发现也随之而来。沃尔夫冈和他妻子罗斯维塔·威尔茨科的名字成为"磁感受"（magnetoreception）这一新颖感知的代名词。之后相继被发现拥有这种感知能力的鸟类，包括鸽子、黑顶林莺，以及埃姆伦的靛蓝彩鹀。如今，科学家们提出所有鸟类都受到一种隐藏罗盘的指引。最近，他们发现这种罗盘的灵敏度超出了他们的想象。

"这个实验完全是计划外的。"亨里克·穆里森（Henrik Mouritsen）说。他在德国奥尔登堡大学运营着一个独特的机构，专门研究夜间迁徙的鸣禽。"世界上没有任何一个地方像它一样。"他告诉我。它因必要而建立。当穆里森从丹麦（途经加拿大）首次抵达奥尔登堡大学时，他开始着手复制著名的威尔茨科实验。"全世界已有50个不同的实验室做过这个展示鸟类在磁场中辨别方向的漏斗实验。"这个实验被重复了那么多次，已经成为参考标准。所以，当穆里森在奥尔登堡度过的第一个冬天临近时，他已经准备好用一批欧亚鸲做测试。然而，这项研究并没有按计划进行。"连续五个迁徙季，每晚我都让博士生把欧亚鸲放进埃姆伦漏斗，但实验无一成功。"

5年来，每到迁徙兴奋的月份，每天早上学生们都会查看那个没有窗户的小木屋里的埃姆伦漏斗，但在这些鸟留下的痕迹中找不出一点关于方向感的线索。"它们完全是随机的，"他回忆道，"对于我和我的学生们而言，这非常令人沮丧。"他们尝试调整各种参数。"食物、漏斗的大小和形状、光照强度、日光周期，"他一一列举，"我们甚至给这些鸟喂了维生素。

我们尝试了能想到的一切办法，仍然毫无效果。"穆里森不知所措。然后，有一名学生提议使用一种更常用于记录神经放电的装置——法拉第笼。穆里森很难看出这种设备与磁感受有什么关系。"通常情况下，我会说这个建议是胡闹，但我实在太绝望了。"他最终将奥尔登堡的所有鸟舍都改造成了法拉第笼；墙壁和天花板上都贴了一层薄铝板，并用避雷导线接地。这对鸟舍中欧亚鸲的行为产生了立竿见影的效果。"简直是个奇迹，"他告诉我，"这些鸟找到了方向。"当穆里森给亥姆霍兹线圈通电并调整局部磁场的方向时，这些鸟就会转换方向，就像多年前威尔茨科实验中的欧亚鸲所做的那样。然而，当下一个迁徙季节到来时，实验再一次失败了。

"我简直不敢相信。我不能再浪费一个季节了。"穆里森回忆道。参与该实验的是一名新生。在连续几周没有结果后，穆里森决定在一旁看她是如何做的。"她每件事似乎都做对了，"他说，"直到我绕着鸟舍转一圈，发现她忘了连接地线。简单地说，她漏掉了一个螺丝没有拧。"这让他产生了一个想法。他看到了进行双盲研究的机会，这是消除结果偏差的黄金标准，在这种研究中，实验者和他们的实验对象一样对控制程序一无所知。所以，穆里森就没有告诉学生螺丝的事，而是让她照常进行，这一次是在两个鸟舍里测试这些鸟。"她不知道的是，每隔两天我就会把其中一个鸟舍的地线连接上，另一个则保持断开状态。然后在下一次，我再调换一下顺序，"他说，"当我问她这些鸟的表现时，她试图表现得很乐观，但是她发现它们的行为令人困惑。"结果在她看来一片混乱，但对穆里森而言非常清楚：拧一下螺丝，就能让这些鸟在准确定向和迷失方向之间转换。

"这很不寻常，"他说，"我很高兴找到了问题所在，但是我也很困惑，因为从理论上讲，这种情况不应该发生。"穆里森又花了7年时间进行研究，直到他确信自己可以毫无疑问地证明是什么劫持了鸟类的磁罗盘感官。当他的结论发表在《自然》杂志上时，他提醒道："我的第一反应是'不可能'。大多数人看到这篇论文的第一反应都可能是'这不可能'，而事实就是如此。"而且罪魁祸首不仅无处不在，还是人为的。

当法拉第笼被接地并被通电时，鸟类可以定向，因为它们选择性地过滤了电磁场。法拉第笼允许地球自然磁场产生的磁力进入的同时，屏蔽了那些非自然的电气技术的磁力。"我们的研究结果表明，鸟类的罗盘会被宽频带无线电频率产生的电磁场扰乱，"穆里森说，"尽管目前尚不清楚这是如何发生的。"该团队证明，干扰频带的范围是 2000 赫兹到 5 兆赫兹，涉及各种日常设备，如计算机、电视、冰箱、电水壶和中波调幅（AM）无线电信号。他补充道："这些信号在城市和村庄都很常见。事实上，你几乎可以在任何地方收听自己车里的收音机，即使是最偏远的地方。"作为对这项研究的回应，加州理工学院的乔·基尔施文克（Joe Kirschvink）教授以"无线电波破坏生物磁力罗盘"为题撰写了一篇文章。他在文章中质疑："自从一个多世纪前第一个调幅无线电信号被成功发送以来，我们是否在不知不觉中干扰了鸟类的大脑？""但是这里有一个矛盾的地方。"穆里森说。每年 E7 和它的亲属都会冒险穿越太平洋，前往新西兰；其他类群的鸟类也准确地往返于世界各地。"候鸟仍能准确地抵达它们的目的地。"

"我原本以为无法找到一个没有这些信号的地方，但事实证明我错了。只需开车向城外走 1 千米就行。"在奥尔登堡郊外一个旧马厩里进行实验时，穆里森和他的团队发现，这些鸟可以在不需要法拉第笼的情况下重新找到方向，这意味着无线电和所有其他电子设备发出的电磁噪声只会在源头上造成干扰。于是他们返回奥尔登堡大学的鸟舍，并测量了当地磁场的强度水平。"校园里的地磁场强度约为 49000 纳特斯拉，但是我们注意到鸟类会被强度仅有 50 纳特斯拉的任何单一无线电频率的电磁噪声干扰。"但它们正在对一种强度几乎只有地磁场——地磁场本身就很微弱——千分之一的人工磁场做出反应。"最终，我们发现当鸟类受到强度仅有 1 纳特斯拉的单一频率干扰时，就会迷失方向。"穆里森和他的团队证明，鸟类罗盘可以对强度仅有自然磁场五千分之一的磁力产生反应。这种敏感性震惊了科学界。基尔施文克告诉我："这个强度大大低于以前科学家认为的生物物理学层面的合理水平。""请记住，我们只是偶然发现了这一点，"穆里森说，"但证据是明确的。鸟类的磁罗盘比其已知的其他任何感官系统都要敏感100万倍。"鸟类对地磁场的微小变化非常敏感。

当E7在太平洋上空长途飞行时，无论天气如何，它体内异常灵敏的磁罗盘都会昼夜不停地为其指明方向。也许当它接近赤道时，它会察觉到磁力线的角度在减小；而当它继续前进时，它也许会感觉到磁力的强度在逐渐减弱。这两个线索都可以告诉它自己身处何处。一些证据表明，鸟类会利用由此得来的纬度计算经度，从而定位自己的坐标。除了罗盘，它还需要某种形式的内置地图，只有知道自己在什么地方，它才能决定前进的方向。"磁感如何运作可能是感官生物学中最重要的、悬而未决的问题之一。"穆里森说。至关重要的是，它是最后一种科学家尚未找到传感器的感官。在过去的10年里，分子生物学家、电生理学家、神经解剖学家、地球物理学家和量子物理学家都加入了这场搜寻之中，但磁感受器仍然行踪无定。科学家们面临的挑战是，因为地磁场可以穿透活体组织，所以在鸟类体表不一定能看到感觉器官。该传感器可能不一定是器官，而是多个分散的磁感受器。目前有两种对立的理论，每一种都有令人信服的证据支持。

量子罗盘vs矿物罗盘

亨里克·穆里森等科学家将目光投向我们最了解的器官——眼睛。他们认为，眼睛里还隐藏着除时间感外的另一种秘密感官。受量子力学这一神秘领域（研究的是宇宙基本粒子如何运作）的启发，他们认为，磁场触发了一组名为隐花色素的光敏蛋白的量子反应，这些蛋白位于鸟类视网膜的视杆细胞和视锥细胞中。"隐花色素是我们在过去20年里发现的唯一符合要求的候选者，"穆里森说，"虽然我们没有专门研究过斑尾塍鹬，但我们相当确信它们的视网膜中也有隐花色素，因为我们在迄今为止所有得到研究的鸟类的眼睛里都发现了隐花色素。"当光子击中视紫红质时，这种视网膜分子会突然变成另一种不同的形状，从而启动视觉行为。量子罗盘理论提出，当光子撞击隐花色素时，它会产生带有不匹配电子对的自由基。"当带电的电子移动时，它们本质上就是微型磁铁。"穆里森说。因此，它们的磁场可能会与地球磁场相互作用。

"这些自由基只持续百万分之一秒。我们认为，这些微小而短暂的相互作用在鸟类的眼睛里产生了深远而持久的影响。我们认为，它们能让鸟类真正看到地球的磁场。"量子罗盘理论赋予鸟类一种新的视觉通道：存在于现实世界中的超能力般的磁视觉。普通的视锥细胞和视杆细胞也许可以描绘出我们能够识别的全景，而特化的磁敏视杆细胞或视锥细胞则用磁盘光晕覆盖在它上面。穆里森解释说："在飞越太平洋的途中，E7 会鸟瞰这片海洋，而这幅鸟瞰图也许还叠加了某种形式的阴影，以指明哪个方向是北。"这是一种理论。另一种理论与转瞬即逝的自由基和难以捉摸的电子毫无关系。它基于一种地球矿物罗盘，并在生物学、物理学和地质学之间的夹缝中挖到了丰富的宝藏。

"我是生物物理学家、地质生物学家、地球物理神经生物学家，"乔·基尔施文克对我说，"坦率地说，我不知道如何称呼自己。"他还有一个称号是"真正的钢铁侠"，因为他是科学界提出存在一种由磁铁矿构成的动物罗盘观点的主要倡导者。"磁铁矿是我最喜欢的材料之一，"他解释道，"它具有天然的磁性，虽然地质学家经常能在火成岩里看到它，但它也存在于生物体内。"几十年前，人们发现伍兹霍尔滩涂上的一些细菌对磁力非常敏感。当科学家透过它们的透明细胞膜进行观察时，他们发现了由磁铁矿晶体形成的微小弯曲链。"单个晶体太小，肉眼看不到。它们长约 50 纳米，即使将大约 2000 万个晶体排成一列，也才有 1 米长，"基尔施文克说，"但是由于它们的存在，任何人都能控制这些细菌的运动。只需要一小块条形磁铁即可。"一个实验室甚至可以操纵数百万个此类细菌，并让它们随着流行歌曲《棉眼乔》（*Cotton Eye Joe*）的曲调舞动。实际上，磁铁矿将这些生物变成了一群游动的罗盘针。

接下来，科学家们在蜜蜂的腹部和鸟喙中也发现了磁铁矿晶体。基尔施文克和他的合作者认为，这些晶体是生物罗盘器官的组成部分，它们就像眼睛的视锥细胞和耳蜗的毛细胞，只是它们对地磁场而不是光和声音做出反应。"当这些晶体指向磁北时，它们的动作可能会触发周围的机械感受结构，从而向大脑发出神经信号。"根据这个理论，可能有数百万个这样的磁铁矿晶体在发挥微型罗盘针的作用，使蜜蜂和鸟类的大脑得以处理关于它们自身方位的信息。

鸟类的罗盘本质上是量子的还是矿物的？这是一个颇有争议的主题。"罗盘本质上必须是量子力学的，否则就不可能达到我用无线电频率观察到的敏感度，"穆里森告诉我，"20年前，乔说我们距离证明量子罗盘还差七个数量级。我认为，现在我们只剩两个了，我有信心我们将在未来十年缩小这一差距。"基尔施文克提出了异议："我要说的是，距离量子理论被证实还有很长的路要走。它的拥护者发表了很多关于分子层面发现的论文，但他们并没有解释我们所看到的现象。"例如，他认为，穆里森难以解释依赖光的量子罗盘是如何指引很多动物在黑暗中迁徙的：在夜间迁徙的鸟、在深海迁徙的鲸，或者在极地冰盖下旅行的鲑鱼。他补充道："磁铁矿理论可以相当简单地解释的事情，被量子理论不必要地过度复杂化了。"作为回应，穆里森争辩说，基尔施文克同样需要提供充足的证据。例如，他如何确定被发现的磁铁矿服务于感官，而不是其他生物系统的一部分？也许这是身体通过铁代谢来储存必需矿物质的一种方式。

这场争论深入到更多细节之中，各方还引用、质疑了其他一些证据。话虽如此，但穆里森和其他一些人想知道这两种理论是否可以共存。"有证据表明，很多鸟类同时拥有磁罗盘和磁地图，所以这两种感官可以协同工作。如果隐花色素能让鸟类看到磁场并起到罗盘的作用，那么磁铁矿晶体就可以提供地图。"这可能意味着鸟类拥有两种不同的方向感，而不是一种。无论传感器是什么，是一种还是两种，事实很快变得比虚构小说更离奇——这导致一位科学家惊呼道："这种东西你想编也编不出来。"——而且这种感官似乎并不只是细菌、鸟类和蜜蜂的专属。

人类归巢

　　科学家们研究得越多，就越有可能在动物王国发现磁罗盘感官存在的证据。目前他们已经在没有羽毛的长途迁徙者身上观察到了磁敏感性：赤蠵龟、棱皮龟、太平洋鲑和玻璃鳗。人们还在体重轻如羽毛的澳大利亚布冈夜蛾以及北美的帝王蝶身上发现了这种感官，后者每年在加拿大和墨西哥之间往返5000千米的旅程是自然界的奇观之一。它还可能存在于不那么善于旅行的绿红东美螈和眼斑龙虾身上，以及生活在潮间带淤泥里几乎静止不动的织纹螺身上。一些研究表明，哺乳动物将自己与地球磁场对齐作为它们日常生活的一部分。西方狍在吃草时会让头冲着北方，眼盲的鼹鼠倾向于把巢穴建在它们庞大的地下迷宫的最南边，而"人类最好的朋友"（狗）在排便时倾向于将其身体与南北轴线对齐。"有些科学研究比其他的更可靠，"穆里森告诉我，"但老实说，我们现在认为，这种感官不只存在于长途迁徙者身上。"基尔施文克怀疑这种感官的起源非常久远。科学家在20亿年前的细菌化石里发现了磁铁矿链。"这种感官甚至更古老，"他告诉我，"后续的研究表明，它很可能在细菌界发生重大分裂之前就存在了，这意味着它存在于几乎所有生物的祖先体内。所以磁感受是一种原始感官，在整个动物界都可以找到。"难怪有一位科学家想在一种更大、更复杂的生物身上找到它。

　　从1976年开始的三年时间里，曼彻斯特大学对那些不爱动且总是待在书桌前的英国学生进行了一些不同寻常的实验。时任生物科学学院讲师的罗宾·贝克（Robin Baker）在自己的行为生态学课程上说服学生当自己的"小白鼠"，并对他们使用了一种动物学家长期使用的方法：经过反复测试的位移释放实验。他邀请志愿者学生们到动物学系的楼顶了解自己所在的方位。接着他蒙住他们的眼睛，将他们带上一辆面包车，然后沿着蜿蜒曲折的路线驶入奔宁山区。车停稳后，他让学生们下车指出学校的方向，就像几个世纪之前库克船长让图帕亚做的那样。"绝大多数人都认为自己迷失了方向，"他后来写道，"而当他们发现他们的群体估计结果被证明是准确的时候，他们真的很惊讶。"研究结果是如此令人信服，所以他提出自己的学生肯定是在利用某种天生的方向感。接下来，他需要确定这是否与磁性有关。

贝克定制了专门的头盔，上面还装了威尔茨科和穆里森曾在欧亚鸲身上使用过的那种亥姆霍兹线圈。"这些头盔支撑着两个水平线圈，每个线圈有200匝直径约0.4毫米的铜丝，可以将脑壳覆盖。"他解释道。通电后，它们产生的磁场的强度是自然磁场的3.5倍。贝克招募了另一组学生，让其中一半人戴上有亥姆霍兹线圈的头盔，另一半人戴上造型和触感与前者完全相同，但没有磁性的头盔。所有人都被蒙着眼睛，然后被转运到另一个地方，抵达目的地后，再次让他们指出学校的方向。"出现的结果既出人意料又令人印象深刻。"贝克回忆道。那些头戴亥姆霍兹线圈头盔的学生基本无法指出学校的方向。他推测，他们判断方向的能力受到了干扰，"这反过来意味着人拥有一种基于磁力的方向感"。

在对140名志愿者进行940次位移释放后，贝克已经相信，所有人类，不管是图帕亚还是没什么导航经验的学生，在辨别方向方面都或多或少地拥有像斑尾塍鹬那样的天赋。他将其与平衡感及时间感——这些感官在我们体内无声且隐秘地运转着——进行对比。"当我们对比时间感和基于磁场的方向感时，二者之间的相似之处是惊人的……它们都相对粗糙，但是够用。也许两者都可以被训练得更精确，"他总结道，"一开始，人类拥有磁感受器的可能性似乎令人难以置信，但考虑到它在自然界的普遍性——从这个更大的视角来看，如果人类没有磁感受器，那才令人难以置信呢。"他开始着手发表这一研究成果。"关于这项工作的头两篇论文都投给了《自然》杂志，此时距离这份杂志最初的约稿公告已经有100多年，"他回忆道，"两篇文章都被拒了。"最终，其中一篇被《自然》杂志的竞争对手《科学》杂志选中。科研界迅速做出反应，一些实验室也开始着手复制这一实验。

"当我第一次看到贝克的论文时，我的第一反应是'天哪，这很有道

理'。"乔·基尔施文克告诉我，"当时我在普林斯顿，我们请他过来做同样
的实验。"贝克接受了邀请。魔术师、超自然现象的怀疑论者詹姆斯·兰迪
（James Randi）甚至主动请缨当志愿者，然后他被蒙上眼睛送到一个陌生的
地方。"但是没有人能重现贝克的结果，就连这位大人物也不行。"基尔施
文克说。八次实验后，美国人发表了一篇名为《人类归巢：一种难以捉摸
的现象》的文章，声称"这些结果并不支持人类可以确定位移方向或感知
地球磁场的假设"。之后他们还尖刻地指出，也许英国人"在使用可能涉及
线索的文献资料方面比美国人更在行"。

　　5年后，在距离贝克所在的学校60千米的地方，谢菲尔德大学的一个团
队重做了这个实验。他们用一句话总结了他们的努力，即"人类归巢：仍
然没有证据"，并用略带讽刺意味的语气说："也许这取决于实验是在奔宁
山脉的哪一侧进行的？"贝克坚持不懈，他尝试了不同的实验方法并出版
了《人类导航和磁感受》（Human Navigation and Magnetoreception）等作品。
尽管如此，但用他的话说，在接下来的10年里，他见证了"一系列跨全球、
跨奔宁山脉，尤其是跨大西洋的强烈敌意，并最终演变成个人诽谤"。最
后，贝克放弃了对人类体内磁罗盘的探索，他说："我毫不怀疑的是，这个
结论将来仍然会出于一个原因被拒绝接受，而且只会是这个原因——这种
感官是无意识的，因此在很多人看来它不可能存在。"40多年来，这个领域
一直无人问津，直到偶然的机会出现。

在大脑中寻找方向感

　　数年前，乔·基尔施文克参加了加州理工学院的教师聚会。"他们是很
棒的一群人，来自各个国家，所以我总是尽量参加，"他告诉我，"那一次
我认识了下条信辅。"信辅是负责心理物理学实验室的教授。基尔施文克正
被磁感受问题困扰着，一直在寻找答案。"我开始向信辅讲述自己重复贝克
的实验时遇到的挫折。问题是，我偶尔会看到很重要的数据。例如，有个

学生在55次实验中有50次判断对了方向，但是在第二天却突然失去了这种能力。其中的变数实在太多了。而信辅的专业知识为我提供了一个不一样的视角。信辅问我有没有想过直接观察大脑。当时他对我说'乔，行为是一种有意识的感知。如果真的存在磁感受，即使这种感官是无意识的，大脑也必须做出反应。'"这一见解改变了一切。基尔施文克也不需要确定磁感受器的位置所在了。他开玩笑地说："磁感受器可能在你的左脚趾里，而所有的感官信息最终都会抵达大脑。"贝克的人类行为实验被各种各样他无法控制的变数干扰，他的研究结果取决于受试者的动机、专注力、注意力，甚至他们此前的经验和记忆。基尔施文克意识到，通过以大脑为观察对象，他可以消除这些行为"噪声"。他说："信辅提出的这种直接的生理学方法非常高明。"现在，挑战变成了实验如何实施。

加州理工学院地质和行星科学部的地下两层是基尔施文克的人类磁感受实验室。在经历了亨里克·穆里森的实验和磨难之后，基尔施文克相信我们可以从奥尔登堡的欧亚鸲身上学到很多东西。"法拉第笼是关键，"他告诉我，"现在，我想知道电磁是否干扰了我们多年前重复贝克实验的第一次尝试。"基尔施文克决定设计并建造一个真人大小的法拉第笼。

"2015年5月，我让三名本科生志愿者在磁感受实验室组装一个边长约2米的正方体笼子。"这个人体实验舱和欧亚鸲的实验舱一样，除了隔光、隔音之外，里面还垫有接地铝板，以屏蔽外部的人为电磁噪声。吸音板进一步降低了内部的声音。它被梅里特线圈（和威尔茨科的亥姆霍兹线圈很像）环绕，以产生均匀的磁场，但这一次覆盖的区域更大。"我们用这些材料创造出一个大约35000纳特斯拉的弱磁场，这就是我们在实验舱外的实验室里所设定的日常磁场强度，"基尔施文克说，"而我们的建造方式让我们除了可以改变磁场的强度之外，还可以改变磁场方向。"他们安装了三组互相垂直的线圈（每组四个线圈），以便在三个维度上产生作用力：不只是南北和东西方向，还包括上下方向。"这意味着我们可以围绕受试者旋转磁场。因此，他们可以体验到磁场刺激的变化，仿佛他们在转动头部并移动身体身体一样。而实际上，他们是坐着不动的。"

　　受试者戴着一个镶有64个电极的头盔，他们大脑里的所有活动都将通过脑电图仪被监测。基尔施文克意识到，要想将大脑反应归结于磁场的变化，他们必须消除所有其他感官体验。因此，除了让受试者坐在一张倾斜的扶手椅上，研究人员还让他们陷入完全黑暗和近乎无声的环境中。光的缺失还会带来额外的好处，即从结果中消除量子罗盘理论的可能性。基尔施文克回忆起自己第一次坐在这张抢手的椅子上的经历。"房间里很黑，很安静，也很无聊，椅子太舒服了，问题是我怎么也睡不着。我什么也感觉不到。"然而，他的大脑活动一直被监测着，因为磁场在它周围不停地变化。

　　"从第一天起，我们就看到了有趣的反应，"基尔施文克说，"我们的第一个志愿者进入了笼子。我们在固定的磁场中进行了一些对照组实验，并在监视器上观察磁场变化时他的脑电图读数。"他在笼子里的测试时间快到了。他已经接受了几次7分钟的测试。在一些测试中，研究人员保持磁场参数不变；在另一些测试中，他们以无规律的时间间隔将磁场方向改变了大约100次。两组实验之间的任何脑电图差异都将表明他的大脑正在处理磁场刺激。然后，信辅的研究生王康妮注意到志愿者大脑中有规律的阿尔法波有所下降。这发生在特定的磁场旋转之后。研究人员怀疑他们看到的是一种技术上被称为"阿尔法波事件相关去同步化"的现象。

　　基尔施文克解释道："这是大脑对诸如闪光、手臂上的轻触或音调等感官刺激做出的反应。"它已经被很好地记录下来，信辅称其为"感官察觉的标志"。当我们处于清醒且放松的状态时，我们大脑中数百万神经元的自发活动会产生阿尔法波，这些波在脑电图上以每秒10次的速度振荡。"然而，当有感官信息输入时，这种舒缓的阿尔法波'背景乐'就会消失，"基尔施文克告诉我，"这如果是阿尔法波去同步化，则表明这名志愿者的大脑正在接收和处理感官刺激。"考虑到笼子被设计得排除了所有感官信号——只有一种除外，这只能意味着志愿者正在对磁场变化做出反应。

磁感受实验室的团队继续开展工作，一共测试了34人。数月后，他们能够合并和分析这些数据。早期迹象在后面的受试者身上一直存在。"结果显示，在磁场旋转半秒后，大多数人的阿尔法波都出现了明显的坍塌。有些甚至下降了60%，"基尔施文克说，"我们得出结论，这是人类大脑处理高强度磁场的证据。这意味着人类拥有磁罗盘感，就像鸟类和蜜蜂一样。"他还不忘挖苦一下穆里森，补充道："因为这些实验是在没有光的漆黑环境中进行的，所以结果表明，这种罗盘不可能是量子的。"当志愿者们被问及他们的体验时，没有人报告说自己感觉有什么不同。"这种感官在我们的潜意识下起作用，我们完全意识不到它的存在，"基尔施文克解释道，"有趣的问题不是我们是否有意识地感知磁场，而是我们是否使用了这些信息。"其中一位研究人员说："结果让我大吃一惊。我从没有想过我们能发现如此清晰、可量化和可重复的东西。"当这篇论文被发布在加州理工学院的网站上时，基尔施文克接到了一个意外的电话。技术团队惊慌失措地打电话说，他们收到数百个下载研究数据的请求，导致网站都瘫痪了。他们说："乔，赶快换个链接，系统无法应对。"基尔施文克说："我第一次看到一篇科学论文让加州理工学院的网站瘫痪。"

人们对这篇论文的评价褒贬不一。怀疑论者质疑脑电波下降是否一定是某种隐秘感官存在的证据。有人驳斥了基尔施文克的结论，说道："如果我把头伸进微波炉，然后开机运行，我就能看到自己的脑波受到的影响，但这并不意味着我们可以感知微波。"还有人说："如果我们能感知到地球磁场，那么我们现在应该知道这一点才对。"不久后，罗宾·贝克出版了他作品的30周年纪念版，重回这场讨论之中。"我很高兴这个领域似乎又活跃起来了，"他坦言道，"老对手乔·基尔施文克重新出现，并厚脸皮地宣布（或者用为他辩护的话说，很可能是他厚着脸皮请求别人代表自己发言）自己即将发现人类磁感受存在的证据，这不禁让我苦笑。"

穆里森则更加谨慎："基尔施文克的实验很有启发性。实验程序很严谨。数据是间接的，但很有趣。但我不认为实验结果和基尔施文克的解

读——他认为一定存在一种基于磁铁矿的机制——完全一致。我们还需要
进行更多实验，才能弄清楚它们到底意味着什么。"东京的一个团队接受了
这个挑战。与此同时，基尔施文克正在开拓新的领域。"我的感觉是，这个
发现只是冰山一角。没错，我们需要重复这项研究。没错，我们需要找到
感受器。但是如果有些人能意识到这种感官呢？"美国国家航空航天局资
助基尔施文克将法拉第笼运到了澳大利亚。他计划研究一个偏远的部落，
那里的人似乎很容易受到迁徙兴奋的影响，并且拥有一种非凡的才能。

　　古古伊米德希尔人（Guugu Yimithir）是来自昆士兰州北部内陆的原住
民。他们第一次出名是在1770年，当时他们教会了库克船长"kangaroo"
（袋鼠）这个词。最新的研究发现，古古伊米德希尔人简直是人类中的"斑
尾塍鹬"：他们不仅会进行长途迁徙，还不会迷路。在位移释放实验中，古
古伊米德希尔人被运到茂密的森林，甚至洞穴，而整个路程蜿蜒曲折，十
分漫长。然而，抵达目的地后，他们总是能毫不犹豫地准确指出家的方向
或者东南西北方位。语言学家盖伊·多伊彻（Guy Deutscher）称他们拥有
"一种近乎超人的方向感"。澳大利亚其他部落的原住民也拥有这种天赋，
但长期以来被归因于他们的语言。"我们调查了一群古林吉人（Girundji）。"
乔·基尔施文克说。和古古伊米德希尔人一样，他们的语言中没有左和右
这样的词。相反，他们用基本方位来描述自己的世界。例如，他们会说
"我不小心踢伤了北边的脚趾"，或者"我南边的肩膀上有一只苍蝇"。同
样，根据认知科学家莱拉·博罗季茨基（Lera Boraditsky）的说法，用库克
萨优里语（Kuuk Thaayorre，澳大利亚的另一种土著语）向某人打招呼是问
对方去哪里。"对方的答复可能是'东北偏北的远方，你呢？'"她说，"想
象一下，每天当你在路上行走时，你要向每一个跟你打招呼的人汇报自己
的前进方向。这会让你很快就学会辨别方向，因为如果你不知道自己的前
进方向，你连跟别人打招呼这一关都过不去。"语言和对话显然确保了他

们对自己的方位保持持续不断的意识，但这并不能解释它最初是如何被感知的。

多伊彻提出，这些原住民拥有一种心智罗盘，它们"昼夜不停地运转，没有午休和周末"。当被要求解释他们的定向技能时，他们会援引自然景观中的线索：有的人会像椋鸟一样望向太阳，有的人会像靛蓝彩鹀一样仰望星空，还有的人会观察候鸟的迁徙方向。然而，他们都无法做出进一步的解释。"他们不能解释自己是如何确定基本方位的，就像你无法解释自己是如何知道你的前后左右在什么位置一样，"多伊彻观察到，"他们只是感觉东西南北应该在那儿。"基尔施文克确信，他们的线索不只是视觉上的，而多伊彻的心智罗盘也不只是比喻。他怀疑这些人能感知到地球磁场，而且比加州理工学院磁感受实验室里的那些志愿者更敏锐。"他们甚至可能意识到了地球的磁场，"他告诉我，"我想知道这些原住民能否向我们展示如何释放我们自己的潜力。也许他们甚至能将无意识的可能转化为有意识的现实。"

在本书探索的所有感官中，方向感是唯一尚未在人类身上得到证实的感官。就像毛利人的祖先一样，科学正在探索未知之地。研究揭示了古代航海家如何受到太阳、星星以及地球磁场的指引。无论是晴空万里还是阴云密布，无论是白天还是黑夜，他们都可以根据这种磁罗盘感官调整自己的路线。问题在于，他们是在追随英勇的"夸卡"E7的祖先们的脚步，还是在听从他们自己内心深处的声音。答案已初见端倪，即将被揭晓。

第12章

普通章鱼和我们的本体感觉

章鱼的无限潜力

2016年4月，一次大胆的"越狱"登上了新闻头条。伦敦的媒体将该事件称为"大逃亡"，新西兰的媒体称其为"老墨潜逃"，而《纽约时报》报道，"饲养员上班时发现老墨没在自己的水箱里，这才注意到它逃跑了"。老墨（Inky）[1]是新西兰的一只普通章鱼，曾是新西兰国家水族馆的明星。"我真的很惊讶，"水族馆的负责人回忆道，"不过，毕竟是老墨啊。它总是让人惊讶不已。"水族馆的工作人员了解到，水箱的盖子在维护工作完成后没有关严，是半掩着的。他们发现了一条湿滑的踪迹，这正是它逃走的证据。水族馆在夜间闭馆后，老墨似乎看到了缝隙，然后为了自由，它"越狱"了。它用吸盘沿着玻璃水箱的内壁向上爬，再沿着外侧向下爬，滑到木地板上，然后顺着下水道溜走，而这条50米长的下水管道最终通向远处深蓝色的太平洋。"我不认为它对我们不满意，也不认为它觉得孤独，因为章鱼本来就是独居动物。但它是个好奇的家伙。它想知道外面发生了什么，"水族馆的负责人说，然后怅然若失地补充道，"它甚至没给我们留个信儿。"

章鱼是著名的逃脱艺术家。和老墨不同的是，大多数章鱼都失败了，被人发现藏在从书架顶部到茶壶里的各种地方。和老墨一样，它们都有一种神奇的逃跑本领，即当饲养者将目光转向其他地方时，它们就会逃跑。科学研究正在着手揭示章鱼的狡猾程度。它们学会了走迷宫、拆解乐高玩具，甚至能识别面孔。一只臭名昭著的圈养章鱼能够以惊人的准确度向某位饲养员喷射水柱。章鱼会拔瓶塞，从罐子的外侧或里侧打开螺旋盖子，而且令人印象深刻的是，它还可以打开药瓶的儿童安全盖，这种盖子有时连大学生都束手无策。然而，在老墨的大逃亡中，也许最令人惊讶的是它如何将自己的8条触手和橄榄球大小的身体挤进一根排水管并穿过去。章鱼

---

[1] Inky 有像墨汁一样漆黑的意思，这里取的为意译名。

可谓"自然界的哈里·胡迪尼[1]"。

耶路撒冷的希伯来大学是 40 只普通章鱼的家园。它们生活在一排排海水缸里,数量比实验室里的科学家多出一倍。"一开始有很多章鱼逃跑,它们常常出现在其他水箱里或者在地板上脱水变干,"神经生物学教授本尼·霍克纳(Benny Hochner)说,"我们意识到它们可以抬起并操纵水箱沉重的盖子,所以现在我们将盖子紧紧地捆起来。"霍克纳的章鱼实验室参与了建造世界上首个软体机器人的国际项目。他的研究吸引了美国海军和美国国防高级研究计划局的注意,他们都希望能用这种机器人执行监视和搜救任务。

最近,医学界对将微型软体机器人引入手术室表现出了极大的兴趣。有些人从巴赫、托尔斯泰或者罗斯科那里寻求灵感,而霍克纳将目光投向了真蛸[2]。无论是在谍报任务中沿着错综复杂的管道系统穿行,还是钻进地震废墟寻找幸存者,抑或在我们身体的血管和组织深处进行外科手术,霍克纳认为,软体章鱼机器人能够抵达坚硬的钢铁机器人去不了的地方,而且不会伤及周围的结构。

"章鱼令人着迷,"霍克纳告诉我,"它是已知最灵活的动物之一,拥有丰富多样的行为和感官。"它们的身体被描述为"千变万化,展现所有可能性",拥有"比任何其他动物都更加不固定的形状"。因为没有骨头,章鱼可以通过裂缝挤出自己的全部身体,唯一的限制是它口部鹦鹉般大小的硬喙。它的触手与我们的舌头或者大象的鼻子很像,使用彼此对抗的反向肌肉群做出动作。如果想穿过一个洞或者从排水管逃跑,首先触手的横向肌肉会收缩,使触手变窄变长。然后纵向肌肉在另一侧收缩,让触手再次缩短和增厚。"章鱼的触手可以在任何一点向任何方向弯曲。它们可以拉长、缩短和扭曲成各种造型,"霍克纳说,"人类的手臂受到骨骼的限制,但是章鱼的触手拥有近乎无限的自由度。"

---

[1]　哈里·胡迪尼(Harry Houdini,1874—1926),匈牙利裔美籍魔术师,享誉国际的脱逃艺术家。

[2]　真蛸是普通章鱼的中文学名,它的拉丁学名是 *Octopus vulgaris*。

　　这种无限的潜力让它们能够灵活地做各种事：无论是站立、游泳还是爬行，抓、取或搜索，建造、挖掘，甚至用带吸盘的触手清理自己体表的尘土和寄生虫。有条不紊地使用这些触手想必对身体的控制有着严格的要求。运用我们受骨骼限制的四肢已经足够复杂，但是想象一下，如何试图控制章鱼那些似乎不受任何限制的触手。"多年来，科学家一直被章鱼学习、记忆甚至解决复杂问题的能力吸引，"霍克纳说，"但我感兴趣的是它们如何控制和协调自己高度灵活的八条触手。"这种控制和协调来自一种始于它们身体结构深处的感官。

　　20世纪50年代，年轻的意大利解剖学家帕斯夸莱·格拉齐亚迪（Pasquale Graziadei）在那不勒斯的动物研究所度过了他的夏天，附近的珊瑚礁里隐藏着大量吸盘触手，而当地的传统餐厅售卖各种各样的章鱼菜肴。格拉齐亚迪被迷住了，他开始对普通章鱼的内部结构进行百科全书式的研究：这项工作将花费多年时间，但是揭示了章鱼感官可能性的规模。我们现在知道，章鱼全身约有5亿条神经，其中一半是感觉受体。这些感觉受体还包括赋予章鱼触觉的机械感受器，以及让它能够通过皮肤和吸盘"品尝"世界的化学感受器。格拉齐亚迪还发现了另一种感觉受体。

　　在观察章鱼触手的横截面时，他看到了一些星状细胞——它们的纤细分支伸入并被嵌进肌肉组织。它们形成的精致纹路通过各种神经通向触手的主要神经通道。格拉齐亚迪认为，它们是一种被称为"肌肉受体"的感官细胞，当作为周围组织的一部分被拉伸时，它们就会发射信号。半个世纪后，霍克纳及其同事首次展示了这种头足类肌肉感觉系统工作时的状态。

　　"我们的实验是在那不勒斯做的，就是格拉齐亚迪完成他开创性研究的地方，"霍克纳告诉我，"他已经绘制出肌肉受体的形态，所以我们决定用电生理检查方法观察它们，并记录它们的激活情况。"研究人员将丝状不锈钢电极植入章鱼触手肌肉中并伸出，然后通向章鱼主神经索的细小神经纤维。当他们移动章鱼的触手时，果然，电极检测到了重复和强烈的刺激。肌肉受体通过产生沿神经根射出的瞬时电荷，对自身的被拉伸做出反应。

这些感觉细胞拥有特殊的细胞膜，当被拉长时，会变得更加多孔，从而将物理作用转化为电势。"我们的结果证实了格拉齐亚迪的理论，并展示了拉伸受体的实时放电，"霍克纳解释道，"我们发现最敏感的区域——神经激活最强烈的区域——是外缘，即触手肌肉系统最靠近体表的那一毫米。"这表明受体就位于皮肤下的肌肉中。"如果你仔细想想，这是将动作转化为电信号的完美位置。这是触手弯曲时变形最严重的区域。"因此，它使章鱼对最微小的动作都很敏感。

无法感受到自己身体的人

这种传感器不是老墨和它的家族成员所独有的。甚至在帕斯夸莱·格拉齐亚迪研究他最喜欢的头足类动物之前，科学家们就已经在那些能够飞翔、滑行或者只会爬行的动物身上发现了它们。"每一种运动的动物体内都存在拉伸激活的肌肉受体，"本尼·霍克纳说，"包括你我。"人类拥有大约2万个肌肉纺锤体，就埋藏在我们身体各处的骨骼肌中。它们行使与老墨体内肌肉受体同样的功能：静止时，它们会产生少量速度缓慢的神经冲动，而当被拉伸时，它们则会快速放电。最终，这些肌肉受体产生了一种如此难以捉摸的感官，直到20世纪初才被接受和命名。很多人至今仍然不知道它的存在。

除了平衡感、时间感和尚未被证实的方向感之外，我们还有一种秘密感官。不仅它的感受器隐藏得很好，而且其产生的感觉是如此自然、熟悉，以至于我们几乎不会注意到它们。19世纪90年代，最先命名我们疼痛感的神经生理学家查尔斯·谢灵顿开始好奇：为什么当自己放松地躺着不动的时候，还能意识到四肢的存在？谢灵顿创造了 "proprioception"（本体感觉）这个术语——来自拉丁语单词 *proprio*（自己的）和 *capere*（握紧），并将拉伸感受器命名为 "proprioceptors"（本体感受器），它们存在于所有肌肉中，无论是蠕虫、章鱼，还是人类的。虽然他给身体的这一核心感觉命了名，但他并不是第一个思考它的存在的人。毕竟，四个多世纪前，莎士比亚笔下的哈姆雷特就说过"感官，你当然拥有，否则你连动一下也不可能"。正是这种感官让我们能够将自己的肉体视作我们的"所属物"。它就像一台自带内置GPS的仪器，可以精确定位我们在空间中的位置，让我们在闭上眼睛时也能用手指摸到鼻尖：这个动作常常被用来测试该感官是否在正常运作。

正如奥利弗·萨克斯所指出的那样，哲学家路德维希·维特根斯坦（Ludwig Wittgenstein）将我们的身体由此产生的确定性视作所有知识的基础。他的专著《论确定性》（On Certainty）是这样开头的："如果你知道这里只有一只手，那么我们会给你剩下的所有。"带着惶恐和不安，维特根斯坦开始思考，缺少这样的知识，缺少这种对身体的确定性，可能意味着什么。辞典中列出了失明和耳聋的词条，但是没有一个词可以形容我们本体感觉丧失的状态。也许这种感官的丧失无法用语言描述，因为这是不可想象的。实际上，谢灵顿宣称，这样的经历是"非常个人化的，注定难以形容"。然而，这正是一个来自英国朴次茅斯的19岁少年在1971年5月的一天的遭遇。

"我当时在肉店工作，看上去病得很重，于是老板让我回家休息。"伊恩·沃特曼（Ian Waterman）对我说。他似乎得了严重的胃肠型流感，但是他没有休息，而是决定修剪草坪。"割草机是一件相当缓慢且笨重的工具，但是当我把它从棚子里弄出来时，我发现自己跟不上它的速度。"他看着割草机冲出花园，然后在砾石小路上停下。他放弃了，决定去睡觉。第二天早上，他的状况更糟了。"我试着下床，结果摔倒了，"他回忆道，"我心里开始慌了。"他的女房东给她的家庭医生打电话，而医生则直接把他送去了医院。此时沃特曼说话已经开始含糊不清了。护士们怀疑他是喝醉了。沃特曼说："我的手脚有一种奇怪的刺痛感，但我也意识到自己感觉不到它们了。它们都麻木了。"他被放在一张病床上，内心产生了一种令人不安的感觉，当时他觉得自己的身体仿佛飘浮在床垫上方。由于发烧，他睡着了。

　　"当我醒来时，我发现有一只手搭在自己脸上，吓得魂儿都没了。然后更糟糕的是，我意识到这只手是我的。"而沃特曼醒来后面对的却是一场噩梦：曾经困扰过维特根斯坦和谢灵顿的噩梦。他感觉不到自己脖子以下的身体，也动弹不了。但这种丧失比麻醉剂的麻木更严重。闭上眼后，他完全不知道自己身体的各个部位在哪里。他感觉就像自己把自己弄丢了一样。回忆起那一刻，他告诉我："我好像被抽离了肉体。"医生对沃特曼进行了反射测试、血检和其他各种医学检查。他们感到迷惑不解，因为他们从未见过这样的病例。"当医生们意识到他们什么也做不了时，他们放弃了。"他说。五周后，他出院了，由他父母照顾着。"我被扔在废料堆上。就在那时，我开始感到惊恐。"当他躺在童年家中的床上时，他郁闷地思考了不止一位资深神经病学家的话。他们宣布，他再也不能走路了。值得庆幸的是，他们的判断将被证明是错误的。

　　12年过去了。1983年夏，沃特曼敲开韦塞克斯神经病学中心的一扇门，大步走进乔纳森·科尔（Jonathan Cole）博士的办公室。这位英国神经学家在学生时代曾与奥利弗·萨克斯共事，他说："我从未见过，也从未想象过，一个人会完全丧失触觉和方向感。然而，这样的人竟然还能独立站立、行走、开车和生活，太令人震惊了。"沃特曼的生活似乎恢复了正常。他有房有车，甚至还有一份公务员的工作，但表象具有误导性，因为他醒着的每一刻都在挣扎求生。乔纳森是在那次影响深远的问诊之后第一个给沃特曼的病症命名的人，是第一个解释胃肠型流感病毒如何破坏沃特曼身体的人，还是第一个揭示沃特曼如何逆转自己被预测的未来的人。

　　"我从一开始就知道乔纳森和我遇到的那些医生都不一样。他没有坐在桌子另一边的椅子上，而是坐在我旁边，坐在他的桌子上。他问我是怎么应对的，感觉如何。"那时，两人都不知道这将是一段持续至今的友谊的开始。乔纳森对沃特曼的身体进行了严格的检查，（用乔纳森的话说）他成了"伊恩神经科学的入门指导"。就像霍克纳用电生理测试章鱼的神经一样，乔纳森将细针电极穿过沃特曼的四肢皮肤，插入他的肌肉，以测试神经反应。他让小股电流通过沃特曼的手腕，然后是脚踝，并在他的手臂和腿部使用一个记录电极来测量神经传导的速度。沃特曼的本体感觉丧失有时会升级，特别是对疼痛和温度。

"这些测试通常只是稍微让人有些不舒服，但不会带来痛苦，"乔纳森告诉我，"但是无论我对沃特曼做什么，我都会先在自己身上试一遍。"沃特曼回应道："我喜欢听医生说'这不疼'，但是我对乔纳森的信任始于那些早期实验。"神经生理学测试持续进行了几天，然后是几周，直到一种模式开始慢慢出现。乔纳森诊断沃特曼患有急性感觉神经病变综合征：这种病症非常罕见，直到几年前，医学文献中才首次出现对它的描述。

我们四肢的主要轴突由不同类型和大小的神经纤维编织而成。其中包括大而快速的运动神经纤维，通过这些纤维，大脑能以每小时约180千米的速度发送信号，命令肌肉收缩。相比之下，感觉神经纤维的传导方向正好相反，将外部世界的信息带入体内，传达给大脑。最小和最慢的感觉神经纤维——A-δ纤维和C纤维，传输来自温度、愉悦和疼痛感受器的信息（见吸血蝠那一章）。较大、较快的A-β纤维传输来自触觉细胞的信息（见星鼻鼹鼠那一章）。最后，最大的感觉神经纤维——A-α纤维，以和运动神经纤维相同的速度发射来自本体感受器（如我们的肌肉纺锤体）的神经信号。

乔纳森的测试显示，沃特曼的某些感觉神经已经全面丧失。"我们发现小的A-δ纤维和C纤维完好无损，这就解释了沃特曼为什么仍然能感觉到热、冷和疼痛。然而，在脖子以下，他失去了所有的大神经纤维——A-β纤维和A-α纤维，这就解释了他为什么丧失了本体感受和触觉。"在一次不寻常的并发症中，病毒引起发炎并摧毁了这些神经纤维，从而决定了沃特曼的命运。他的本体感受器幸免于难，但是由于它们的信号无法抵达大脑，所以它们"被沉默了"。乔纳森的测试还表明，沃特曼的运动神经仍在正常运作。那么，他的大脑是如何在不知道四肢位置的情况下指挥它们运动的呢？

在医院时，沃特曼经常被医生要求进行标准的神经系统测试，也就是将自己的手指放到鼻子上。"直到他们要求我这样做时，我才意识到自己做不到，"他说，"问题在于我的手指很可能会摸到护士的鼻子或者插进医生的眼睛，而不是我自己的鼻子。"他意识到，自己摇摇晃晃的手臂和无法控制的手指证明，他失去的不是运动能力，而是对运动的控制。因此，回到家后，沃特曼决心重新掌控自己的身体。他用很简单的行为开始了这个过程。他说："我专注于如何喂自己东西：移动我的手臂，弯曲肘部，然后是手腕，用手指紧紧握住我想吃的东西。"他将每个动作分解成幅度越来越小，然后他以坚定的决心看着自己的身体将这些动作重新组合。过程虽然缓慢，但可以确定的是，他发现自己能让手臂做出反应。"但随后我的另一只胳膊会从床上抬起，漫无目的地摆动着。这是为什么？以前它一直能照顾好自己，为什么现在不行了？"而当沃特曼的注意力转向别处时，他的手臂就会像老墨的触手一样总是四处晃荡。

沃特曼仰面躺着，盯着天花板上的一个点，他很好奇自己能否控制自己的身体坐起来。"在仔细思考了整个过程并将其分解成简单的动作后，我低头看向自己的下巴，"他告诉我，"我将下巴凑近胸膛，然后开始卷曲身体的第一个部分。"接着，他将注意力转移到肚子上，此刻他似乎能收紧腹部肌肉，将身体从床上剥离。"我差一点就做到了，但没有成功。是什么在阻碍我？我的胳膊，我那该死的胳膊，挡住了路。它们的重量将我狠狠压倒。"于是他再次看向自己的身体，并费力地使其复位，他打算重新集中注意力再试一次。"这一次，当我卷起身体时，我将两只胳膊往前甩。然后我做到了。我做到了！当我坐起来时，我欣喜若狂，差点从床上摔下来。"

当沃特曼开始重新控制自己的身体时，他意识到将有意识的注意力和视力相结合的重要性。他的眼睛不仅使他能够看到世界，还将成为他在这个世界上推动自己前进的手段。通过盯着四肢、手指和任何一处关节，他的大脑就能再次发出命令并移动它们。视觉和意图可以代替他丧失的本体感觉。经过数月甚至数年专注的日常观察和艰苦的康复训练，他分解并重新学会了坐、站、转弯、弯腰和行走等运动技能。沃特曼将成为历史上第一个以如此详细的法医学理论知识研究人类日常动作的人。

直到今天，他还完全依赖自己的眼睛。"我用我的视线控制所有动作，"他说，"如果我把目光从自己手上移开，我就会失去对手的控制力。"这种关联总是很脆弱，因为它依赖于沃特曼控制范围之外的事情。如果灯坏了，他就会摔倒。如果被明亮的烟花或者喷嚏弄得暂时失明，他就会摔倒。如果他的注意力不集中，哪怕是最短暂的一瞬间，他也会摔倒。此外，他在有意识地集中注意力方面付出的巨大努力表明，我们大多数人在很大程度上都认为这种感觉是理所当然的。

我们的大脑从我们身体各处成千上万的本体感受器那里接收源源不断的信息流，并在我们根本意识不到的情况下处理这些信息。"如果我们必须有意识地解码从我们的肌肉纺锤体连续传输的一连串活动，那将是浪费时间。"乔纳森解释道。幸运的是，我们仍然不会注意到每个肌肉纺锤体的位置和它们的拉伸程度。乔纳森继续说："当我们发出做一个动作的指令时，我们不必思考如何调动所有肌肉来实现它。"查尔斯·谢灵顿在很久之前就已经意识到，我们只会关注运动目标，而不是完成这个目标的过程中需要做的许多微小动作，因此大部分动作都可以在我们的无意识状态下进行。

如果说我们的身体是傀儡，那么本体感觉就是我们体内的幕后操纵者，代表我们协调动作。失去这种感官后，沃特曼必须从外部观察和指挥自己的身体。他既是背后操纵者又是傀儡；只要他保持专注，他的眼睛就能使他的大脑变得可以操纵一切。"伊恩在移动时无法思考太多其他东西，因为这需要付出巨大的努力，"乔纳森说，"因此，对于他失去的本体感觉而言，视觉只是低劣的替代品。"沃特曼补充道："其他人可能会因为一些风景而对某次散步经历记忆犹新，而我记风景是为了散步。"

如今，沃特曼可以骗过大多数人。虽然他现在已经70多岁了，不得不使用轮椅，但人们觉得这辆轮椅并没有限制或者束缚他。他坐立不安，身子动来动去，说话时还会做手势；他给人一种深刻的印象，让人觉得他随时都可能灵活地站起身。当遇到沃特曼时，你必须不断提醒自己他正在表演，而这需要付出巨大的代价。"直到遇见乔纳森，我才意识到自己失去的是什么，我甚至都不知道'本体感觉'这个词，"沃特曼告诉我，"有时我早上醒来，想到自己必须付出很多精力才能应对这艰难的一天，就感到沮丧。就像每天都必须跑一次马拉松一样。"即便是普通感冒也会让他无法集中精力，因此无法移动。"沃特曼就像那些努力争取最佳表现的顶级运动员一样，"乔纳森解释道，"但在没有观众为他加油的情况下，他必须每时每刻都要全力以赴。"沃特曼可以诚实且生动地描述谢灵顿曾经认为"难以形容"的东西，但他的"日常马拉松"揭示了我们本体感觉的重要用途。

乔纳森将沃特曼介绍给自己的导师奥利弗·萨克斯似乎是不可避免的。多年前，萨克斯曾在一个病人身上遇到过这种情况，他当时说："据我所知，她是第一个像这样'抽离肉体'的人。"在听了沃特曼的故事后，萨克斯说它"既可怕又鼓舞人心"。他被在缺少"动物（包括人类）最基本的感官"的情况下生活所需要的这种"近乎超人的办法和意志"所震撼。有人可能会认为，沃特曼失去的这种本体感觉在八条腿的章鱼身上达到了顶点。当我告诉他，在全人类中，他是与章鱼有最多共同点的人时，他很高兴。他立即打趣道："叫我老墨。"

谁在控制章鱼的触手

当帕斯夸莱·格拉齐亚迪小心翼翼地解剖章鱼的触手并观察其肌肉中的本体感受器时，他梳理了它们的神经网络。乍一看，这些神经似乎并没有延伸到触手之外。这种结构此前在其他动物身上从未被发现过。同事们随后进行的解剖研究证实，章鱼从触手到头部的主要神经通路大大减少：它们之间仅由相对较少的神经纤维连接。如今，科学家们想知道是否有本体感觉信息能抵达章鱼大脑。因此，有人将章鱼的触手描述为与其大脑"奇怪地分离"。考虑到它们占了章鱼身体的大部分重量，这意味着章鱼的触手和它的身体是疏离的，就像伊恩·沃特曼的情况一样。

已故的头足类动物权威马丁·威尔斯（Martin Wells）曾写道："我们只能通过使用一些复杂的器械（或者其他动物）作为身体的延伸，才能得到近似章鱼的形态。"在这种构架下，章鱼就变成了司机和汽车的混合体。当我们给汽车加速时，我们感受不到机器齿轮的加速；同样，当我们策马驰骋时，我们也感受不到它的腿在移动。相反，我们通过本体感觉之外的感官来判断这些指令的成功与否，如通过观察风景从眼前更快地掠过，或者感受风吹过我们的头发。本尼·霍克纳说："即使某些本体感觉信息确实到达了章鱼的大脑，但我们仍然不清楚的是，这种动物是否使用来自触手本体感受器的信息来理解它的触手在做什么。我认为答案是否定的。"假设章鱼有手指和鼻子，如果让它进行本体感觉的经典测试，霍克纳告诉我，它们一定会失败："章鱼不能使用本体感觉'把手指放到鼻子上'。"所以，这些动物是如何以如此流畅的动作移动，以及如此明显的形状变化来达到这样的目的的，就成了一个谜。

霍克纳和章鱼实验室决定拍摄章鱼的日常动作。霍克纳说："训练章鱼触及一个目标是相对简单的。"他们将一个绿色圆盘放入水箱中，并用零食奖励接触它的动物。"那不勒斯的实验室发现用凤尾鱼效果很好，但我们用的是虾。实际上，章鱼的好奇心很强，它们常常不用贿赂就会伸展触手。"科学家们在章鱼水箱外面设置了两台互成直角的摄像机。当章鱼的触手完全伸展时，他们将两个摄像头都对准了它。这个动作的持续时间不超过一秒。"我们做了一个运动学分析，"霍克纳说，"结合两个方向的视频，我们计算出了三维空间内的伸展动作。"然后他们重复了实验。一次又一次，一只章鱼又一只章鱼，结果显示，不同的触手在不同的时间以一种令人惊讶的刻板方式展开。霍克纳回忆道："我们一直看到同样的动作。一股股不自然的波形从头部附近开始，沿着触手向下传到它的末端，很像孩子们玩的吹龙口哨。"尽管章鱼能够以无限多的方式伸展它的触手，但它并没有这样做。

"这种特殊的伸展动作总是一样的，而且实际上非常简单。这是我们的第一个发现，"霍克纳说，"运动学表明它只有三个自由度。""自由度"这个术语来自机器人学领域，用来描述机械手臂可以移动的轴的数量。"章鱼触手的前两个自由度位于触手的底部，这决定了触手可以在三维空间中对准目标翻滚和俯仰。第三个自由度控制沿着触手传播的波。"

在人类身上，我们的关节限制了自由度的数量；虽然我们的肩膀和手腕可以俯仰、偏转和翻转，但我们的肘部只能俯仰。"据说我们的手臂拥有七个自由度，"霍克纳解释道，"它只用六个自由度就可以到达空间中的任何一点。第七个自由度用于克服遇到的障碍。但这仍然是章鱼触手自由度的两倍。"尽管章鱼的身体柔软且灵活，但它并不像人们通常以为的那样拥有无限的可能性。它的动作是基础和精简的，无疑更容易掌握。谜团已经从在没有本体感觉信息输入大脑的情况下，章鱼如何控制复杂的动作变成了它如何控制任何动作。

尽管章鱼的脑容量是所有已知的无脊椎动物中最大的，但它仅包含章鱼5亿个神经元的三分之一，而剩下的3亿个左右神经元则在它的八只触手上。霍克纳决定将其触手和大脑分开来观察。在野外，章鱼偶尔会失去一只触手，但之后又能重新长出来。30多年前，人们曾对头足类动物的断肢进行过研究，并得出了奇怪且令人吃惊的结果。一位科学家发现，当将一块沙丁鱼干放在一只脱离躯体的触手上时，它的表现与往常在礁石上表现一样。它的吸盘牢牢抓着食物，然后像传送带一样将食物沿着数百个吸盘传递下去，运送到嘴巴本来应该在的位置——仿佛那里真的有一张嘴。此外，当这块食物被注入有毒化学物质时，同样的吸盘会立刻拒绝它。当我们吃自助餐时，我们的手臂会去挑选最美味的食物，但是想象一下，要是它们脱离了我们的肉体，还能这么做吗？

霍克纳开始着手探索这种独立性是否可以延伸到运动方面。该团队再次用到了运动设备。这一次，他们小心翼翼地将一只被截肢的触手放在水箱中。当摄像机处于开机状态时，他们摸了摸这只触手上的一些吸盘。"我们想看看它会不会对自然的感官输入做出反应。"霍克纳说。触手做出了反应，立即向外伸展。研究人员触发并拍摄了更多触手伸展动作。霍克纳补充道："被截肢后的触手还能正常活动大约半个小时，所以每只触手都可以让我们拍摄10次完美的伸展动作。"他们将两台摄像机的累积数据输入计算机，并将结果与此前对完整章鱼触手的研究结果进行对比。

霍克纳回忆道："被截肢后的触手的动作显示出与完整触手的伸展动作相同的轨迹和速度曲线——加速、峰值速度和减速。"它们的动作不是一般意义上的很像，而是几乎完全相同。"当这两种动作被绘制成图表时，我们甚至无法区分它们。"该团队发现，不管有没有头，触手都以同样的方式展开。"这是我们在这一系列实验中的第二个关键发现。我们意识到，这个动作的计划、计算和执行都根植于触手本身的神经肌肉系统，"霍克纳说，"这一切都发生在触手层面，不需要向大脑输入信息。"章鱼的触手可以自主行动，无须大脑的指令。它们之所以能做到这一点，是因为它们的动作受到自由度限制的数量少，被高度简化了。"当科学家提出一个假设，而结果让我们感到放心时，我们会很高兴。这是搞科学的回报。"这种奇怪的自主性的基石出现在章鱼同样奇怪的本体感受中。

虽然伊恩·沃特曼和老墨在任何特定时刻都不知道自己的肢体在什么位置，也不知道它们在干什么，但二者之间的情况却有着天壤之别。一旦沃特曼将目光移开，他的手臂就会开始漫无目的地摆动，而章鱼的触手似乎能够坚定地对这个世界做出反应。沃特曼失去了他本体感觉的幕后操纵者，章鱼却没有。章鱼的触手不仅可以从肌肉拉伸传感器那里收集信息，还可以无须借助大脑就能处理这些信息。这使它们能够通过运动神经向肌肉发出指令，从而监测和调整自身位置。

"我不知道其他动物是否会以这种方式在其周围神经系统中使用本体感觉，"霍克纳说，"为了避免大脑超负荷，章鱼独特的进化解决办法是将大量的运动控制转移到触手上。"因此，当一只触手着手将一只峨螺从其壳里拽出来时，它的另一只触手可能正在探索岩石裂缝。这取决于这只触手碰到的是暴躁的螃蟹还是多汁的蛤蜊，它要么撤回，要么选择进一步探查。

与此同时，章鱼自己可能对这些行为全然不知情。霍克纳怀疑，由于章鱼体内存在一圈连接触手，但绕过了大脑的神经，所以这些触手可以相互发送信息，以协调自己做出更加统一的动作。也许它们会合力挖洞、突袭和攫取。据霍克纳所说："它们甚至还可能互相合作，从而完成像游泳这样的复杂动作。事实是，我们对此一无所知，因为这还没有得到研究。"这些行为，无论是简单的还是复杂的，在它们非凡的本体感觉的指引下，都可以在不干扰大脑的情况下展开。

章鱼实验已经表明，在某些情况下，老墨的大脑可以主持大局。当再次提到神经系统测试时，霍克纳提供了一条线索，"虽然章鱼的中央大脑不能给触手下达如何'在黑暗中摸到鼻子'的指令，但如果把灯打开，它就可以做到"。该研究团队首次证明，这种动物可以将视觉凌驾于触手的独立性之上。在另一系列实验中，他们观察到受试动物通过使用它们的眼睛来引导触手缓慢地穿过一个透明的迷宫，搜寻美味的食物。"所以，从原则上讲，章鱼可以在灯亮着的时候摸到自己的鼻子，但在实践中，这需要花很长时间，就像迷宫实验中那些动物的表现一样，"霍克纳说，"这是因为虽然它可以用眼睛追踪触手末端，但它仍然需要大量试错才能最终找到自己的鼻子。"

仍然像沃特曼一样，老墨可以使用视觉定位并引导它的触手；就像沃特曼一样，视力似乎把老墨聚为了一体，创造出连贯性，并赋予其对自己身体的掌控力。这很可能发生在复杂的行为中，或者是在追逐一只肥美的螯虾，或者从戒备森严的水族馆中逃脱时。否则，老墨对自己触手的行动仍然一无所知，任凭它们各行其是。

关于本体感觉的哲学思考

悉尼大学的彼得·戈弗雷－史密斯（Peter Godfrey-Smith）是一位热衷于潜水的哲学家，对章鱼有着深厚的感情。"很多年前，托马斯·内格尔使用'是什么感觉'这个短语，试图将我们引向由主观体验所构成的秘密。"他在《章鱼的心灵》(*Other Minds：Octopus and the Evolution of Intelligent Life*)一书中写道。他指的是内格尔那篇著名的文章，文中提到"身为一只蝙蝠是什么感觉"。彼得·戈弗雷－史密斯就章鱼提出了这个问题："要做到这一点，我们需要一种想象力的飞跃，试图将我们自己置于和它们一样的视角。"科学家们可能会避开这样的问题——就像罗恩·道格拉斯在被问及通过深海中后肛鱼的眼睛看世界是什么感觉时那样，但哲学家们不会。彼得·戈弗雷－史密斯坦率地承认："这不是在做科学，但可以被科学指导。"

和内格尔一样，他进行这样的思想实验，希望能揭开世界上最大的谜团之一（也许就是最大的谜团）：关于意识的"难题"，以及神经物质如何产生感觉和知觉。"这个世界有两个方面必须以某种形式融合在一起，但似乎并不是以我们目前理解的方式融合在一起，"他解释道，"一个方面是行为主体感受到的感觉和其他心理过程的存在，另一个方面是生物学、化学和物理学的世界。"问题是："成为这些脑容量大的头足类动物的一员，会不会有某种感觉？或者它们只是内部一片漆黑的生化机器？"

正如哲学家大卫·查尔默斯（David Chalmers）所宣称的那样，我们不可能确切地知道另一个人是有意识的人还是脑死亡的僵尸，更别说另一只动物了。无论如何，彼得·戈弗雷－史密斯都认为章鱼是有意识的生物，而且不止他一个人这么想。2012年7月7日，当一个由神经科学家、神经生理学家、神经药理学家和神经解剖学家组成的著名国际组织签署《剑桥意识宣言》时，我们这个身体灵活的朋友被列入了他们的名单。因此，在假设存在"身为章鱼一样的感觉"之后，戈弗雷－史密斯开始探索它可能是什么。

在哈珀·李的《杀死一只知更鸟》中，阿蒂克斯·芬奇有一句名言："你永远也不会真正了解一个人，除非你站在他的角度考虑问题……除非你钻进他的皮肤里，像他一样走来走去。"要想钻进章鱼的皮肤，深入它的八只触手，我们必须考虑它的所有感官。在所有这些感官中，也许它对身体的本体感觉是最难想象的。正如戈弗雷－史密斯提醒我们的那样，除非它借助视觉，"目前我们还不清楚章鱼在很多时候对自己的手臂处于什么位置有多大程度的意识"。然而，他接着说："我猜想（这一步仅仅是猜想），章鱼在某些情况下会利用专注力'聚合身体'，但是当注意力不集中时，这些触手可以自行进行一些局部探索。"一些哲学家提出，这两种不同的专注状态可能导致意识的分裂。他们的理论是，一个主体有可能变成两个：一个基于大脑，另一个基于整个触手网络。

此外，有人认为，考虑到每只触手都表现得好像拥有自己的心智一样，也许这些主体面临着进一步的分裂：两个有可能变成九个。戈弗雷－史密斯怀疑单只触手自身就是经验中心。他还质疑第二个自我的存在。相反，如果章鱼有意识，他认为只存在单一的进行体验的自我，尽管它与我们所了解的意识极为不同。用他的话说："一种在不同时期多多少少有些广泛的意识——它或多或少地融入了动物的身体。"这种意识会在动物用视觉"聚合身体"时扩展，然后退散，让触手通过本体感觉重新控制自己。这种意识似乎会像章鱼的身体一样变形，挑战维特根斯坦对身体的无可置疑性并消解所有的确定性。实际上，当戈弗雷－史密斯试图想象成为一只章鱼是什么感觉时，他总结道："我发现自己身处一个相当迷幻的空间，而这对章鱼而言就是日常。"

普通章鱼及其不那么普通的近亲物种都拥有一种独特的本体感觉。让它们与众不同的不是它们的传感器，章鱼的触手和我们的肌肉一样都布满了受体，当触手被拉伸时，则会被激活。此外，它们也不像前几章中描述的那些生物一样依靠丰富的感官。真正的原因是，章鱼处理这种感官信息的方式是如此独特，它可能与失去这种本体感觉的人有更多共同点。

像伊恩·沃特曼一样，章鱼无法运用本体感觉来获悉肢体的位置，它们也必须依靠视觉。但和他不同的是，它们的触手仍然通过这种感官来引导它们的自主行动。本尼·霍克纳将这种自主性归因于章鱼拥有不同于地球上任何其他生物的"具身化"（embodiment）。这个词的使用方式深刻揭示了"本体感觉"这一感官的变幻莫测。

当沃特曼第一次生病时，他说感觉自己"被抽离了肉体"。奥利弗·萨克斯的第一个病例对他说了同样的话："我感觉不到自己的身体。我感觉很奇怪，仿佛被抽离了肉体。""听到这样的话真是令人惊讶，我感到困惑，非常困惑，"萨克斯回忆道，但随后表示赞同，"从某种意义上说，她被'刺毁了脑脊髓'，被抽离了肉体，变成了一个幽灵。和她的本体感觉一起，她失去了基本的、构成有机整体的身份定位。"这也是为什么他在描述这种感官时说，它"对自己身体的感知、对肢体在空间中的位置和运动的感知，以及对它们存在的感知至关重要"，这使得它"比其他五感中的任何一种或者全部加起来都更重要"。甚至可以说它比本书中讨论的12种感官的任何组合或者全部加起来都更重要。

然而，今天沃特曼的观点发生了根本性的变化，它挑战了萨克斯的假设。"问题在于，我是我所知道的最具身化的人。我必须时刻注意自己的身体。我不能让自己的思绪飘走，"乔纳森·科尔解释道，"虽然沃特曼缺少具身化的本体感觉，但他在认知上的具身化比我认识的任何人都更强烈。他必须时刻有意识地关注自己的身体，否则就会有失去它的风险。"正是他的这种努力，这种日常马拉松，揭示出我们身体的很多行动是在我们无意识的情况下自发进行的。乔纳森总结道："你可以说沃特曼实际上展示了我们每个人体内的老墨。当老墨在不借助大脑的情况下挥舞它的触手和吸盘时，读者可能正在用自己的手臂和手指翻看这本书——他们自己甚至都没有意识到翻书的这一举动。"

"章鱼表明，我们无法将大脑与身体分开；大脑就是身体，而在章鱼身上，身体本身促成了它发展初期的智慧行为。"霍克纳说。他从机器人学领域借用了"具身智能"一词，用来强调身体对有机体在与世界的互动过程中所表现出的部分智慧行为负责。公元前350年，当亚里士多德在爱琴海的浅滩涉水时，和章鱼的相遇并没有给他留下太深的印象。他甚至在《动物志》（ *The History of Animals* ）一书中宣称："章鱼是一种愚蠢的生物。"然而，如今我们对这种生物的看法已经发生变化。彼得·戈弗雷－史密斯说："如果我们能把头足类动物当作有知觉的生物来接触，那并不是因为我们有共同的历史，也不是因为我们有亲缘关系，而是因为进化分两次创造了心智。章鱼很可能是地球上最接近智慧外星人的生物。"过去20多年来，人们对章鱼的本体感受及其奇特的具身化的发现，提出了我们如何定义和分类智力的深刻问题。也许我们现在比以往任何时候都更能理解这种动物的智力和我们的有多么不同。亚里士多德不可能知道自己错得有多么离谱。

鸭嘴兽 —— 后记

1799 年，大英博物馆的桌子上摆放着一件特殊的干制标本。它是从帝国最远的角落，一个名叫新南威尔士的地方运来的。自然史展厅[1]助理馆长乔治·肖（George Shaw）博士从未见过这样的东西。他的同事也没有见过，除了生活在那片不久后被称为澳大利亚的土地上的居民，其他人都没见过它。就像希腊神话中的奇美拉[2]一样，它似乎融合了不同动物的特征：哺乳动物毛皮光滑的身体，鸭子的蹼足和铲状喙。肖怀疑自己是不是碰上了殖民地人民的恶作剧。他在《博物学家杂记》（Naturalist's Miscellany）一书中写道："我几乎怀疑自己的亲眼所见，这自然会让人产生一种它是人工干预产物的想法。"然而，尽管他竭尽全力，最后也没有发现任何缝线、黏合或拼接的痕迹，也没有发现任何人造的痕迹。最终，他认为，这件奇特的标本不是骗局，而是"一个新的奇异的属"的证据。他将其命名为 Platypus anatinus，字面意思是"平足鸭"。肖不知道的是，Platypus 这个名字已经被用作一类钻木甲虫的属名，所以必须再给它起一个学名。尽管如此，最初的名字还是被沿用了下来。

鸭嘴兽至今仍是自然界最离经叛道的生物之一。多年来，人们越来越觉得它很奇特，以至于如今在某个群体中，鸭嘴兽会被称为"鸭嘴兽的悖论"（a paradox of platypuses）。虽然像其他哺乳动物一样，鸭嘴兽用乳汁喂养幼崽，但它却像爬行动物一样产下外壳坚韧如皮革的卵。雄性的后腿爪子上有距，其中充满了和蛇的毒液一样毒的液体。此外，对它那不可思议的喙的研究揭示了一种更加不可思议的感官。

当太阳落到桉树后面时，一只鸭嘴兽从它的洞穴爬出。在笨拙地爬上陆地之后，它用流线型的身体无声地滑进一条河。当它的桨状脚掌和海狸状尾巴驱动它在水下前进时，它的眼睛、鼻孔和耳朵都紧紧地关闭着。在没有视觉、嗅觉和听觉的情况下，它就像那些使用金属探测器的寻宝人一

---

[1] 原为 1753 年创建的大英博物馆的一部分，于 1881 年分出，其自然史收藏也被移至现在的英国自然历史博物馆。

[2] 希腊神话中的怪物，它拥有狮子的头、山羊的身躯和一条由蟒蛇组成的尾巴。

样，通过在石头河床上左右摆动自己的喙搜寻虾。我们知道，动物在收缩肌肉时会产生微弱的电场。鸭嘴兽的喙部覆盖着数以万计的微型电传感器，它们可以检测到这些电场，使鸭嘴兽能够以超乎寻常的准确度锁定猎物。

1909 年，德国生物学家雅各布·冯·于克斯屈尔（Jakob von Uexküll）创造了 "umwelt"（周围境）这个词，以描述生物体所感知到的周围的一小片环境。和鸭嘴兽一样，我们的眼睛里有视锥细胞和视杆细胞，它们可以探测到部分电磁波谱并赋予我们视觉。鸭嘴兽的内耳和我们的一样，里面都有纤细的毛细胞，可以对声波做出反应，从而产生听觉；它的皮肤也和我们的一样，里面有触觉细胞和神经纤维，可以感知世界的轮廓或者其他个体的温度；它的鼻孔和舌头和我们的也一样，里面都隐藏着闻或品尝分子鸡尾酒的受体。也许这些受体的参数设置不同，感觉范围或敏感性存在差异，但是就目前来看，鸭嘴兽和人类占据大致相似的周围境。然而，我们没有它那样的电感官。电存在于这个世界上，但是除非它的振幅足以激活我们的痛觉感受器，否则它仍然不为我们所知，因为超出了我们的感知范围。

"我们的大脑被设置得只能检测到周围环境中极小的一部分，"神经科学家大卫·伊格曼（David Eagleman）说，"有趣的是，大概每个有机体都认为自己的周围境就是全部客观现实。为什么我们当中会有人停下来思考，在我们所感知到的世界之外还有更多东西呢？"因此，鸭嘴兽是一个警世故事；它比本书列出的任何人类及动物都更清楚地提醒我们，我们的体验和现实并不是一回事。我们仍然无法感知现实的多个方面，因为我们只能体验一开始感觉到的东西。于克斯屈尔指出，每一种环境——从后肛鱼的黑暗水底深渊到乌林鸮疾风呼啸的白色天空——都为不同的动物提供了无数的"现实"。因此，在伊格曼看来，"周围境"这个词把握住了"有限的知识、不可获得的信息以及不可想象的可能性的概念"。然而，我们可能很快就会发现自己能够做的不仅仅是想象这些可能性。

21 世纪预示着人类感官的新曙光。由于我们大脑具有非凡的神经可塑性，研究人员已经在开发通过用舌头"看"东西来治疗失明的植入物，以及通过"感受"声音治疗耳聋的振动背心。生物黑客相信，所有超感官知觉都可以为我们所用。我们应该从动物界寻求灵感。我们只能看到电磁波谱的十万亿分之一；想象一下，要是扩大我们的视力范围，让我们能够像响尾蛇一样感知红外热量，或者像蜜蜂一样看到紫外线，那会是什么感觉。想象一下，如果我们能体验到鲇鱼的味觉、星鼻鼹鼠的触觉或者猎豹的平衡感，那将是什么感觉。让我们畅想一下肖发现的那不可思议的生物，以及其更加不可思议的感官。怀疑论者可能会警告不要篡改我们的大脑，但乐观主义者则会为人类感官增强时代的到来欢呼。"人类的周围境已被解锁，"伊格曼对此表示支持，"人类不需要再等待大自然母亲来定义我们——现在只需要问：'我们想如何体验这个宇宙？想让现实变成什么样子？'"一个关于感知力的美好新世界正在前方等待着我们。

致谢

　　我要感谢很多人，尤其是伊恩·沃特曼、马克·斯来德戈尔、帕姆·科斯塔、埃斯拉夫·阿玛甘、琼·埃隆塞尔和孔切塔·安蒂科。感谢在这本书中出现的科学家，以及那些没有出现在书中，但仍然耐心并慷慨地为我解答问题的科学家。有三位科学家特别值得一提。第一位是奥利弗·萨克斯，他和他的部分患者一起出现在书中。《错把妻子当帽子》等著作让我对人类体验的脆弱性和多样性愈发着迷。第二位是德斯蒙德·莫里斯（Desmond Morris）。在《裸猿》（*The Naked Ape*）一书中，为了更好地理解我们自己，他将目光转向了其他动物。我对动物学的兴趣一直是为了更好地理解我自己。它是一面可以满足我们自恋心理的镜子；它提供了另一种视角，解释了为什么我们人类会像现在这样看、这样做和这样感受。最后的指明灯是我向他提交自己第一篇动物学论文的人。理查德·道金斯给我推荐了达西·汤普森（D'Arcy Thompson）的《论生长与形式》（*On Growth and Form*）、罗伯特·阿克塞尔罗德（Robert Axelrod）的《合作的进化》（*The Evolution of Cooperation*）等书籍，让我对自然界的韵律和理性打开了眼界。他的一些想法被深深植入我的大脑。说起来有点讽刺，因为正是他提出了"觅母"（meme，"mimeme"一词的缩写）这个概念。"一个科学家如果听到或看到一个精彩的观点，会把这一观点传达给他的同事和学生，"他在《自私的基因》中写道，"当你把一个有生命力的觅母移植到我的心田上时，事实上你把我的大脑变成了这个觅母的宿主，使之成为传播这个觅母的工具，就像病毒寄生于一个宿主细胞的遗传机制一样。"他提出的"关于熟悉感麻醉"的概念启发我写了这本书；如果幸运的话，它的一些故事现在已经渗透你了。

感谢伊丽莎白·谢恩克曼（Elizabeth Sheinkman）对我的信任。感谢乔治·莫利（George Morley）赌了一把；你说我们的合作会很愉快，你没有食言。感谢彼得·博兰（Peter Borland）热情地分享没有视力的蠕虫如何看到蓝色。感谢斗牛士和阿特亚里图书出版公司，我不知道哪里有比你们更热情的出版方。感谢卡特琳娜·莱昂（Caterina Leone）成为我的另一双眼。感谢康妮（Connie）、亚瑟（Arthur）和雷吉（Reggie），他们点亮了我的生活，让我的感官保持灵敏。还要感谢丹（Dan），他建议我在感谢他时说"要是他帮了忙，这本书就不可能问世"，请知道这与事实相去甚远。

注释和参考文献

前言

*我们常常被描述为"有感知力的生物"……*丹尼尔·丹尼特在《丹尼尔·丹尼特讲心智》（*Kinds of Minds*）一书中探讨了定义感知力的困难程度，玛丽安·斯坦普·道金斯（Marian Stamp Dawkins）在她2006年的论文《通过动物的眼睛：行为告诉我们了什么》（*Through animal eyes: what behaviour tells us*）——它也是 T. H. 赫胥黎引用的资料来源——中也讨论了这一点。在谈到大卫·查尔默斯对意识的著名别称"感觉"时，她写道："感觉是生物学的一大'难题'。""因为我们不知道感觉是如何从脑细胞中产生的，也不知道有感觉的大脑与没有感觉的大脑在工作方式上有什么不同，更不知道在寻找动物感觉的过程中到底要在其他物种身上找什么。"亨利·马什在作品《医生的抉择》（*Do No Harm*）中写的这句话没有具体提到意识，但它隐含在更广泛的语境中。在《最后的拥抱：动物与人类的情绪》（*Mama's Last Hug*）的倒数第二章中，弗朗斯·德瓦尔（Frans de Waal）提出了感觉的三个层次：从感知到体验再到意识。丹尼特对此评论道："这是一种保守的假设，'感觉'拥有各种可以想象得到的等级和强度，从最简单、最'机械的'反应，到最细腻敏感、'超高响应'的人性反应。"

*然而，现代科学已经证明亚里士多德的观点是错误的……*神经学家克里斯蒂安·贾勒特在他的《大脑的重大迷思》一书中探讨了人们对亚里士多德感官论的广泛认可。要想了解更多不那么为人所熟知的感官，可在线收听巴里·史密斯在英国广播公司第四电台（BBC Radio 4）的系列节目《不寻常的感官》（*The Uncommon Senses*）；他的引语摘自YouTube网站上的短视频《我们拥有的感官远不止五感》（*We have far more than five senses*）。

*我不能假装自己不害怕……*奥利弗·萨克斯在为《纽约时报》撰写的最后一篇评论中写道。这篇文章发表于2015年2月19日，6个月后，萨克斯就去世了。

Aristotle, *De Anima*, trans. R. D. Hicks, Cambridge University Press, 1907

Colin Blakemore, 'Rethinking the senses: uniting the philosophy and neuroscience of perception', July 2014, project of the Arts and Humanities Research Council

Richard Dawkins, *Unweaving the Rainbow: Science, Delusion and the Appetite for Wonder,* Houghton, Mifflin Harcourt, 1998

Daniel Dennett, *Kinds of Minds: The Origins of Consciousness,* Basic Books, 1997

Christian Jarrett, *Great Myths of the Brain,* Wiley Blackwell, 2015 Henry Marsh, Do No Harm: Stories of Life, Death and Brain Surgery, Weidenfeld & Nicolson, 2014

Oliver Sacks, 'My own life', *New York Times,* 19 Feb 2015

Marian Stamp Dawkins, 'Through animal eyes: what behaviour tells us', *Applied Animal Behaviour Science,* 100:1–2 (October 2006), 4–10

Frans de Waal, *Mama's Last Hug: Animal Emotions and What They Teach Us About Ourselves,* W. W. Norton, 2019

第1章　雀尾螳螂虾和我们的色觉

雀尾螳螂虾又名……关于这种五颜六色的甲壳类动物（以及许多其他口足类物种）的视觉介绍，请访问加州大学伯克利分校的生物学家罗伊·考德威尔（Roy Caldwell）创办的网站"罗伊的清单"（Roy's List）。雀尾螳螂虾拉丁学名"*Odontodactyllus scyllarus*"的前半部分"*Odontodactyllus*"形容的是它的齿状爪；后半部分"*scyllarus*"来自荷马史诗《奥德赛》中损毁船只的海怪斯库拉（Scylla）。

1998年春季的一天……泰森的故事被刊登在1998年4月10日的《镜报》上，这里引用的是水族馆经理托比·布莱恩特（Toby Briant）的话。此外，螳螂虾会毫不犹豫地和比它们大得多的动物搏斗；在《国家地理》网站的视频短片《观看一只章鱼被一只虾击倒》中，我们可以看到一只螳螂虾为了保卫自己的家园，奋力抵抗章鱼。

加州大学伯克利分校的一名科学家……希拉·帕特克（罗伊·考德威尔的同

事）做了一场TED演讲[1]，讲述自己在螳螂虾领地的冒险经历。"冲击的最大力量达到1500牛顿——相当于其体重的2500倍。"想象一下，按照体重比例将同样的力量放大到人类打出的一拳上。这种毁灭性的力量促使一些科学家想要知道，这些螯棒本身是如何避免损伤的。帕特克指出，当它们每隔几个月蜕壳时，就会长出新的肢体。然而，詹姆斯·韦弗（James Weaver）等人发现，雀尾螳螂虾的螯棒以一种特殊方式融合了各种材料，这使它比任何已知的复合材料都更坚固。尽管雀尾螳螂虾仍然保持着动物界最快的捕食击打纪录，但已经不再是最快的。2016年，帕特克记录到一只锯针蚁（trap-jaw ant）以超过100千米/时的速度猛地关闭自己的颚。

*她观察到的这种强有力的现象……*空穴作用在自然界中很少发生，因为所需的速度太快了。证明其威力的最常见的例子是它对快艇的金属推进器造成的侵蚀。

*位于大堡礁和珊瑚海内陆不远处……*在贾斯汀·马歇尔和他领导的口足类研究小组（Stomatopod Group）的网站"感官神经生物学小组"（Sensory Neurobiology Group）上，有一个他们拍摄的短片。在短片中，他不仅解释了自己对螳螂虾眼睛的痴迷，还展示了他读博期间在迈克·兰德的实验室里拍摄的一张照片。马歇尔将兰德称为他的科学英雄。在研究过程中，我有幸能与兰德进行交流，他的作品《用眼去看》（*Eyes to See*）生动地介绍了动物界的众多眼睛。

*1994年，神经科学家奥利弗·萨克斯从纽约出发……*萨克斯在《色盲岛》（*The Island of the Colourblind*）中讲述了自己的旅程和色盲体验，在《火星上的人类学家》（*An Anthropologist on Mars*）中的"色盲画家病例"一节中讲述了自己与乔纳森一世的相遇。

*全色盲不只是简单的颜色缺失……*克努特·诺德比曾被称为"全世界最著名的杆体全色盲者"。不幸的是，他在2005年去世了，所以我引用了他在学术专著《夜间视力》（*Night Vision*）中的雄辩论述。他和其他全色盲患者在阳光下为什么会眼花缭乱的故事是下一章的主题。

*我们将不同波长的光感知为……*我们看到的彩虹（可以用"红橙黄绿青蓝紫"这个口诀记它的颜色）从红到紫横跨越来越短的波长。鸟类、蜜蜂、蝴蝶和螳螂虾的紫外视觉意味着它们能看到波长比紫光更短的光。在我们可视光谱的另一端，有

---

[1]　TED（指 Technology、Entertainment 和 Design 的缩写，即技术、娱乐、设计），是美国的一家私有非营利机构，该机构以它组织的 TED 大会著称，这个会议的宗旨是"传播一切值得传播的创意"。

些动物可以感知波长比可见红光更长的光（红外线），如蛇，以及第5章中提到的吸血蝠。

大堡礁中最醒目的生物……人们可能很容易认为，色彩鲜艳的动物总是拥有特别的色觉——雀尾螳螂虾和大多数蝴蝶就是这样的例子，但在自然界中，不同物种之间的颜色信号传导很可能是一样的。例如，甲虫会呈现出一系列极鲜亮的颜色，其他甲虫看不见其中的很多颜色，但在鸟类捕食者看来这些颜色是一种警告，意思是"别吃我，我有毒"。

此外，我们现在知道两者都含有……首次发现视蛋白是在1876年，但自那以后，科学家们已经对从水母到人类的1000多种动物视蛋白进行测序。人类有四种为视觉服务的视蛋白：三种颜色视蛋白和一种名为视紫红质的视蛋白。关于最古老的感光视蛋白和视觉的起源，科学界仍存有争议，但我们现在知道，我们的视蛋白与螳螂虾等无脊椎动物的视蛋白都有着悠久的历史，而且我们的颜色视蛋白出现的时间早于视紫红质。这意味着我们的彩色视觉比第二章提到的视觉更古老。我们还拥有除视觉以外的感知光的视蛋白，如第10章所述。

但是和泰森的视力相比就黯然失色了……自然界充满了比我们拥有更多颜色受体类型的生物。爬行动物和一些淡水鱼有四种光感受器，兰德还在本章前文中提到："有些鸟类和蝴蝶拥有多达5种光感受器。"

色彩最丰富、最和谐的协奏曲……引自实验室电台2012年5月21日的一期节目《颜色》。"光与美的热核炸弹"是在线连环画《燕麦片》（*Oatmeal*）对螳螂虾视觉的描述，并补充道："结合威力超大的击打，这使螳螂虾成为'染血彩虹的先驱'。"网址为 https://theoatmeal.com/comics/ mantis_shrimp.

这种疾病通常被称为道尔顿症，以纪念……1794年10月31日，约翰·道尔顿在曼彻斯特文学和哲学学会的一次演讲中说："图像中别人称为红色的部分，在我眼中只是光线的阴影或缺失部分。""在红色之后，橙色、黄色和绿色看起来是一种颜色，从强烈的黄色开始非常均匀地变浅，直到成为一种罕见的黄色，我称之为不同深浅度的黄。"1844年，在他去世后，他的眼睛被保存了下来；1995年，约翰·莫利翁（John Mollon）从中提取了DNA，发现道尔顿是一名缺少绿视锥细胞的二色视者。

加布里埃尔·乔丹对德弗里斯那篇早已被人遗忘的论文产生了兴趣……她的导师约翰·莫利翁让她去读这篇论文。乔丹还告诉我，莫利翁想知道"那位异常的父

亲是否就是德弗里斯本人"。

*在世界的另一端，来自澳大利亚东海岸的另一名女性……*可以在英国广播公司世界电台《瞭望》（*Outlook*）栏目的一期节目中收听关于孔切塔·安蒂科的内容，节目名称是《可以看到1亿种颜色的画家》（2015年1月）。她的画作可以在她的个人网站上看到：https://anticogallery.com.

采访和个人交流：希拉·帕特克、贾斯汀·马歇尔、加布里埃尔·乔丹、孔切塔·安蒂科和金伯利·詹姆森等。

Diane Ackerman, *A Natural History of the Senses,* Vintage Books, 1990 J. A. Brody et al., 'Hereditary blindness among Pingelapese people of Eastern Caroline Islands', *Lancet,* 1:7659 (13 June 1970), 1253–7

T. H. Chiou et al., 'Circular polarisation vision in a stomatopod crustacean', *Current Biology,* 18 (2008), 429–34

T. W. Cronin and N. J. Marshall, 'A retina with at least ten spectral types of photoreceptor in a mantis shrimp', *Nature,* 339 (1989), 139–40

John Dalton, 'Extraordinary facts relating to the vision of colours with observations', Manchester Literary and Philosophical Society talk, 31 October 1794, published in 1798

R. Feuda et al., 'Metazoan opsin evolution reveals a simple route to animal vision', *Proceedings of the National Academy of Sciences,* 109:49 (2012), 18868–72

D. M. Hunt et al., 'The chemistry of John Dalton's color blindness', *Science,* 267 (17 Feb 1995), 984–8

I. E. Hussels and N. E. Morton, 'Pingelap and Mokil atolls: achromatopsia', *American Journal of Human Genetics,* 24:3 (1972), 304–9 K. A. Jameson et al., 'The verdicality of color: a case of potential human

tetrachromacy', IMBS Technical Report Series, 2014 Christian Jarrett, *Great Myths of the Brain,* Wiley Blackwell, 2015

G. Jordan and J. D. Mollon, 'A study of women heterozygous for colour deficiencies', *Vision Research,* 33:11 (1993), 1495–1508

G. Jordan and J. D. Mollon, 'Tetrachromacy: the mysterious case of extra- ordinary color vision', *Current Opinion in Behavioural Sciences,* 30 (2019), 130–4

G. Jordan et al., 'The dimensionality of color vision in carriers of anomalous trichromacy', *Journal of Vision,* 10(8):12 (2010), 1–19

Mike Land, *Eyes to See: The Astonishing Variety of Vision in Nature,* Oxford University Press, 2018

J. Marshall and J. Oberwinkler, 'The colourful world of the mantis shrimp', *Nature,* 401 (1999), 873–4

N. J. Marshall, 'A unique colour and polarisation vision system in mantis shrimps', *Nature,* 333 (1988), 557–60

J. Neitz et al., 'Color vision in the dog', *Visual Neuroscience,* 3:2 (August 1989), 119–25

J. Neitz et al., 'Color vision: almost reason enough for having eyes', *Optics and Photonics News,* January 2001

Knut Nordby, 'Vision in a complete achromat: a personal account', in R. F. Hess, L. T. Sharpe and K. Nordby (eds), *Night Vision: Basic, Clinical and Applied Aspects,* Cambridge University Press, 1990

S. N. Patek and R. L. Caldwell, 'Extreme impact and cavitation forces of a biological hammer: strike forces of the peacock mantis shrimp *Odontodactylus scyllarus',* *Journal of Experimental Biology,* 208 (2005), 3655–64

S. N. Patek et al., 'Deadly strike mechanism of a mantis shrimp', *Nature,* 428 (22 April 2004), 819

S. N. Patek et al., 'Multifunctionality and mechanical origins: ballistic jaw propulsion in trap-jaw ants', *Proceedings of the National Academy of Sciences,* 103:34 (2016): 12787–92

L. Peichi et al., 'For whales and seals the ocean is not blue: a visual pigment loss in marine mammals', *European Journal of Neuroscience,* 13 (2001), 1520–8

Oliver Sacks, *The Island of the Colourblind,* Picador, 1986 Oliver Sacks, *An Anthropologist on Mars,* Picador, 1995

Y. Shichida and T. Matsuyama, 'Evolution of opsins and phototransduction', *Philosophical Transactions of the Royal Society of London B,* 364 (2009), 2881–95

L. C. L. Silveira et al., 'The specialization of the owl monkey retina for night vision', *Colour Research and Application,* S26 (2000), S118–22

O. H. Sundin et al., 'Genetic basis of total colourblindness among the Pingelapese islanders', *Nature Genetics,* 25:3 (2000), 289–93

Hanne Thoen et al., 'A different form of color vision in mantis shrimp', *Science*, 343 (24 January 2014), 411–13

H. I. de Vries, 'The fundamental response curves of normal and abnormal dichromatic and trichromatic eyes', *Physica*, 14:6 (August 1948), 367–80

J. Weaver et al., 'The stomatopod dactyl club: a formidable damage-tolerant biological hammer', *Science*, 336:6086 (8 June 2012), 1275–80

第2章　后肛鱼和我们的暗视觉

*2007年7月，在一个风平浪静、万里无云的日子里……*罗恩·道格拉斯和朱利安·帕特里奇在"太阳号"上为英国广播公司第四电台《自然》栏目做了一期节目，关于他们的一些引述就来自这期内容。你仍然可以在网上找到它——《海沟里的生命》，2007年10月29日。

*探海球是最基本的潜水器……*威廉·毕比后来被称为"他那一代的库斯托"。从1930年起，他和奥蒂斯·巴顿进行了多次深海下潜；大多数都打破了世界纪录，但他们在1934年8月15日进行的第32次下潜是最深的。

*它不是鲜红色的，而是一种丝绒质感的深黑色……*电影《大白鲨》的制片人误导了我们：即便在水下几米深的地方，血看上去也是黑色的。毕比注意到一种奇怪的现象，彩虹的红色、橙色、黄色和绿色依次消失了："奇怪的是，当蓝色消失时，取代它的并不是紫色——可见光谱的末端。紫色显然已经被吸收了。"我们现在知道，海水对蓝光透明。然而，在这次创纪录的潜水中，他们在750米深的漆黑海洋中看到了一条完整的彩虹，尽管非常短暂："一群奇怪的鱼"染上了彩虹的几乎所有色调；如果没有他们的电灯光束，"它们的色彩可能永远不会被看到"。

*它的工作原理和美国海军二战期间开发的……*美国国防研究委员会关于耶胡迪计划的解密文件可在线获取："第三部分：飞机伪装"，摘自《可见性研究和伪装领域的一些应用》(*Visibility Studies and Some Applications in the Field of Camouflage*)，1946年美国国防研究委员会第16部技术总结报告。

*21世纪初，人们在海洋暮色区拍摄的一组镜头……*蒙特雷湾水族馆研究所的遥控载具在蒙特雷湾内或附近600～800米的深度用相机拍摄到三次大鳍后肛鱼。在蒙特雷湾水族馆研究所的网站上可以看到一些非凡的镜头。

*他们在它的网眼里发现了一只……*多利于2007年7月14日被发现（捕获它的渔网在上午11点放入水中，下午3点收网）。道格拉斯对我说："我们经常能捕到以前从未见过的东西。也许其他人见过，但是一个人不可能见过所有东西。对于多利也是这样。科考队里的10位生物学家在海上度过了很多年的岁月。然而，此前我们谁都没有见过胸翼鱼。"不到一个小时时间，他们就知道了它很特别。

*这种无与伦比的四眼后肛鱼的故事轰动了整个世界……*2009年1月8日，关于发现这种鱼（又称褐鼻鱼）的头条新闻包括《泰晤士报》上刊登的《四眼鱼可以看穿深海的黑暗》，《澳大利亚人报》上刊登的《四眼褐鼻鱼从深海中现身》，以及美国全国广播公司播出的《这种鱼拥有全世界最奇特的眼睛》。

*卫星图像显示，地球上被月光照亮的部分……*参见NASA在2012年12月拍摄的视频《从太空看地球的夜晚》（*Earth at night from space*），该视频由索米国家极地轨道伙伴卫星在4月的9天和10月的13天内拍摄的图像制作而成。

*他的眼睛能够在光照水平仅为白天十亿分之一的条件下……*西蒙·英格斯（Simon Ings）在《眼睛》（*The Eye*）中写道："健康的人的眼睛足够敏感，在良好的光照条件下，我们可以看到27千米外一根燃烧着的蜡烛的火焰。"他进一步指出，人类的夜视能力和猫、狐狸及猫头鹰相当，但"让我们失望的是我们相对较差的听觉和嗅觉"。后面关于乌林鸮和寻血猎犬的章节质疑了我们的听觉和嗅觉是否真的"会让我们失望"。

*较大的球茎状感光细胞往往是上一章提到的视锥细胞……*这总体上是正确的，但正如安德鲁·斯托克曼告诉我的那样，实际上"在视锥细胞密集排列的中央区域，它们和视杆细胞一样小，而且不是锥形的"。斯托克曼的色彩和视觉研究实验室提供了一个非常详细的在线数据库。

*克努特·诺德比是陪同奥利弗·萨克斯前往色盲岛的全色盲患者……*婴儿体验这个世界的方式也可能像诺德比一样。我们的视杆细胞比视锥细胞发育得早很多，所以婴儿在明亮的光照条件下也几乎是看不到东西的。和上一章一样，我参考了诺德比的《全色盲症患者的视觉：个人叙述》（*Vision in a complete achromat: a personal account*）。

*对他而言是灾祸的缺陷，对我们来说是幸事……*然而，在漆黑的夜晚，也许他的灾祸也带给他一些祝福。在《色盲岛》中，萨克斯想知道诺德比是不是比大多数人更擅长观星，因为古代天文学家转移视线的技巧会自然而然地发生。"并不是他的视杆细胞比平常人多，而是他的夜视'策略'不受中央凹的妨碍，"萨克斯写道，

"他不会做出不适当的中央凹注视，而是立即用视杆细胞捕捉星星。"

当我问道格拉斯通过它们的眼睛看世界会是什么感觉时……他还告诉我："眼睛并不会看，就像照相机无法观看一样。视觉发生在大脑中；它是一种心理建构。既然我都无法知道你眼中的世界是什么样子的，那么想象鱼眼中的世界是什么样子的更是毫无根据的猜测。"瓦格纳表示同意："罗恩把这个问题留给哲学家是正确的。但是打个比方也许会有帮助：这就像驾驶一辆汽车，前方视野狭窄，但与此同时，后视镜也提供图像。由于我们拥有一个中央凹，所以我们的视觉系统必须在两者之间切换，我本想在多利身上展示（但失败了），它的主视网膜和憩室视网膜投射到视顶盖的不同部位，所以两个图像会被同时处理（感知）。"

采访和个人交流：罗恩·道格拉斯、约亨·瓦格纳、安德鲁·斯托克曼和阿里帕夏·瓦齐里等。

William Beebe, *Half Mile Down*, Harcourt, Brace & Co., 1934

C. A. Curcio et al., 'Human photoreceptor topography', *Journal of Comparative Neurology,* 292 (1990), 497–523

R. Douglas and J. Partridge, 'Far-red sensitivity in the deep-sea dragon fish *Aristostomias titmannii*', *Nature,* 37 (1995), 21–2

R. Douglas and J. Partridge, 'Visual adaptations to the deep sea', in *Encyclopaedia of Fish Physiology: From Genome to Environment,* Academic Press, 2011, Vol. 1

S. Hecht et al., 'Energy, quanta, and vision', *Journal of General Physiology,* 25 (1942), 819–40

P. J. Herring, 'Bioluminescence of marine organisms', *Nature,* 267 (30 June 1977), 788–93

Simon Ings, The Eye: A Natural History, *Bloomsbury,* 2007

Thomas Nagel, 'What is it like to be a bat', *Philosophical Review,* 83:4 (1974), 435–50

Knut Nordby, 'Vision in a complete achromat: a personal account', in R. F.

Hess, L. T. Sharpe and K. Nordby (eds), *Night Vision: Basic, Clinical and Applied Aspects,* Cambridge University Press, 1990

D. C. O' Carroll and E. J. Warrant, 'Vision in dim light: highlights and challenges', *Philosophical Transactions of the Royal Society B,* 372 (2017), published online

B. H. Robison and K. R. Reisenbichler, '*Macropinna microstoma* and the paradox of its tubular eyes', Copeia, 4 (2008), 780–4

Oliver Sacks, *The Island of the Colourblind,* Picador, 1986

L. Sharpe and A. Stockman, 'Rod pathways: the importance of seeing nothing', *Trends in Neuroscience,* 22:11 (1999), 497–504

A. Stockman et al., 'Slow and fast pathways in the human rod visual system: electrophysiology and psychophysics,' *Journal of Optical Society of America,* 8:10 (October 1991), 1657–65

J. N. Tinsley et al., 'Direct detection of a single photon by humans', *Nature Communications* 7 (2016), published online

H. J. Wagner et al., 'A novel vertebrate eye using both refractive and reflective optics', *Current Biology,* 19 (27 January 2009), 108–14

第3章　乌林鸮和我们的听觉

*猫头鹰飞行时的安静无与伦比……*播客系列节目《剑桥大学动物字母表》的"O代表猫头鹰"是对奈杰尔·皮克的猫头鹰无声俯冲研究的介绍，可在剑桥大学的"声音云"中收听。

*1963年，小西正一（又名马克·小西）在一场……*当我写本章内容时，小西正一的健康状况不佳，因此我无法与他交谈。后来他不幸去世了。我要感谢小西的朋友和长期合作者——如今任职于马里兰大学的凯瑟琳·凯尔（Catherine Carr）教授。凯尔好心地再三检查了小西的贡献，并描述了他的工作内容；她的慷慨付出对我而言非常宝贵。我还采用了两段视频采访，都可以在网上找到：由神经科学学会举办的档案访谈（2006年3月29—30日），以及2006年6月28日和尼克·斯皮策（Nick Spitzer）共同出镜加州大学圣地亚哥分校的"UCSD留言板"。

*视觉研究者发现猫头鹰硕大的眼睛中……*在所有猫头鹰中，灰林鸮被认为拥有最好的暗视觉，但是当格雷厄姆·马丁（Graham Martin）将它的绝对视觉阈值和人类进行对比时，他发现平均而言，猫头鹰只是稍微敏感一点。他发现《自然》上的论文呼应了上一章的结论："这表明人和猫头鹰的视网膜机制都达到了极致的敏感度。"马丁在《夜鸟》（*Birds by Night*）一书中补充道："我们可能会发现某些人的视觉敏感性高于个别灰林鸮。"

我们都充耳不闻……很多动物依赖于我们听力范围之上或之下的声音频率。例如，海豚会发出一阵阵高频超声波对猎物"成像"，而白鲸这样做是为了找到冰层中的呼吸孔。低频声音可以传播许多千米，如碎波声、瀑布声或风撞在山脉上的声音，迁徙鸟类（例如第 11 章的斑尾塍鹬）则将这些次声用作"声学地标"。

有记录以来最响的声音……英国皇家学会的出版物《克拉克托火山爆发及随后的现象》（1888 年）在提到罗德里格斯岛警察局长的叙述时说："这也是有记录以来，唯一一个在距离发源如此远的地方也能听到声音的例子。"时间更近的文章《响亮到环绕地球四圈的声音》重复了这个说法，并补充说："1883 年 8 月 27 日上午 10 点 2 分，地球发出了自那以来最大的一声噪声。"它还启发了波士顿和都柏林的类比。诺汉姆城堡号的航海日志引述来自西蒙·温彻斯特（Simon Winchester）的著作。

可以在"白瑞纳克的盒子"里待一段时间……根据"杰克·珀塞尔（Jack Purcell）1989 年 2 月 26 日对白瑞纳克的采访"，这个构造由 19000 多个 1 米长的楔形物——七节车厢的玻璃纤维——组成。

他后来回忆说："在那间静室里……这句引述摘自凯奇 1985 年在布鲁塞尔的演讲"不确定性"；而"没有安静这回事"则摘自《安静：演讲和写作》（*Silence: Lectures and Writings*）一书。

几分钟后，这些消音环境探险者……在电台实验室（Radio Lab）2008 年 3 月 21 日的广播节目《令人产生幻觉的声音》中，主持人贾德·阿布鲁马德（Jad Abrumad）——"大约 20 分钟后，我开始……"就是他说的["我开始听到血液……"出自乔治·迈克逊·福伊（George Michelson Foy）]——揭示了在完全的寂静中，我们的大脑如何通过创造不存在声音的感知来表现奇怪的行为。他开始听到弗利特伍德麦克乐队的歌："我记得自己当时还纳闷，弗利特伍德麦克乐队是怎么到这里来的？然后，房间变得很安静，但我的脑袋里显然一点也不安静。"萨克斯在他《恋音乐》一书的"音乐幻觉"章节提到了类似的情况，很多失聪的病人开始听到音乐，从巴赫的协奏曲到圣诞颂歌，再到"黑暗氛围[1]"。萨克斯将这些状况称为"释放幻觉"，并解释说"大脑被剥夺了日常输入"，开始"自发地产生活动"。

身处的房间设计得比白瑞纳克的盒子还要安静……在本书即将付梓之际，地球

---

[1]　一种音乐风格。

上最安静的房间是微软的消音室，它建造于2015年，位于华盛顿州的雷德蒙德。它记录了一个-20.6调整分贝（dBA）的声音，并因此被载入吉尼斯世界纪录。

它们的耳孔是隐藏起来的……提顿猛禽中心（Teton Raptor Center）在YouTube网站上上传了一段精彩的视频片段——"乌林鸮：爪子、耳朵和眼睛"。在视频中，一位生态学家小心翼翼地抱着一只雌性乌林鸮，他轻轻分开它的颈羽，露出它的耳朵，说："你如果仔细观看，你几乎可以看到它颅骨中眼球的背面。"

乌林鸮的面盘同样发达，甚至比……乌林鸮的声音汇聚能力尚未得到检测，但罗尔夫·阿克·诺伯格（Rolf Åke Norberg）研究了这种鸟，并告诉我它的面部颈羽比仓鸮"大得多"，而且"这种更大的面部颈羽很有可能收集更多声音，这意味着与仓鸮相比，乌林鸮能够听到更微弱的声音，但是我们对它的中耳和内耳了解得还不够"。因此，科普尔才会保守地提出"乌林鸮具有至少和仓鸮一样的听觉灵敏度"。

正如他在回忆录《触摸岩石》中……赫尔在2015年去世，但他的经历在2006年的电影《失明笔记》（*Notes on Blindnes*）中得到了深刻的描绘。在《纽约书评》中，奥利弗·萨克斯在谈到约翰·赫尔的回忆录时说："据我所知，此前从未有过如此细致、引人入胜且令人恐惧的关于失明的描述。"

眼科医生埃米尔·贾瓦尔……这要归功于哈罗德·盖蒂（Harold Gatty），他在《找到你的路》（*Finding Your Way*）中写道："埃米尔·贾瓦尔是引入'第六感'这个词的人。"

一部无声的黑白电影佐证了卡尔·达伦巴赫……虚拟图书馆项目lit39549（音频/电影），这部影片可以在柏林马克斯·普朗克科学史研究所的网站上观看。

科学家们已经指出，我们通过无声物体反射的声音听到它们……多个实验室都研究了盲人和有视力的人通过声音感知周围环境的能力，其中包括劳伦斯·罗森鲍姆（Lawrence Rosenbaum）的实验室，他在作品《看看我在说什么》（*See What I'm Saying*）中对人类的回声定位做了精彩的总结。

采访和个人交流：奈杰尔·皮克、克里斯汀·科普尔和乌尔丽克·朗格曼等。

Aatish Bhatia, 'The sound so loud that it circled the earth four times', Nautilus website, 2014

Leo Beranek, 'Interview of Leo Beranek by Jack Purcell on February 26, 1989,' Niels

Bohr Library & Archives, American Institute of Physics, 2012

Tim Birkhead, *Bird Sense: What It's Like to Be a Bird*, Bloomsbury, 2012

John Cage, 'John Cage's lecture "Indeterminacy", 5' 00" to 6' 00" ', *Die Reihe*, English edition, 5, eds. Herbert Eimert and Karlheinz Stockhausen, Theodore Presser Co., 1961

John Cage, *Silence: Lectures and Writings*, Middletown, Wesleyan University Press, 1961

M. von Campenhausen and H. Wagner, 'Influence of the facial ruff on the sound-receiving characteristics of the barn owl's ears', *Journal of Comparative Physiology A*, 192 (2006), 1073–82

Ian A. Clark et al., 'Bio-inspired canopies for the reduction of roughness noise', *Journal of Sound and Vibration*, 385 (December 2016), 33–54

Denis Diderot, 'Letter on the blind, 1749', *in Early Philosophical Works*, trans. M. Jourdain, 1916

Harold Gatty, *Finding Your Way Without Map or Compass*, William Collins Sons & Co., 1958

Steven Hausfeld et al., 'Echo perception of shape and texture by sighted subjects', *Perceptual and Motor Skills*, 55:2 (1982), 623–32

Seth Horowitz, *The Universal Sense: How Hearing Shapes the Mind*, Bloomsbury, 2012

John M. Hull, *Touching the Rock: An Experience of Blindness*, Society for Promoting Christian Knowledge, 1990

James A. Jobling, *The Helm Dictionary of Scientific Bird Names: from Aalge to Zusii*, Christopher Helm, 2010

Helen Keller, 'Letter to Dr. Kerr Love on 31st March 1910', in *Helen Keller in Scotland: A Personal Record Written by Herself*, Methuen, 1933

Eric Knudsen, 'The hearing of the barn owl', *Scientific American*, 245:6 (1981), 113–25

E. Knudsen and M. Konishi, 'Mechanisms of sound localisation in the barn owl', *Journal of Comparative Physiology A*, 133 (1979), 13–21

M. Konishi, 'How the owl tracks its prey: experiments with trained barn owls reveal how their acute sense of hearing enables them to catch prey in the dark', *American*

Scientist, 61:4 (1973), 414–24

C. Köppl et al., 'An auditory fovea in the barn owl cochlea', *Journal of Comparative Physiology A,* 171 (1993), 695–704

B. Krumm et al., 'Barn owls have ageless ears', *Proceedings of Royal Society B,* 284 (2017), published online

J. C. Makous and J. C. Middlebrooks, 'Two-dimensional sound localisation by human listeners', *Journal of the Acoustical Society,* 87 (1990), 2188

Graham Martin, 'Absolute visual threshold and scotopic spectral sensitivity in the tawny owl *Strix aluco*', *Nature,* 268 (1977), 636–8 Graham Martin, Birds by Night, Bloomsbury, 1990

George Michelson Foy, 'I've been to the quietest place on earth', *Guardian,* 18 May 2012

Ovid, *Fasti,* Book VI, AD 8

Roger Payne, 'Acoustic location of prey by barn owls, *Tyto alba*', *Journal of Experimental Biology,* 54 (1971), 535–73

Lawrence D. Rosenbaum, *See What I'm Saying: The Extraordinary Powers of our Five Senses,* Norton, 2010

Oliver Sacks, 'The "dark, paradoxical gift",' *New York Times Review of Books,* 11 April 1991

Oliver Sacks, *Musicophilia: Tales of Music and the Brain,* Picador, 2007 Dwight G. Smith, *Great Horned Owls,* Stackpole Books, 2002

S. S. Stevens and E. B. Newman, 'The localization of actual sources of sound', *American Journal of Psychology,* 48:2 (April 1936), 297–306

Michael Supa et al., ' "Facial vision": the perception of obstacles by the blind', *American Journal of Psychology,* 57 (April 1944), 133–83

G. J. Symons (ed.), 'The eruption of Krakatoa and subsequent phenomena', report of the Krakatoa Committee of the Royal Society, Harrison and Sons, 1888

Simon Winchester, *Krakatoa: The Day the World Exploded, August 27 1883,* Harper Perennial, 2005

第4章　星鼻鼹鼠和我们的触觉

它是一种相当迷人的哺乳动物……可以在《国家地理杂志》网站的视频短片
《全球最致命：这是世界上长得最奇怪的杀手吗？》中看到星鼻鼹鼠的样子。

肯·卡塔尼亚是研究这些动物的世界权威……他还是研究除星鼻鼹鼠外的其他
极端动物——从触角水蛇到裸鼹鼠——的权威，他想知道它们为什么会这么极端。
他曾用假手臂证明了一个有两百年历史的观察结果——电鳗会跳出水面实施攻击。
但随后他将自己的手伸进水箱，当电鳗忠于本能地实施行动时，他感到一阵强烈的
震颤，将手臂猛地收回。"它有效地激活了我的痛觉感受器。"他说。卡塔尼亚实验
室网站是星鼻鼹鼠在水下嗅探或觅食蚯蚓的慢动作视频库。卡塔尼亚的著作《伟大
的适应》（*Great Adaptations*）是另一个非常好的信息来源。

这些点或乳突是……莉娜·博彻斯（Lena Borchers）好心地翻译了艾默博士的
论文。

东京大学医学病理博物馆里的一件令人毛骨悚然的藏品……《生活》杂志曾
拍摄过福士博士（于1956年去世）的作品。在Tattoo Cultr网站（美国的一个文身
网站）的条目"福士政一博士和伊尔斯·科赫：两个痴迷于文身人皮的扭曲故事"
中，可以看到更多关于他的藏品的照片。

《福克斯电影新闻》1928年的一部新闻短片……这部拍摄于1928年的短片的标
题是《海伦·凯勒如何学习说话》（*How Helen Keller learned to talk*），可在YouTube网
站上观看；它还是关于安妮·沙利文的引述来源。

20世纪30年代，怀尔德·彭菲尔德在蒙特利尔神经学研究所……我第一次听
说怀尔德·彭菲尔德的研究，是从将清醒开颅手术引入当代医学的亨利·马什那
里。在《医生的抉择》中，马什阐述了这种手术的许多奇怪之处；例如，"二元论
哲学家笛卡尔认为，心智和大脑是完全独立的实体……如果他能看到我的病人在视
频监视器上观看自己的大脑，他会说什么"。彭菲尔德自20世纪20年代起做清醒开
颅手术的视频档案见于加拿大医学名人堂的一部短片，可以在YouTube网站观看。

多年来，随着神经学家将注意力转向……人们发现不同物种的触觉地图的形状
差异很大，它们强调了触觉最敏感的特征。所以浣熊的触觉地图拥有巨大的"前
爪"，而猪的触觉地图有巨大的"鼻子"。在罗布·德萨勒的《我们的感官》（*Our
Senses*）一书中可以看到一些侏儒；其他侏儒在布拉克斯莉（Blakeslees）的著作《身

体有它自己的思想》(*The Body Has a Mind of Its Own*)中可以看到。

*2004年，一名男子走进哈佛医学院的……*埃斯拉夫·阿玛甘的网站（https://esrefarmagan.blogspot.com）是一个很好的地方，可以了解到更多关于他的信息。2009年，阿尔瓦罗·帕斯夸尔–莱昂内和威斯康星大学医学院的一次谈话讨论了对阿玛甘的研究，可在YouTube网站观看，标题为"从盲人身上学习观看"。

*这就是大脑做的事情……*帕斯夸尔–莱昂内的志愿者正在体验的视觉效果就相当于某些人在消音室中体验到的幻听：奥利弗·萨克斯称之为"释放幻觉"。

采访和个人交流：肯·卡塔尼亚、丹尼尔·戈德赖希、埃斯拉夫·阿玛甘和阿尔瓦罗·帕斯夸尔–莱昂内等。

Aristotle, *De Anima*, trans. R. D. Hicks, Cambridge University Press, 1907 A. Amedi et al., 'Neural and behavioural correlates of drawing in an early blind painter: a case study', *Brain Research*, 1242 (2008), 252–62

Sandra Blakeslee and Matthew Blakeslee, *The Body Has a Mind of Its Own*, Penguin Random House, 2008

K. C. Catania, 'Structure and innervation of the sensory organs on the snout of the star-nosed mole', *Journal of Comparative Neurology*, 351 (1995), 536–48

K. C. Catania, 'Ultrastructure of the Eimer's organ of the star-nosed mole', *Journal of Comparative Neurology*, 365 (1996), 343–54

K. C. Catania, 'A nose that looks like a hand and acts like an eye: the unusual mechanosensory system of the star-nosed mole', *Journal of Comparative Physiology A*, 185 (1999), 367–72

K. C. Catania, 'Quick guide: star-nosed moles', *Current Biology*, 15:21 (2005), 863–4

K. C. Catania, 'Underwater "sniffing" by semi-aquatic mammals', *Nature*, 444 (21–28 December 2006), 1024–5

K. C. Catania and J. H. Kaas, 'Organization of the somatosensory cortex of the star-nosed mole', *Journal of Comparative Neurology*, 351 (1995), 549–67

K. C. Catania and J. H. Kaas, 'Somatosensory fovea in the star-nosed mole: behavioural use of the star in relation to innervation patterns and cortical representation', *Journal of Comparative Neurology*, 387 (1997), 215–33

K. C. Catania and F. E. Remple, 'Asymptotic prey profitability drives star- nosed moles to the foraging speed limit', *Nature*, 433 (3 February 2005), 519–22

Kenneth Catania, *Great Adaptations: Starnosed Moles, Electric Eels, and Other Tales of Evolution's Mysteries Solved*, Princeton University Press, 2020

Rob DeSalle, *Our Senses: An Immersive Experience*, Yale University Press, 2018

T. Eimer, 'Die Schnautze des Maulwurfs als Tastwerkzeug', *Archiv für Mikroscopische Anatomie*, 7 (1871), 181–201

Z. Halata et al., 'Friedrich Sigmund Merkel and his "Merkel cell", morphology, development, and physiology: review and new results', *Anatomical Record Part A*, 271A (2003), 225–39

John M. Hull, *Touching the Rock: An Experience of Blindness*, Society for Promoting Christian Knowledge, 1990

Helen Keller, *The Story of My Life*, Doubleday, Page & Co., 1905

David Linden, *Touch: The Science of Hand, Heart, and Mind*, Viking Press, 2015

H. P. Lovecraft, 'The call of Cthulhu', *Weird Tales*, 1928

Henry Marsh, *Do No Harm: Stories of Life, Death and Brain Surgery*, Weidenfeld & Nicolson, 2014

F. Merkel, 'Tastzellen and Tastkoerperchen bei den Hausthieren und beim Menschen', *Archiv für Mikroscopische Anatomie*, 11 (1875), 636–52

A. Pascual-Leone and R. Hamilton, 'The metamodal organization of the brain', in C. Casanova and M. Ptito (eds), *Progress in Brain Research*, 134 (2001), 427–45

A. Pascual-Leone and F. Torres, 'Plasticity of the sensorimotor cortex representation of the reading finger in Braille readers', *Brain*, 116:1 (1993), 39–52

W. Penfield and T. Rasmussen, *The Cerebral Cortex of Man*, Macmillan, 1950

R. M. Peters et al., 'Diminutive digits discern delicate details: fingertip size and the sex difference in tactile spatial acuity', *Journal of Neuroscience*, 29:50 (2009), 15757–61

'Speaking of pictures . . . Japanese skin specialist collects human tattoos for Tokyo museum', *Life*, 3 July 1950

第5章　吸血蝠和我们的愉悦感及疼痛感

它唾液中含有的药物……生物学家将吸血蝠描述为有毒生物。我们倾向于认为毒液是导致疼痛或死亡的原因，但严格地说，它是一种可能扰乱其他动物生理过程的分泌物。吸血蝠的唾液中含有各种活性化合物。20世纪90年代，科学家在其中发现的血凝素甚至已经作为血液稀释剂在人体上进行实验。

难怪这种技术如此熟练的吸血动物会激发……与布拉姆·斯托克（Bram Stoker）想让我们相信的相反，普通吸血蝠很少咬人，而且如果它真咬人了，也很难把一个人的血吸干，因为它一次只能吸食一两汤匙的血。至于另外两种吸血蝠（分别是毛腿和白翅类型），它们更喜欢鸟类的血管。

当我们的手探索一件物品时……严格地说，为我们的触觉机械感受器服务的粗短且隔绝脂肪的快速神经被称为A神经纤维；这些神经纤维也支配着章鱼章节中我们所提及的一种奇怪的身体感觉，即本体感觉，而形状细长且基本不隔绝脂肪的慢速感觉神经则被称为C神经纤维。C神经纤维服务于愉悦的触感、疼痛和温度，但也能带来痒的感觉，而瘙痒本身也被描述为一种感官，并被命名为瘙痒感（pruriception）。话虽如此，一些疼痛和温度受体也通过快速A神经纤维通路放电，以便立即做出"脱离危险"的反应。

直到1976年，也就是科斯塔11岁时……这封信来自马龙·伯班克（Mahlon Burbank）博士。他是第一个在科学文献上发表遗传红斑性肢痛症相关情况的人，他也是第一个证明科斯塔的病症不是精神层面，而是基因层面的人。

英国著名神经生理学家、诺贝尔奖获得者……亚里士多德将疼痛归类为一种情感。哲学家阿维森纳（Avicenna）后来提出疼痛是一种独立于触觉的感官。谢灵顿给这种感官起了个名字，并首次阐述了它在生理层面是如何起作用的，即疼痛传感器如何导致痛觉感知。

科学文献中记载的最奇怪的东西……2016年4月21日，科普作家、遗传学家里基·刘易斯（Ricki Lewis）在他的博客中写道："没有疼痛和极端疼痛来自同一个基因。我把这个故事写进教科书已经太久了，以至于我最近开始怀疑自己是不是在延续一个都市传说。"巴基斯坦街头艺人家族的研究由剑桥大学的杰夫·伍兹（Geoff Woods）教授主导，而他的同事、如今在伦敦大学学院工作的詹姆斯·考克斯（James Cox）非常慷慨地付出宝贵的时间，耐心地解答我的问题。

*实际上，它们是可爱且充满感情的动物……*杰瑞·威尔金森参观了施密特圈养的蝙蝠，他看到的一些行为证实了他关于野生蝙蝠的结论。他告诉我："乌韦的一个研究生带我去看了圈养的蝙蝠。他叫了其中一只蝙蝠的名字，随后那只蝙蝠就跳到了笼子前，让他挠它的头，就像狗跑到主人面前请求爱抚一样。虽然这是轶事，但这可能是我掌握的吸血蝠喜欢被梳理身体的最好证据。"

*这种情况在脊椎动物身上只发现过一次……*施密特指的是这样一项研究：研究人员小心翼翼地给响尾蛇蒙上眼，然后鼓励它们攻击热源（电烙铁的尖端）。这些蛇精确地瞄准了热源，于是参与研究的科学家 E. A. 纽曼（E. A. Newman）和 P. A. 哈特兰（P. A. Hartline）得出结论："非常令人难忘，这一反应对老鼠而言是致命的。"

*一开始，我们以为会在这些鼻叶窝里找到热受体……*虽然纽曼和哈特兰声称蛇有红外"视觉"，但这种感官并不依赖它们的眼睛，而是它们的窝器。严格地说，它们这种不寻常的感官和吸血蝠一样，是本体感觉系统的一部分。

*此外，我们现在知道 TRPV1 传感器只是……*例如，大卫·朱利叶斯和他的团队在蛇的窝器中发现了一种不同的热传感器——被命名为 TRPA1，这解释了蛇的热感知。

*这种亚里士多德式的观念仍然被广泛接受……*虽然查尔斯·谢灵顿早在发现欢愉感受器很久之前就创造了"伤害感知"这个术语——在他 1906 年的巨著《神经系统的综合作用》（*The Integrative Action of the Nervous System*）中，但如果他了解到疼痛和愉悦共享同一套缓慢的触觉系统，而且可以相互影响，他一定很感兴趣。麦格隆告诉我："我们都知道按摩痛处会让人感觉好一些。新的研究表明，通过温柔的抚摸激活欢愉感受器，能够降低伤害感受器的激活水平，减少疼痛感知。"多项研究已经表明，在用灼热物体短暂接触成年人的皮肤之前轻抚他们的皮肤，可以让他们感觉或感知到较少的疼痛。同样，在刺痛婴儿脚后跟的同时进行大脑扫描，结果也显示，如果脚后跟被抚摸，疼痛反应也会减少。越来越多的证据表明，愉悦和疼痛可以视为同一种感官的两个方面。

采访和个人交流：杰瑞·威尔金森、弗朗西斯·麦格隆、史蒂夫·韦克斯曼、帕姆·科斯塔、乌韦·施密特、克里斯特尔·施密特、路德维希·屈腾和大卫·朱利叶斯等。

Diane Ackerman, *A Natural History of the Senses*, Vintage Books, 1990

K. L. Bales et al., 'Social touch during development: Long-term effects on brain and behaviour', *Neuroscience and Biobehavioural Reviews*, 95 (2018), 202–19

C. J. Bohlen and D. Julius, 'Receptor-targeting mechanisms of pain-causing toxins: how ow?', *Toxicon*, 60:3 (2012), 254–64

M. Botvinick and J. Cohen, 'Rubber hands that "feel" touch that eyes see', *Nature*, 391 (1998), 756

M. K. Burbank et al., 'Familial erythromelalgia: Genetic and physiologic observations', *Journal of Laboratory and Clinical Medicine*, 68:5 (1966), 861

J. J. Cox et al., 'An SCN9A channelopathy causes congenital inability to experience pain', *Nature*, 444 (2006), 896–8

L. Crucianelli et al., 'Bodily pleasure matters: velocity of touch modulates body ownership during the rubber hand illusion', *Frontiers of Psychology*, 8 October 2013

A. H. Crusco and C. G. Wetzel, 'The Midas touch: the effects of interpersonal touch on restaurant tipping', *Personality and Social Psychology Bulletin*, 10 (1984), 512–17

T. R. Cummins et al., 'Electrophysiological properties of mutant NaV1.7 sodium channels in a painful inherited neuropathy', *Journal of Neuroscience*, 24:38 (2004), 8232–6

Richard Dawkins, *The Selfish Gene*, 2nd edn, Oxford University Press, 1990

Lydia Denworth, 'The social power of touch', *Scientific American Mind*, 26:4 (July/August 2015), 30–9

G. E. Essick et al., 'Quantitative assessment of pleasant touch', *Neuroscience and Biobehavioural Reviews*, 34 (2010), 192–203

A. Gallace and C. Spence, 'The science of interpersonal touch: an overview', *Neuroscience and Biobehavioural Reviews*, 35 (2010), 246–59

E. O. Gracheva et al., 'Molecular basis of infrared detection by snakes', *Nature*, 464 (2011), 1006–1011

E. O. Gracheva et al., 'Ganglion-specific splicing of TRPV1 underlies infrared sensation in vampire bats', *Nature*, 476:7358 (2011), 88–91

N. Gueguen and Celine Jacob, 'The effect of touch on tipping: an evaluation in a French bar', *Hospitality Management*, 24 (2005), 295–9

L. Kürten and U. Schmidt, 'Thermoperception in the common vampire bat,

Desmodus rotundus', *Journal of Comparative Physiology*, 146 (1982), 223–8

L. Kürten et al, 'Warm and cold receptors in the nose of the vampire bat Desmodus rotundus', *Naturwissenschaften*, 71 (1984), 327–8

David Linden, Touch: The Science of Hand, Heart, and Mind, Viking Press, 2015

D. H. W. Lowa et al., 'Dracula's children: Molecular evolution of vampire bat venom', *Journal of Proteomics*, 89 (2013), 95–111

E. A. Lumpkin et al., 'The cell biology of touch', *Journal of Cell Biology*, 191:2 (2010), 237–48

N. L. Maitre et al., 'The dual nature of early-life experience on somatosensory processing in the human infant brain', *Current Biology*, 27:7 (2017), 1048–54

F. McGlone et al., 'Discriminative and affective touch: sensing and feeling', *Neuron*, 82 (2014), 737–55

Vladimir Nabokov, *Lolita*, Olympia Press, 1955

E. A. Newman and P. A. Hartline, 'The infrared "vision" of snakes', *Scientific American*, 246 (1982), 116–27

Edward R. Perl, 'Ideas about pain, a historical review', Neuroscience, 8 (2007), 71–80

Frederick Sachs, 'The intimate sense: Understanding the mechanics of touch', *Sciences*, 28:1 (January/February 1988), 28–34

Charles Sherrington, *The Integrative Action of the Nervous System*, Scribner, 1906

A. Vallbo et al., 'Unmyelinated afferents constitute a second system coding tactile stimuli of the human hairy skin', *Journal of Neurophysiology*, 81 (1999), 2753–63

L. Vay et al., 'The thermo-TRP ion channel family: properties and therapeutic implications', *British Journal of Pharmacology*, 165:4 (2012), 787–801

A. C. Voos et al., 'Autistic traits are associated with diminished neural response to affective touch', *Social Cognitive and Affective Neuroscience*, 8:4 (April 2013), 378–86

S. G. Waxman, 'A channel sets the gain on pain', Nature, 444 (2006), 831–2 Stephen Waxman, *Chasing Men on Fire: The Story of the Search for a Pain Gene*, MIT Press, 2018

Gerald S. Wilkinson, 'Reciprocal food sharing in the vampire bat', *Nature*, 308 (8 March 1984), 181–4

Gerald S. Wilkinson, 'Social grooming in the common vampire bat,

Desmondus rotundus', *Animal Behaviour*, 34 (1986), 1880–9

Gerald S. Wilkinson, 'Food sharing in vampire bats', *Scientific American*, 262:2 (February 1990), 76–83

Y. Yang et al., 'Mutations in SCN9A, encoding a sodium channel alpha subunit, in patients with primary erythermalgia', *Journal of Medical Genetics*, 41 (2004), 171–4

第6章　丝条短平口鲀和我们的味觉

在亚马孙河流域的所有捕食者中……2009年，豪尔赫·马苏洛·德阿吉亚尔（Jorge Masullo de Aguiar）在亚马孙黑水水域捕获了据说最大的丝条短平口鲀。在合照中（可以在网上查到），这名渔民站在他的大鱼旁边，2米长的大鱼使其看上去十分矮小。

所有鱼类的身体两侧都各有一条侧线……沿着头部和身体两侧排列的一系列特化机械感受器（名为神经丘）赋予鱼类一种特殊的触觉，使其可以感觉到其他生物在前方运动、河水流动或海洋洋流产生的压力波。

人类舌头拉伸后的最长纪录……根据吉尼斯世界纪录，人类最长舌头的纪录来自一个名叫尼克·斯托伯尔（Nick Stoeberl）的美国人，长度为10.1厘米。

谈到味觉，鲀鱼是标志性的动物……1977年，感官生物学家约翰·卡普里奥对鲀鱼味觉神经的绝对敏感度进行了一项经典研究，发现鲀鱼的味觉阈值是所有脊椎动物中最低的。他告诉了我一个关于鲀鱼是会游泳的舌头的说法："就好像你的舌尖是从你的嘴里长出来的，覆盖着你的整个身体。"

美国博物学家查尔斯·贾德森·赫里克……若想了解更多关于已故的、伟大的神经学家查尔斯·贾德森·赫里克的信息，乔治·W.巴特尔梅兹（George W. Bartelmez）的自传是个好的开端，你可以在美国国家科学院的网站上找到它。

最近，科学家们发现谷氨酸盐或鲜味受体……这发生在1996年，尽管日本化学家池田菊苗早在一个世纪前就提出了这条味觉通道。科学家们仍在寻找更多基本味觉；最近，研究人员提出了脂肪和钙的通道。

然而，一种食物的大部分味道……巴托舒克和其他人曾经提出，味道本身可以被视为一种感官。在他创作于1826年的著作中，法国著名美食家让·安特尔姆·布里亚特-萨瓦林（Jean Anthelme Brillat-Savarin）宣称："就我自己而言，我不但相信

没有嗅觉的参与就没有完整的品尝行为，我还倾向于认为，气味和味道构成了单一的感官。"戈登·谢泼德在《神经美食学》（*Neurogastronomy*）一书中补充道："于是布里亚特－萨瓦林确定了嗅觉在味觉中的重要作用，但遗憾的是，他没有明确区分作为单一感官的味觉和作为气味和味觉综合感官的'味觉'。第二种综合感官就是'味道'。"

*就味道而言，我们的大脑欺骗我们……*戈登·谢泼德还说："产生的味道是一种海市蜃楼；它似乎来自食物所在的口腔，但是气味部分来自嗅觉通路。"根据巴托舒克的说法，这也是亚里士多德忽略它的原因；当他"咬住一个苹果时，苹果的味道在他嘴里被感知到，于是他将其称为味道"。然而，尽管味道可能更多与嗅觉有关，而不是味觉，但它也与视觉、声音以及对食物的触感有关——从质感到香料是否能激活我们的热传感器。它是真正的多感官。2019年，比拉尔·马利克（Bilal Malik）等人发现我们的舌头可以检测到气味，这进一步混淆了舌头和鼻子，味道、味觉和风味之间的区别。他们不认为你可以用舌头"闻"气味，但却认为气味可能会改变味道。据说，这项研究的灵感来自一个12岁的男孩问的一个问题——为什么蛇会伸出舌头"闻"周围的空气？

*一项实验要求研究人员用带有不同味道的棉签……*雅各布·施泰纳（Jacob Steiner）开展了这项婴儿研究，他的论文包括婴儿在品尝各种味道时做出的表情（常常很滑稽）的照片。

*因此，最近的一项研究表明……*受试者被要求阅读"她甜蜜地看着他"之类的话，以及与之对应的直白文字"她亲切地看着他"，与此同时，研究人员会扫描他们的大脑。F. M. M. 西特伦（F. M. M. Citron）和A. E. 哥德堡（A. E. Goldberg）发现，隐喻表达更能唤起情感；与直白的表述不同，它们激活了大脑中处理情绪的部分，如杏仁核。

*味觉和我们的痛觉一样是天生的……*我们生来就有固定的五个味觉通道（尽管我们会因吃到变质食物而产生味觉厌恶），而嗅觉偏好是我们在生活中习得的。

*雷蒙德·福勒博士在为家人……*遗憾的是，这位美国心理学家在2015年去世了；巴托舒克好心地向我讲述了他的故事，并推荐我去读一下埃里卡·古德（Erica Goode）为《纽约时报》撰写的以福勒博士为主角的文章。

*我将这条小鱼称为侏儒鲀……*实际上，芬格一开始叫它"Icthyunculus"（在他1976年的科研报告里），但是后来决定不使用"这种拉丁语和希腊语的混杂"形式。

*最先被发现的孤立化学感受细胞散布在……*1992年，玛丽·惠蒂尔（Mary Whitear）首次描述了分布在鱼类身体两侧的这些孤立化学感受细胞。2003年，芬格等人在呼吸道中发现了它们；1996年，霍费尔（Höfer）等人在消化道中发现了它们。

采访和个人交流：杰尔·阿特马、琳达·巴托舒克、汤姆·芬格和约翰·卡普里奥等。

Diane Ackerman, *A Natural History of the Senses*, Vintage Books, 1990 Jelle Atema, 'Structures and functions of the sense of taste in the catfish Ictalurus natalis', Brain, Behaviour and Evolution, 4 (1971), 273–94

Jelle Atema, 'Smelling and tasting underwater', Oceanus, 23:3 (1980), 4–18 L. Bartoshuk, 'Taste', in R. C. Atkinson et al. (eds), *Stevens' Handbook of Experimental Psychology*, Vol. 1, John Wiley & Sons, 1988

L. M. Bartoshuk, 'Ratio-scaling, taste genetics and taste pathologies', in S. J. Bolanowski and G. A. Gescheider (eds), *Ratio Scaling of Psychological Magnitude*, Laurence Erlbaum, 1991

L. M. Bartoshuk, 'Sweetness: history, preference and genetic variability', *Food Technology*, 45:11 (1991), 108–13

L. M. Bartoshuk et al., 'PTC/PROP tasting: anatomy, psychophysics, and sex effects', *Physiology and Behavior*, 56:6 (1994), 1165–71

L. Bartoshuk et al., 'What Aristotle didn't know about flavor', *American Psychologist*, 74:9 (2019), 1003–11

M. D. Basson et al., 'Association between 6-n-propylthiouracil (PROP) bitterness and colonic neoplasms', *Digestive Diseases and Sciences*, 50:3 (2005), 483–9

Jean Anthelme Brillat-Savarin, *Physiology of Taste; Or, Meditations on Transcendental Gastronomy: Theoretical, Historical and Practical Work* (1825), Merchant Books, 2009

John Caprio, 'Electrophysiological distinctions between taste and smell of amino acids in catfish', *Nature*, 266 (1977), 850–1

John Caprio, 'Marine teleost locates live prey through pH sensing', *Science*, 344:6188 (June 2014), 1154–6

N. Chaudari et al., 'The taste of monosodium glutamate: membrane receptors in taste buds', *Journal of Neuroscience*, 16:12 (1996), 3817–26

F. M. M. Citron and A. E. Goldberg, 'Metaphorical sentences are more engaging than their literal counterparts', *Journal of Cognitive Neuroscience*, 26:11 (2014), 2585–95

Rob DeSalle, Our Senses: An Immersive Experience, Yale University Press, 2018 G. E. Essick et al., 'Lingual tactile acuity, taste perception, and the density and diameter of fungiform papillae in female subjects', *Physiology and Behavior,* 80 (2003), 289–302

Thomas E. Finger, 'Gustatory pathways in the bullhead catfish.

I. Connections of the anterior ganglion', *Journal of Comparative Neurology*, 165 (1976), 513–26

Thomas E. Finger, 'Gustatory pathways in the bullhead catfish. II. Facial lobe connections', *Journal of Comparative Neurology*, 180 (1978), 691–705

Thomas E. Finger, 'Solitary chemoreceptor cells in the nasal cavity serve as sentinels of respiration', *Proceedings of the National Academy of Sciences*, 100 (2003), 8981–6

Thomas E. Finger, 'Evolution of taste from single cells to taste buds', *Chemosense,* 9:33 (December 2009), 1–6

Thomas Finger and Sue Kinnamon, 'Taste isn't just for taste buds anymore', *F1000 Biology Report*, 3 (2011), published online

Avery Gilbert, What the Nose Knows: The Science of Scent in Everyday Life, Synesthetics, 2014

Erica Goode, 'If things taste bad, "phantoms" may be at work', *New York Times*, 13 April 1999

C. J. Herrick, 'The organ and sense of taste in fishes', *Bulletin of US Fishery Committee*, 22 (1904), 237–72

D. Höfer et al., 'Taste receptor-like cells in the rat gut identified by expression of alpha-gustducin', *Proceedings of the National Academy of Sciences*, 25 (1996), 6631–4

Kikunae Ikeda, 'New seasonings', *Journal of Tokyo Chemical Society*, 30 (1909), 820–36

B. Malik et al., 'Mammalian taste cells express functional olfactory receptors', *Chemical Senses*, 20 (2019), 1–13

C. Running et al., 'Oleogustus: the unique taste of fat', *Chemical Senses*, 40:7 (2015), 507–16

Gordon M. Shepherd, *Neurogastronomy: How the Brain Creates Flavor and Why it Matters*, Columbia University Press, 2012

Jacob Steiner, 'Facial expressions of the neonate infant indicating the hedonics of food-related chemical stimuli', in James Weiffenbach (ed.), *Taste and Development: The Genesis of Sweet Preference*, National Institutes of Health, Washington, 1977

Theodore Roosevelt, *Through the Brazilian Wilderness*, Charles Scribner's Sons, 1914

M. Whitear, 'Solitary chemoreceptor cells', in T. J. Hara (ed.), *Chemoreception in Fishes*, 2nd edition, Elsevier, 1992

K. Yanagisawa et al., 'Anesthesia of the chorda tympani nerve and taste phantoms', *Physiology and Behavior*, 63:3 (1998), 329–35

第7章 寻血猎犬和我们的嗅觉

难怪训练有素的寻尸犬……在《作为一条狗》一书中，纽约巴纳德学院狗认知实验室的负责人亚力山德拉·霍洛维茨讲述了许多其他证明狗鼻子力量的故事：从经过训练寻找淹死尸体的狗——腐烂分解的气味上升到水面——到在主人患上癌症时行为异常的宠物狗。科学家想知道恶性肿瘤是否会散发出我们的鼻子无法察觉的"某种标志性气味"。一些研究调查了狗是否可以嗅出黑色素瘤、膀胱癌、前列腺癌、乳腺癌和肺癌。

塞特尔斯发现一位同事的宠物金毛犬……贝利是塞特尔斯的同事洛里·德雷贝利斯（Lori Dreibelis）的狗，他好心地写信告诉我："贝利是一条了不起的狗，它的使命就是取悦人。它喜欢和我一起工作。它很好教。它的辛勤工作为培养一名博士生和发表几篇科学论文做出了贡献。"

无论确切的数量是多少……嗅觉神经元的确切数量可能存在争议，但狗的嗅觉神经元数量总是高得多。例如，心理学家蕾切尔·赫茨指出，"我们大约有2000万个嗅觉受体覆盖着我们左右鼻孔的嗅觉上皮"，这与"拥有大约2.2亿个嗅觉受体的寻血猎犬相比，简直微不足道"。而心理学家斯坦利·科伦（Stanley Coren）声称，寻血猎犬"携带大约3亿个气味受体"。同样重要的是，狗——不像人类，但和蛇、蝾螈、大象和乌龟很像——的鼻子里有第二个嗅觉上皮表面，位于口腔顶部以上的鼻腔底部，即犁鼻器的犁鼻感觉上皮。这个器官包含特异受体，可以检测到空气中

的信息素（这是下一章的主题）。

人类没有嗅窝，所以空气以…… 根据大卫·莱恩（David Laing）的一项开创性研究，人类嗅一次通常持续1.6秒，吸入500立方厘米的空气，速度可达每分钟27升。

在去世的前一年，布罗卡在《人类学评论》一书中写道…… 引文由约翰·麦根翻译，摘自他的论文《糟糕的人类嗅觉是19世纪的迷思》。

嗅觉的有机升华…… 弗洛伊德于1909年向维也纳精神分析学会的成员讲了这些话。

她称嗅觉为"堕落天使"…… 在《我的天地》（*The World I Live In*）一书中，凯勒写道："出于某种无法解释的原因，嗅觉在它的姊妹感官之中没有占据应有的地位。它有点像堕落天使。"

你觉得这听起来像是狗鼻子的全面胜利吗？…… 艾弗里·吉尔伯特在他的博客文章《第一神经》（*First Nerve*）中探讨了这场辩论。参见他2015年7月21日的帖子，"插手干预：记者如何延续狗的嗅觉优于人类的迷思"。

2017年，《科学》杂志发表了一篇论文…… 在《鼻子知道什么》一书中，艾弗里·吉尔伯特提出了一个有趣的理论来解释为什么西格蒙德·弗洛伊德延续了布罗卡的嗅觉削弱迷思："可卡因、鼻子手术、流感、鼻窦感染和雪茄的反复侵袭，以及最终的衰老，导致他的嗅觉出了问题。"所以弗洛伊德的嗅觉既没有强化（嗅觉过敏），也没有丧失，而是可能被削弱了（嗅觉减退）。

大多数人都愿意尝试…… 波特的引语来自格劳修斯（Josie Glausiusz）的文章《原始数据》（*Raw Data*）。

然后他们被要求闻出…… 就像塞特尔斯关注狗的吸气一样，其他科学家也在关注我们的吸气。诺姆·索贝尔（Noam Sobel，也参与了在伯克利进行的研究）在人们嗅闻时扫描了他们的大脑。他认为，我们的嗅觉不仅仅是气味的收集，而且是我们嗅觉感知的重要组成部分，甚至"即使在没有气味的情况下也足以产生某种嗅觉感知"。

也许任何下决心使用自己鼻子的人…… 亚力山德拉·霍洛维茨在她的书中提到了类似的情况："显然，不是我们闻不出来，而是我们在很大程度上没有去闻。"她解释道："我一直都不屑于敞开心扉去认真考虑气味，但在过去的几年里，我一直在思考嗅觉，最大的乐趣是我的世界已经改变了颜色。例如，就像我伟大的同事奥

利弗·萨克斯曾经描述的那样，我世界里的每个人都有一张‘气味脸庞’。"最后，她总结道："狗安静地保留了我们站起来并遗忘的那个世界。"

采访和个人交流：加里·塞特尔斯、马蒂亚斯·拉斯卡、安德烈亚斯·凯勒和约翰·麦根等。

Catherine Brey and Lena Reed, *The New Complete Bloodhound*, Howell Book House, 1978

Paul Broca, 'Recherches sur les centres olfactifs', *Revue d'Anthropologie*, 2 (1879), 390–1

L. Buck and R. Axel, 'A novel multigene family may encode odorant receptors: a molecular basis for odor recognition', *Cell*, 65 (1991), 175–87

C. Bushdid et al., 'Humans can discriminate more than 1 trillion olfactory stimuli', *Science*, 343:6177 (2014), 1370–2.

G. K. Chesterton, 'The Song of Quoodle', in *Wine, Water, and Song, Methuen,* 1915

Stanley Coren, *How Dogs Think: Understanding the Canine Mind*, Simon & Schuster, 2008

B. A. Craven et al., 'The fluid dynamics of canine olfaction: unique nasal airflow patterns as an explanation of macrosmia', *Journal of the Royal Society Interface*, 7 (2010), 933–43

A. M. Curran et al., 'Canine human scent identifications with post-blast debris collected from improvised explosive devices', *Forensic Science International*, 199 (2010), 103–8

Richard Feynman, *Surely You're Joking, Mr. Feynman: Adventures of a Curious Character*, W. W. Norton, 1985

Stuart Firestein, 'How the olfactory system makes sense of scents', *Nature*, 413 (2001), 211–17

Sigmund Freud, *Minutes de la Société Psychanalytique de Vienne*, 17 November 1909, Gallimard, 1978

Avery Gilbert, *What the Nose Knows: The Science of Scent in Everyday Life,* Synesthetics, Inc., 2014

Josie Glausiusz, 'Raw data: scents and scents-ability', *Discover Magazine*, 15 March 2007

Rachel Herz, *The Scent of Desire: Discovering our Enigmatic Sense of Smell*, William

Morrow, 2007

Alexandra Horowitz, *Being a Dog: Following the Dog into a World of Smell*, Simon & Schuster, 2016

Helen Keller, *The World I Live In*, Century Co., 1908

D. G. Laing, 'Natural sniffing gives optimum odour perception for humans', *Perception*, 12 (1983), 99–117

M. Laska, 'Busting a myth: humans are not generally less sensitive to odors than nonhuman mammals', *Chemical Senses*, 40 (2015), 537

M. Laska, 'Human and animal olfactory capabilities compared', in A. Buettneer (ed.), *The Springer Handbook of Odor*, Springer, 2017

M. J. Lawson et al., 'A computational study of odorant transport and deposition in the canine nasal cavity: implications for olfaction', *Chemical Senses*, 37 (2012), 553–66

Joel Mainland and Noam Sobel, 'The sniff is part of the olfactory percept', *Chemical Senses*, 31:2 (February 2006) 181–96

John P. McGann, 'Poor human olfaction is a 19th-century myth', *Science*, 356:6338 (2017), 7263–9

A. V. Oliveira-Pinto et al., 'Sexual dimorphism in the human olfactory bulb: females have more neurons and glial cells than males', *PLoS One*, 9 (2014), published online

J. Porter et al., 'Mechanisms of scent-tracking in humans', *Nature Neuroscience*, 10 (2007), 27–9

P. F. Ribeiro et al., 'Greater addition of neurons to the olfactory bulb than to the cerebral cortex of eulipotyphlans but not rodents, afrotherians or primates', *Frontiers in Neuroanatomy*, 8 (2014), 23 and 50

Oliver Sacks, interview with Adam Higginbotham for *Telegraph Magazine*, November 2012

Oliver Sacks, 'The dog beneath the skin', in *The Man Who Mistook His Wife for a Hat*, Picador, 1986

Carl Sagan, *Broca's Brain: Reflections on the Romance of Science*, Random House, 1979

Gary Settles, 'Sniffers: fluid dynamic sampling for olfactory trace detection in nature and homeland security', *Journal of Fluids Engineering*, 127 (March 2005), 189–218

G. S. Settles et al., 'The external aerodynamics of canine olfaction', in F. G. Barth et al. (eds), *Sensors and Sensing in Biology and Engineering*, Springer Wein, 1996

Gordon M. Shepherd, 'The human sense of smell: are we better than we think', *PLoS Biology*, 2:5 (2004), published online

Gordon M. Shepherd, *Neurogastronomy: How the Brain Creates Flavor and Why it Matters*, Columbia University Press, 2012

James Walker et al., 'Human odor detectability: new methodology used to determine threshold and variation', *Chemical Senses*, 28 (2003), 817–26

James Walker et al., 'Naturalistic quantification of canine olfactory sensitivity', *Applied Animal Behavioural Science*, 97:2–4 (May 2006), 241–54

Leon F. Whitney, *Bloodhounds and How to Train Them*, Orange Judd Publishing, 1947

第8章　大孔雀蛾和我们的欲望

*夜孔雀蛾又名……*美国昆虫学家威廉·T. M.福布斯（William T. M. Forbes）意识到，亚里士多德在他的《动物志》第5卷第19节中描述的"大蚕蛾"就是大孔雀蛾，因此现在有人将大孔雀蛾的幼虫称为"亚里士多德蚕"。

*梵·高用颜料使它变得永垂不朽……*文森特·梵·高的油画和素描——两幅作品的名字都是《大孔雀蛾，1889》——可在梵·高博物馆的网站上在线获取。

*有报道称，曾有一只意乱情迷的雄蛾……*尽管存在距离更远的案例，但根据凯斯林教授的说法，唯一被证实的报道是关于雄蛾劳（Rau）和劳（1929）的，距离为5千米。

*同年，他的两名同事彼得·卡尔森和马丁·吕舍尔创造了……*也是在这一年，卡尔森和布特南特写道："在咨询了该领域几位有经验的同事后，我们提议将这些物质命名为'信息素'……指由动物分泌到体外并在同一物种的接收个体中引起特定反应的物质。"

*信息素暗示了嗅觉的阴暗面……*正如上一章注释中所提到的那样，信息素不是由嗅觉上皮细胞检测到的，而是由一个名为犁鼻器的单独鼻结构检测到的。关于人类是否拥有行使功能的犁鼻器，曾经存在很多争论，但最终达成的共识是没有。马丁·威特（Martin Witt）和托马斯·胡默尔（Thomas Hummel）在2006年进行了全

面的调查。话虽如此，2000年，罗德·里奎兹（Ivan Rodriguez）等人在我们的嗅觉黏膜中发现了一种可能的信息素受体，所以尽管我们没有检测信息素的专门器官，但也许我们有一种用来检测它们的"特殊类别的化学感受器"。

*信息素是一个非常强有力的词语……*特利斯特拉姆·怀亚特在2014年5月14日的TED演讲《人类信息素的嗅觉秘密》可在线观看，他的教科书是信息素相关知识的源泉。

*美国学术期刊《科学》……*2005年的一期特别版——标题为《我们不知道什么》——提出了科学界最紧迫的100个问题。除了"意识的生物学基础是什么？""我们的宇宙是唯一的宇宙么？"和"水的结构是什么？"之外，还有"信息素影响人类的行为吗？"，以及"鉴定它们将会是评估它们对我们社交生活的影响的关键"。

*1572年，据说孔代公主……*这个故事以及查尔斯·费雷关于它的描述都出自大卫·迈克尔·斯托达特的著作《有气味的猿》，其中还包括其他故事，如于斯曼、"爱情苹果"，以及关于我们出汗的方式、地点和原因的引人入胜的生物学知识。

*最著名的实验是在一个牙医候诊室里进行的……*这里提到的关于雄激素的第一项研究的作者是迈克尔·柯克－史密斯（Michael Kirk-Smith）和贝蒂娜·帕斯（Bettina Pause），第二项研究的作者是大卫·布斯（David Booth），这两项研究都着眼于雄烯酮。第三项研究——作者是J. J. 考利（J. J. Cowley）和B. W. 布鲁斯班克（B. W. Brooksbank）——则探究了雄甾烯醇。塔姆辛·萨克斯顿的闪电约会研究依赖的是雄甾二烯酮。

*我是房间里唯一的女性，也是唯一的本科生……*麦克林托克和希拉里·克林顿同年毕业于威尔斯利大学。她的故事在米利亚姆·霍恩（Miriam Horn）的著作《戴白手套的反叛者》（*Rebels in White Gloves*）和劳伦斯·D. 罗森布鲁姆（Lawrence D. Rosenblum）的《看我在说什么》（*See What I'm Saying*）中有更详细的叙述。

*信息素有多种形式……*查尔斯·维索茨基（Charles Wysocki）和乔治·普雷蒂（George Preti）提出了哺乳动物信息素的四种变体，不过特利斯特拉姆·怀亚特仍然不相信通信信息素或调节信息素。

*那是鉴赏家的喜悦反应……*如果想了解当假定信息素在婴儿鼻子下方飘荡时，婴儿脸上的表情是什么样的，请观看怀亚特的TED演讲。

*信息素不仅仅与性有关……*研究还集中在警报信息素上，以及我们是否会闻

到恐惧的气味。这在动物界早已被观察到，如特利斯特拉姆·怀亚特注意到查尔斯·巴特勒（Charles Butler）在他的养蜂人手册《雌性君主制》（*The Feminine Monarchie*）中写道："受伤蜜蜂的'臭味'会吸引其他愤怒的蜜蜂蜇刺。"后来，迪特兰·穆勒－施瓦策（Dietland Müller-Schwarze）的研究表明，太平洋黑尾鹿在受到惊吓时会从后腿上的腺体分泌警报信息素。然后在2008年，莉莉·穆希卡－帕罗迪（Lilly Mujica-Parodi）让受试者闻从4000米高的飞机上跳下来的人身上收集的汗液，同时扫描他们的大脑。这激活了他们的杏仁核（我们大脑中记录情绪的部分）。她告诉我，这项研究提供了首个神经生物学证据，证明人类至少会释放一种警报信息素。

采访和个人交流：卡尔－恩斯特·凯斯林、特利斯特拉姆·怀亚特、大卫·布斯、塔姆辛·萨克斯顿和克劳斯·韦德金德等。

Adolf Butenandt et al., 'Uber den Sexual-Lockstoff des Seidenspinners Bombyx mori. Reindarstellung und Konstitution', *Z Naturforsch*, 14 (1959), 283–4

J. J. Cowley and B. W. L. Brooksbank, 'Human exposure to putative pheromones and changes in aspects of social behaviour', *Journal of Steroid Biochemistry and Molecular Biology*, 39:4/2 (October 1991), 647–59

Richard Dawkins, *The Selfish Gene*, Oxford University Press, 1976

Richard Doty, *The Great Pheromone Myth*, Johns Hopkins University Press, 2010

S. Doucet, R. Soussignan, P. Sagot and B. Schaal, 'The secretion of areolar (Montgomery's) glands from lactating women elicits selective, unconditional responses in neonates', *PLoS One*, 23 October 2009, published online

Havelock Ellis, *Studies on the Psychology of Sex, Vol. IV*: Sexual Selection in Man, Random House, 1927

Jean-Henri Fabre, *The Life of the Caterpillar*, trans. Alexander Teixeira de Mattos, Dodd, Mead and Company, 1916

William T. M. Forbes, 'The silkworm of Aristotle', *Classical Philology*, 25:1 (January 1930),. 22–6

'Henri Fabre dies in France at 92', *New York Times*, 11 October 1915 Rachel Herz, *The Scent of Desire: Discovering our Enigmatic Sense of Smell*, William Morrow, 2007

Rachel Herz, 'The truth about pheromones, part 2', *Psychology Today*, 18 June 2009

Miriam Horn, *Rebels in White Gloves: Coming of Age with the Wellesley Class of '69*,

Crown, 1999

Karl-Ernst Kaissling, 'Pheromone-controlled anemotaxis in moths', in M. Lehrer (ed.), *Orientation and Communication in Arthropods*, Birkhauser Verlag, 1997

Karl-Ernst Kaissling, 'Pheromone reception in insects' in D. Mucignat- Caretta (ed.), *Neurobiology of Chemical Communication*, CRC Press, 2014

Peter Karlson, obituary of Adolf Butenandt, *Independent*, 1 February 1995 Peter Karlson and Adolf Butenandt, 'Pheromones (ectohormones) in insects', Annual Review of Entomology, 4 (January 1959), 39

Peter Karlson and Martin Lüscher, ' "Pheromones": a new term for a class of biologically active substances', *Nature*, 183 (3 January 1959), 55–6

M. D. Kirk-Smith and D. A. Booth, 'Effect of androstenone on choice of location in others' presence', in H. van der Starre (ed.), *Olfaction and Taste Ⅶ*, London: Information Retrieval, 1980

M. K. McClintock, 'Menstrual synchrony and suppression', *Nature*, 229 (22 January 1971), 244–5

G. Miller et al., 'Ovulatory cycle effects on tip earnings by lap dancers: economic evidence of human estrus?', *Evolution and Human Behavior*, 28 (2007), 375–81

L. Mujica-Parodi et al., 'Second-hand stress: neurobiological evidence for a human alarm pheromone', *Nature Precedings*, 2008

Dietland Müller-Schwarze et al., 'Alert odor from skin gland in deer', *Journal of Chemical Ecology*, 10:12 (1984), 1707–29

Carol Ober et al., 'HLA and mate choice in humans', *American Journal of Human Genetics*, 61 (1997), 497–504

B. Pause, 'Are androgen steroids acting as pheromones in humans', *Physiology and Behavior*, 83 (2004), 21–9

George Preti, 'Human pheromones: what's purported, what's supported', report for Sense of Smell Institute, July 2009

P. Rau and N. L. Rau, 'The sex attraction and rhythmic periodicity in giant Saturniid moths', Transactions of the Academy of Sciences of St Louis, 26 (1929), 83–221

I. Rodriguez et al., 'A putative pheromone receptor gene expressed in human olfactory mucosa', *Nature Genetics,* 26 (September 2000), 18–19

Lawrence D. Rosenblum, *See What I'm Saying: The Extraordinary Powers of our Five Senses*, W. W. Norton, 2011

Tamsin Saxton et al., 'Evidence that androstadienone, a putative human chemosignal, modulates women's attributions of men's attractiveness', *Hormones and Behavior* 54 (2008), 597–601

K. Stern and M. K. McClintock, 'Regulation of ovulation by human pheromones', *Nature*, 392 (12 March 1998), 177–9

D. Michael Stoddart, *The Scented Ape: The Biology and Culture of Human Odour*, Cambridge University Press, 1990

Patrick Süskind, *Perfume: The Story of a Murderer*, Hamish Hamilton, 1986 Lewis Thomas, 'A fear of pheromones', in *The Lives of a Cell: Notes of a Biology Watcher*, Viking Press, 1974

Claus Wedekind and S. Füri, 'Body odour preferences in men and women: do they aim for specific MHC combinations or simply heterozygosity', *Proceedings of the Royal Society of London B*, 264 (1997), 1471–9

Claus Wedekind et al., 'MHC-dependent mate preferences in humans', Proceedings of the Royal Society of London B, 260 (1995), 245–49

'What don't we know', *Science*, 309 (2005), 93

'Who made speed dating?', *New York Times*, 29 September 2013

M. Witt and T. Hummel, 'Vomeronasal versus olfactory epithelium: is there a cellular basis for human vomeronasal perception?', *International Review of Cytology*, 248 (2006), 209–59

Tristram D. Wyatt, 'Fifty years of pheromones', *Nature*, 457 (15 January 2009), 262–3

Tristram D. Wyatt, *Pheromones and Animal Behaviour: Chemical Signals and Signatures*, Cambridge University Press, 2014

Tristram D. Wyatt, 'Primer: Pheromones', *Current Biology*, 27 (7 August 2017), 523–67

C. J. Wysocki and G. Preti, 'Pheromones in mammals', in Larry Squire (ed.), *Encyclopedia of Neuroscience*, Academic Press, 2009

第9章　猎豹和我们的平衡感

*三年后，在一个阳光灿烂的夏日……*罗夫·史密斯（Roff Smith）发表于《国家地理》的文章《猎豹打破速度纪录——以几秒的优势击败了博尔特》和一段萨拉打破纪录的视频都讲述了这只猎豹创造的世界纪录，文章和视频都可以在线观看。文中提到的饲养员是凯瑟琳·希尔克（Cathryn Hilker），她创立了辛辛那提动物园的猫科动物大使计划，并将萨拉从幼崽养大。现在的首席饲养员艾丽西亚·桑普森（Alicia Sampson）告诉我，萨拉[全名撒哈拉（Sahara）]"是非常喜欢奔跑的女神"。她回忆起那场比赛："2012年6月的那天，它跑得和以前一样快。它拥有非凡的平衡感；如果地面很湿，我们的一些猫科动物能够轻松地跑起来，它就是其中之一。"

*它一半的体重是肌肉……*艾伦·威尔逊后来证明了猎豹的肌肉可以产生在陆地动物身上前所未见的力量。在它那次破纪录的短跑中，尤塞恩·博尔特每千克体重产生的能量大约是25瓦，而猎豹每千克体重产生的能量可达120瓦。

*对于猎豹的最大速度，我们只有一种……*虽然克雷格·夏普是在1965年做的这项研究，但他直到1997年才发表相关论文，因为他发现当时广泛报道的速度（114千米/时）是基于可疑的科学研究。很显然，研究人员不仅高估了奔跑距离，而且他们的计时和随后的计算也不准确。

*奥利弗·萨克斯讲述了一位老绅士的……*丧失平衡的情况比人们想象的要普遍得多。因四眼后肛鱼而闻名的罗恩·道格拉斯失去了一只耳朵的平衡器官。他走路时必须非常小心，但让他聊以慰藉的是自己从来不晕船；这是又一个"前往公海寻找新奇物种的理由"。

*内耳测量的正是这种"滞后程度……*布莱恩·戴提供了另一种描述："这是一种对重力的感觉，让我们随时都知道哪个方向是上。"当然，除非我们置身太空；宇航员在进入微重力环境的最初几天经常会感到头晕和迷失方向。神经科学家们想知道，如阿兰·贝尔托（Alain Berthoz），更好地理解宇航员的平衡感发生的变化能否帮助那些平衡感出现问题的人。

*尽管后来有人发现了早于露西……*尽管莱托里的脚印仍然是我们所知的最古老的原始人类脚印，但人类开始用双足行走的时间已被提至700万年前。乍得沙赫人（Sahelanthropus tchadensis）的化石已经取代露西，成为已知最古老的可直立行走的人类祖先的证据。

*我们的前庭系统不是孤立运行的……*除了视觉之外，还有另一种感官服务于平衡感。这是第12章中关于章鱼的谈论主题：一种名为本体感觉的感官。当戴（Day）对一个多年前永久丧失了这种感官的人（伊恩·沃特曼，第12章中也有提到）进行电刺激时，他发现，此人的前庭感觉比大多数人的要敏感。"要我说，沃特曼的前庭反应比我们的敏感十倍，"他告诉我，"这大概是为了弥补他缺失的本体感觉。"

*因此，我们的眼睛发挥着关键作用……*飞行事故悲惨地强调了视觉在平衡感中的重要性。如果没有视力，我们的内耳会混淆加速和倾斜，产生飞行员所谓的"仰头"错觉。2000年8月23日，海湾航空公司一架从开罗起飞的航班在起飞后不久坠入波斯湾。后续调查发现，那晚的天空漆黑一片，因此在视线模糊的情况下，飞行员很可能将飞机的加速当成了倾斜，于是驾驶飞机向下扎进了海里，导致机上143人全部遇难。

*巴里·西门格尔是伦敦查令十字医院和圣玛丽医院的……*西门格尔博士在2014年6月23日美国广播公司播出的访谈节目《健康报告》（*The Health Report*）中和主持人诺曼·斯旺（Norman Swan）讨论了自己的工作，其中就包括这项研究。他认为，现代环境让眩晕和平衡问题变得更糟了。"由于我们在过去的一万年里并没有进化那么多，我们实际上带着自己的进化史包袱……移动的车辆、闪烁的灯光、电影院、宽屏电视、飞机，这不是穴居人的世界。"现代世界"对大脑而言极具挑战性"。

采访和个人交流：艾伦·威尔逊、布莱恩·戴、卡米尔·格罗赫、弗雷德·斯普尔和巴里·西门格尔等。

Alain Berthoz, *The Brain's Sense of Movement*, Harvard University Press, 2000

P. G. Cox and N. Jeffrey, 'Semicircular canals and agility: the influence of size and shape measures', *Journal of Anatomy*, 216 (2010), 37–47

Brian Day and Richard Fitzpatrick, 'Primer: The vestibular system', *Current Biology*, 15:15 (2005), R583–6

Ron Douglas, 'Acoustic neuroma and its ocular implications: a personal view', *Optometry*, 25 January 2002

R. C. Fitzpatrick and B. L. Day, 'Probing the human vestibular system with galvanic stimulation', *Journal of Applied Physiology*, 96 (2004), 2301–16

R. C. Fitzpatrick et al., 'Resolving head rotation for bipedalism', *Current Biology*, 16

(8 August 2006), 1509–14

C. Grohé et al., 'Recent inner ear specialization for high-speed hunting in cheetahs', *Nature Scientific Reports*, 2 February 2018

H. Hadžiselimović and L. J. Savković, 'Appearance of semicircular canals in birds in relation to mode of life', *Acta Anatomica*, 57 (1964), 306–15

P. E. Hudson et al., 'High speed galloping in the cheetah (*Acinonyx jubatus*) and the racing greyhound (*Canis familiaris*): spatio-temporal and kinetic characteristics', *Journal of Experimental Biology*, 215 (2012), 2425–34

B. Latimer and C. Owen Lovejoy, 'The calcaneus of *Australopithecus afarensis* and its implications for the evolution of bipedality', *American Journal of Physical Anthropology*, 78:3 (March 1989), 369–86

Y. Nigmatullina et al., 'The neuroanatomical correlates of training-related perceptuo-reflex uncoupling in dancers', *Cerebral Cortex*, 25 (February 2015), 554–62

Helen Phillips, 'The cheetah's time has come', *Nature*, 386 (1997), 653 Marco Piccolino, 'The bicentennial of the Voltaic battery (1800–2000): the artificial electric organ', *Trends in Neurosciences*, 23:4 (2000), 147–51

Oliver Sacks, 'On the level', in *The Man Who Mistook His Wife for a Hat*, Picador, 1986

N. C. C. Sharp, 'Timed running speed of a cheetah (*Acinonyx jubatus*)', *Journal of Zoology*, 241 (1997), 493–4

Roff Smith, 'Cheetah breaks speed record – beats Usain Bolt by seconds', *National Geographic News*, 2 August 2012

F. Spoor et al., 'Implications of early hominid labyrinthine morphology for evolution of human bipedal locomotion', *Nature*, 369 (23 June 1994), 645–8

F. Spoor et al., 'The primate semicircular canal system and locomotion', *Proceedings of the National Academy of Sciences*, 104:26 (26 June 2007), 10808–12

R. H. Tuttle, 'Kinesiological inferences and evolutionary implications from Laetoli bipedal trails G-1, G-2/3, and A', in M. D. Leakey and J. M. Harris (eds), *Laetoli: A Pliocene Site in Northern Tanzania*, Clarendon Press, 1987

T. M. Williams et al., 'Skeletal muscle histology and biochemistry of an elite sprinter, the African cheetah', *Journal of Comparative Physiology B*, 167 (1997), 527–35

A. Wilson et al., 'Locomotion dynamics of hunting in wild cheetahs', *Nature*, 498 (13 June 2013), 185–8

第 10 章　碎屑线圆蛛和我们的时间感

科学家们已经证明，圆蛛……凯莉·阿诺德（Carrie Arnold）发表在《国家地理》上的《蜘蛛倾听它们的蛛网》一文报道了牛津大学贝丝·莫蒂默（Beth Mortimer）的研究。莫蒂默研究了蛛丝的声学特性，并解释了蜘蛛如何通过产生振动来获取信息；它们的八条腿意味着"它们本质上拥有覆盖各个方位的耳朵"，而且"因为蛛丝能够以范围如此广的频率振动，所以蜘蛛可以感知到幅度小至100纳米的运动"。

很少有学生敢走进托马斯·琼斯……东田纳西州立大学的网站上有一张托马斯·琼斯拿着一只络新妇的照片，它是《研究人员因蜘蛛昼夜节律方面的工作获得全国关注》这篇文章的插图，发布日期是2017年12月12日。达雷尔·摩尔和传说中的独角兽蜘蛛也出现在了这篇文章里。

1729年夏，在温暖惬意的法国朗格多克省……1729年德梅朗的一个朋友向位于巴黎的皇家科学院汇报的内容并没有具体说明德梅朗使用的是什么物种。六年后，瑞典博物学家卡尔·林奈（Carl Linnaeus）才会出版他的《自然系统》（*Systema Naturae*），所以德梅朗很难准确地鉴定自己使用的样本。不过，二十年后，当其他植物学家重复这个实验时，他们使用的是含羞草。所以如今人们普遍认为它就是德梅朗的向阳植物。第一句引述来自"植物学观察"，第二句引述来自德梅朗的悼词，法译英的译者均是安德烈·克拉斯菲尔德（André Klarsfeld）。

激发了科学界最大胆的自我实验之一……米歇尔·西弗尔并不是第一个为了科学而在洞穴里自我隔离的人。这个荣誉属于纳撒尼尔·克莱特曼（Nathaniel Kleitman）和布鲁斯·理查德森（Bruce Richardson）；1938年，他们在肯塔基州的一个山洞里待了32天。然而，西弗尔是第一个独自隔离的人，而且他在地下度过的时间增加了一倍多。对他的引述要么来自他的著作《超越时间》，要么来自他与乔舒亚·福尔（Joshua Foer）的一场采访。YouTube网站上可以看到他被绞车吊出洞穴的视频，即《科学家米歇尔·西弗尔五个月后从洞穴现身》（*Scientist Michel Siffre emerges from cave after five months*），1972年9月7日。

　　*于尔根·阿朔夫是"时间生物学"这一新兴领域的重要科学家……*当阿朔夫开始他开创性的地下掩体实验时，"时间生物学"（chronobiology）这个词还没有被创造出来。他于1998年去世。所以对他的引述来自他的论文《人体昼夜节律》（*Circadian rhythms in man*）。迈克尔·格洛比格（Michael Globig）的文章《没有白天和黑夜的时间》（*A world without day or night*）收录了阿朔夫在地下掩体的照片。

　　*英国陆军中士马克·斯来德戈尔……*英国盲人退伍军人慈善基金会的首席科学顾问雷娜塔·戈麦斯（Renata Gomes）教授向我介绍了斯来德戈尔。戈麦斯还非常好心地回答了很多关于时间生物学的问题。

　　*玫瑰并不一定是玫瑰，也不一定有资格被称为玫瑰……*科林·皮登卓伊当然是在致敬格特鲁德·斯泰因的著名诗句"玫瑰是玫瑰，玫瑰就是玫瑰"[来自她1943年的诗歌《圣徒艾米莉》（*Sacred Emily*）]。和阿朔夫一样，科林·皮登卓伊是时间生物学的创立者之一。蒂尔·罗内伯格（Till Roenneberg，他曾与阿朔夫一起工作，甚至主动申请在地下掩体工作一段时间）撰写了一篇关于这门新兴学科历史的精彩介绍，即《昼夜节律钟：生理学的衰落和崛起》（*Circadian clocks: the fall and rise of physiology*）。罗内伯格后来因发现人类在时间上由从早起的百灵鸟到晚睡的猫头鹰之间的连续个体组成而闻名。青少年往往是猫头鹰；女性更有可能是百灵鸟。他在《内在时间》（*Internal Time*）一书中介绍了这些"时间类型"，以及违背自己的类型可能导致的社会时差。

　　*这些蜘蛛的时钟和我们自己的生物钟完全不同……*达雷尔·摩尔和托马斯·琼斯已经分析了18种蜘蛛，并发现了种类多样的生物钟。一种拉丁学名为Frontinella communis的皿网蛛创造了另一项世界纪录，其生物钟周期长达29个小时。最近，琼斯请求摩尔测试他最毒的蜘蛛。"我们刚刚发现黑寡妇蜘蛛的生物钟更奇怪，"摩尔告诉我，"乍看之下，它们的活动度图似乎展示出了无节律性，仿佛它们根本没有内置的时间感。但我们现在知道，和其他蜘蛛不同，黑寡妇蜘蛛的活动时间短、强度大。"

　　采访和个人交流：托马斯·琼斯、达雷尔·摩尔、马克·斯来德戈尔、罗素·福斯特和罗恩·道格拉斯（本章再次出现）等。

Carrie Arnold, 'Spiders listen to their webs', *National Geographic*, 5 June 2014

Jürgen Aschoff, 'Circadian rhythms in man', *Science*, 148 (11 June 1965), 1427–32

Rebecca Boyle, 'Smallest sliver of time yet measured sees electrons fleeing atoms',

New Scientist, 19 November 2016

Jason Daley, 'Meet the zeptosecond, the smallest slice of time yet recorded', *Smithsonian Magazine*, 15 November 2016, published online

Ron Douglas and Russell Foster, 'The eye: organ of space and time', *Optician*, 20 March 2015

R. G. Foster and L. Kreitzman, *Circadian Rhythms: A Very Short Introduction*, Oxford University Press, 2017

R. G. Foster and L. Kreitzman, *Rhythms of Life*, Yale University Press, 2004 R. G. Foster and L. Kreitzman, 'The rhythms of life: what your body clock

means to you!', *Experimental Physiology*, 99:4 (2014), 599–606

R. G. Foster et al., 'Circadian photoreception in the retinally degenerate mouse (rd/rd)', *Journal of Comparative Physiology A*, 169 (1991), 39–50

Michel Globig, 'A world without day or night', Max Planck Research 2, 2007

S. Hattar et al., 'Melanopsin-containing retinal ganglion cells: architecture, projections, and intrinsic photosensitivity', *Science*, 295 (2002), 1065–70

S. Hattar et al., 'Melanopsin and rod-cone photoreceptive systems account for all the major accessory visual functions in mice', *Nature*, 424 (2003), 76–81

André Klarsfeld, 'At the dawn of chronobiology', September 2013, trans. Helen Tomlinson, published online on Bibnum, February 2015 Nathaniel Kleitman, *Sleep and Wakefulness*, University of Chicago Press, 1963

Robert J. Lucas et al., 'Regulation of the mammalian pineal by non-rod, non-cone, ocular photoreceptors', *Science*, 284 (16 April 1999), 505–7

J. J. O. de Mairan, 'Observation botanique', *Histoire de l'Académie Royale des Sciences* (1729), 35–6

J. J. O. de Mairan eulogy, *Histoire de l'Académie Royale des Sciences* (1771), 89–104

Darrell Moore et al., 'Exceptionally short-period circadian clock in *Cyclosa turbinata*: regulation of locomotor and web-building behaviour in an orb-weaving spider', *Journal of Arachnology*, 44 (2016), 388–96

Beth Mortimer et al., 'The speed of sound in silk, linking material performance to biological function', *Advanced Materials* 26:30 (13 August 2014), 5179–83

L. C. du Noüy, *Biological Time*, Macmillan, 1937

M. Ossiander et al., 'Attosecond correlation dynamics', *Nature Physics*, 13 (2017), 280–5

Colin S. Pittendrigh, 'Ⅷ. Biological clocks: the functions of ancient and modern, of circadian oscillations', in David L. Arm (ed.), *Science in the Sixties: The Tenth Anniversary AFOSR Scientific Seminar, June 1965*, University of New Mexico, 1965

Till Roenneberg, *Internal Time: Chronotypes, Social Jet Lag and Why You're so Tired*, Harvard University Press, 2017

T. Roenneberg and M. Merrow, 'Circadian clocks – the fall and rise of physiology', *Nature Reviews, Molecular Cell Biology*, 6 (December 2005), 965–71

Michel Siffre, *Beyond Time*, McGraw-Hill, 1964

Michel Siffre, interview with Joshua Foer, 'Caveman: an interview with Michel Siffre', *Cabinet*, 30: 'The underground issue' (Summer 2008), published online E. O. Wilson, *Consilience*, Alfred A Knopf, 1998

第11章　斑尾塍鹬和我们的方向感

*传说……*基思·伍德利（Keith Woodley）是新西兰米兰达水鸟中心（Miranda Shorebird Centre）的经理。他的著作《斑尾塍鹬：长途跋涉冠军》（*Godwits: Long Haul Champions*）是对斑尾塍鹬的详尽介绍。他指出，毛利人也相信"逝者的灵魂将踏上返回哈瓦基（他们祖先的家园）的旅程"，如果你仔细聆听，你会听到轻柔的低语和扑腾的声音，"就像一群夸卡"。

*斑尾塍鹬仍然保持着不间断飞行的最长纪录……*在我们上次的电子邮件交流中，罗伯·吉尔（Rob Gill）带来了一个爆炸性新闻，它提醒人们，虽然新冠疫情阻止了人类的国际旅行，但没有妨碍斑尾塍鹬的迁徙。"最好将这个消息告诉媒体，"他告诉我，"今年被标记的一只斑尾塍鹬在阿拉斯加和新西兰之间完成的旅程超过了E7的飞行历程。"斑尾塍鹬仍然保持着纪录，只是不是E7了。

*达尔文的论文引用了……*罗宾·贝克及其著作《人类导航和第六感》提醒我，要注意达尔文对这次探险的兴趣。

*研究人员发现，欧洲椋鸟会望向太阳……*在德国鸟类学家古斯塔夫·克莱默

（Gustav Kramer）发现它们的太阳罗盘五年后，埃姆伦又发现了这些鸟的天文罗盘。

*当E7在太平洋上空长途飞行时……*除了磁感受之外，鸟类还使用很多感官进行导航，如嗅觉、听觉（特别是超声波）和视觉，而且不只是用它们来校准天文罗盘。

*一个实验室甚至可以操纵数百万个此类细菌……*在YouTube网站上看到韩国科学技术院与荷兰屯特大学的合作研究成果，标题为《跳舞的趋磁细菌》（*Dancing magnetotactic bacteria*）。

*这场争论深入更多细节中，各方引用并质疑了其他证据……*有些科学家质疑鸟喙是否真的含有磁铁矿晶体；他们说研究人员看到的可能不是晶体，而是富含铁的免疫细胞。基尔施文克想知道最初的鸟喙实验是否有缺陷。"关于生物磁铁矿的微量调查很容易受到环境污染，特别是生活环境充满泥土的陆地动物。鸟喙研究所使用的技术不佳。"在一个干净的实验室里使用谨慎的技术，基尔施文克和同事们后来在鸟喙后部的前额中发现磁铁矿的含量异常高。

*这种东西你想编也编不出来……*这句话摘自蒂姆·伯克黑德的著作《鸟的感官》（*Bird Sense*）中关于磁感受的一章。

*目前他们已经在……*相关报道有：肯尼斯·洛曼（Kenneth Lohmann）等人在海龟身上、南森·帕特南（Nathan Putnam）等人在太平洋鲑身上、亚历山德罗·克雷西（Alessandro Cresci）等人在玻璃鳗身上、埃里克·沃兰特（Eric Warrant）等人在布冈夜蛾身上，以及帕特里克·格拉（Patrick Guerra）等人在帝王蝶身上均发现了磁敏感性。约翰·菲利普斯（John Phillips）在绿红东美螈身上观察到了磁敏感性，肯尼斯·洛曼在眼斑龙虾身上发现了这一现象，F. A. 布朗（F. A. Brown）等人在织纹螺身上发现了它。萨比娜·贝加尔（Sabine Begall）等人提出，牛和鹿在吃草时，头与磁场对齐，塔利·金姆奇（Tali Kimchi）和约瑟夫·特克尔（Joseph Terkel）研究了盲鼹鼠的挖洞筑巢习性，而弗拉斯蒂米尔·哈特（Vlastimil Hart）等人则认为，狗对地球磁场的微小变化敏感。

*当我们对比时间感和基于磁场的方向感时……*贝克补充道："时间感和磁场方向感之间的唯一主要区别可能和睡眠有关。虽然自然选择可能会让时间感在睡眠状态下依旧发挥作用，但对所有陆生脊椎动物而言，如人类，自然选择几乎不可能使动物在睡着时维持方向感。"这为解释长途汽车旅行中容易睡着带来了新的启示。

*基尔施文克的人类磁感受实验室 ……*基尔施文克的实验室有一个很棒的网

站——"欢迎来到加州理工学院的磁场实验室",网站上还展示了人类法拉第笼的图片（https://maglab.caltech.edu）。

*人们对这篇论文的反应褒贬不一……*微波相关引语来自索尔斯腾·里茨[Thorsten Ritz,凯莉·瑟维克（Kelly Servick）在《人类可能感受地球磁场》中论述过]；"我们现在应该知道"的引语来自克劳斯·舒尔腾（Klaus Schulten）（《我们的大脑可能会感知地球的磁场,就像鸟类一样》）。里茨和舒尔腾在该领域以提出隐花色素理论著名。

*同样,根据认知科学家莱拉·博罗季茨基的说法……*她主要研究库克萨优里语。她的TED演讲《语言如何塑造我们的思维方式》阐述了他们在日常对话中使用的基本方位,以及她生活在他们之中的其他经历。

采访和个人交流:鲍勃·吉尔、李·蒂比茨、亨里克·穆里森和乔·基尔施文克等。

Robin Baker, 'Goal orientation by blindfolded humans after long-distance displacement: possible involvement of a magnetic sense', *Science*, 210:4469 (31 October 1980), 555–7

Robin Baker, *Human Navigation and the Sixth Sense*, Touchstone, 1981 Robin Baker, *Human Navigation and Magnetoreception*, thirtieth anniversary edition, Hard Nut Books, 2017

Sabine Begall et al., 'Magnetic alignment in grazing and resting cattle and deer', *Proceedings of the National Academy of Sciences*, 105:36 (2008), 13451–5

Tim Birkhead, *Bird Sense: What It's Like to Be a Bird*, Bloomsbury, 2012

F. A. Brown et al., 'A magnetic compass response of an organism', *Biological Bulletin*, 119: 1 (August 1960), 367–81

Alessandro Cresci et al., 'Glass eels (*Anguilla anguilla*) have a magnetic compass linked to the tidal cycle', Science Advances, 3:9 (2017), 1–8

C. R. Darwin, 'Origin of certain instincts', *Nature. A Weekly Illustrated Journal of Science* 7 (3 April 1873), 417–18

Guy Deutscher, *Through the Language Glass: Why the World Looks Different in Other Languages*, Arrow, 2011

P. V. Driscoll and M. Ueta, 'The migration route and behaviour of eastern curlews

Numenius madagascariensis', Ibis, 144 (2002), E119–30

E. Egevang et al., 'Tracking of Arctic terns *Sterna paradisaea* reveals longest animal migration', *Proceedings of the National Academy of Sciences*, 107:5 (2010), 2078–81

S. T. Emlen, 'Migratory orientation in the indigo bunting, *Passerina cyanea*, part I: evidence for use of celestial cues', *Auk* 84:3 (July 1967), 309–42

S. T. Emlen, 'Migratory orientation in the indigo bunting, *Passerina cyanea*, part II : mechanism for celestial orientation', *Auk*, 84:4 (July 1967), 463–89

S. Engels et al., 'Anthropogenic electromagnetic noise disrupts magnetic compass orientation in a migratory bird', *Nature*, 509 (2014), 353–6

Lauren E. Foley et al., 'Human cryptochrome exhibits light-dependent magnetosensitivity', *Nature Communications*, 2:1 (2011), 1–3

Robert E. Gill Jr et al., 'Extreme endurance flights by landbirds crossing the Pacific Ocean: ecological corridor rather than barrier?', *Proceedings of the Royal Society*, 276 (2009), 447–57

J. L. Gould and K. P. Able, 'Human homing: an elusive phenomenon', *Science*, 212 (29 May 1981), 1061

P. A. Guerra et al., 'A magnetic compass aids monarch butterfly migration', *Nature Communications*, 5:4164 (2014), 1–8

Vlastimil Hart et al., 'Dogs are sensitive to small variations of the earth's magnetic field', *Frontiers in Zoology*, 10:80 (2013)

Hamish G. Hiscock et al., 'The quantum needle of the avian magnetic compass', *Proceedings of the National Academy of Sciences*, 113:17 (2016), 4634–9

Tali Kimchi and Joseph Terkel, 'Magnetic compass orientation in the blind mole rat', *Journal of Experimental Biology*, 204 (2001), 751–8

Joe Kirschvink, 'Radio waves zap the biomagnetic compass', *Nature*, 509 (2014), 296–7

J. L. Kirschvink et al., 'Magnetite biomineralization in the human brain', *Proceedings of the National Academy of Science*, 89:16 (1992), 7683–7.

Gustav Kramer, 'Experiments on bird orientation', *Ibis*, 94:2 (April 1952), 265–85

Kenneth J. Lohmann, 'Magnetic remanence in the western Atlantic spiny lobster',

Journal of Experimental Biology, 113 (1984), 29–41

Kenneth J. Lohmann et al., 'Geomagnetic map used in sea-turtle navigation', *Nature*, 428 (2004), 909–10

F. W. Merkel and W. Wiltschko, 'Magnetismus und Richtungsfinden sugunruhiger Rotkehlchen', *Vogelwarte*, 23 (1965), 71–7

Henrik Mouritsen, 'Long-distance navigation and magnetoreception in migratory animals', *Nature*, 558 (June 2018), 50–9

John Phillips, 'Magnetic compass orientation in the Eastern red-spotted newt', *Journal of Comparative Physiology A*, 158 (1986), 103–9

Nathan. F. Putnam et al., 'Evidence for geomagnetic imprinting as homing mechanism in Pacific salmon', *Current Biology*, 23 (2013), 312–16

T. Ritz and K. Schulten, 'A model for photoreceptor-based magnetoreception in birds', *Journal of Biophysics*, 78:2 (February 2000), 707–18

K. Schulten, 'Our brains might sense earth's magnetic field like birds', *New Scientist*, 18 March 2019

K. Servick, 'Humans may sense earth's magnetic field', *Science,* 363:6433 (March 2019), 1257–8

I. A. Solov'yov et al., 'Acuity of cryptochrome and vision-based magnetoreception system in birds', *Biophysical Journal*, 99 (July 2010), 40–9

H. Vali and J. Kirschvink, 'Observations of Magnetosome Organization, Surface Structure, and Iron Biomineralization of Undescribed Magnetic Bacteria: Evolutionary Speculations,' I*ron Biominerals*, eds R.B. Frankel and R. P. Blakemore, Springer, 1991

C. X. Wang et al., 'Transduction of the geomagnetic field as evidenced from alpha-band activity in the human brain', *eNeuro*, 6:2 (18 March 2019)

E. Warrant et al., 'The Australian Bogong moth: a long distance nocturnal navigator', *Frontiers of Behavioural Neuroscience* 10:77 (2016), 1–17

G. W. Westby and K. J. Partridge, 'Human homing: still no evidence despite geomagnetic controls', *Journal of Experimental Biology*, 120 (1986), 325–31

Keith Woodley, *Godwits: Long Haul Champions*, Raupo Publishing, 2009

第12章 普通章鱼和我们的本体感觉

*章鱼是著名的逃脱艺术家……*关于章鱼的机智、聪明等故事，见詹妮弗·马瑟（Jennifer Mather）的《章鱼：海洋的智慧无脊椎动物》（*Octopus: The Ocean's Intelligent Invertebrate*）和西·蒙哥马利（Sy Montgomery）的《章鱼的灵魂》（*The Soul of an Octopus*）。

让它能够通过皮肤和吸盘"品尝"世界的化学感受器……"品尝"用引号括起来，是因为正如汤姆·芬格在他2009年的文章《"美味的"拥抱》（*A "tasty" embrace*）中所写的那样，这种动物的吸盘化学感受器是否应被视为"味觉"系统的一部分，还存有争议。"章鱼似乎使用触手上的化学感受器来定位食物，就像鲇鱼用胡须上的味蕾在环境中定位食物一样。尽管章鱼和鲇鱼的味觉系统存在这些相似性，但它们是分别进化的。相似性来自趋同，而不是共同的起源。"

*人类拥有大约2万个肌肉纺锤体……*除了肌肉纺锤体外，我们的身体还有其他本体感受器。将肌肉连接到骨骼的韧带和肌腱也有本体感受器。

*我们在闭上眼睛时也能用手指摸到鼻尖……*医生、神经学家以及威胁开罚单的警察经常用这个动作检测本体感觉。这种感官会被酒精迅速麻木，因此无法执行这项简单的任务就是醉酒的可靠依据。

*正如奥利弗·萨克斯所指出的那样，哲学家路德维希·维特根斯坦……*萨克斯在他的著作《错把妻子当帽子》中的"被抽离了肉体的女士"一章中探索了本体感觉。他在谈到维特根斯坦时写道："丧失身体的确定性，丧失本体感觉这一感官，这样的想法似乎像噩梦一样萦绕在他的最后一本书里。"

*这正是一个来自英国朴次茅斯的19岁少年在1971年5月一天的遭遇……*乔纳森·科尔在他的著作《骄傲和每日马拉松》（*Pride and a Daily Marathon*）及其续作《失去触觉：一个没有身体的人》（*Losing Touch: A Man without his Body*）中讲述了伊恩·沃特曼的故事。英国广播公司《地平线》（*Horizon*）摄制组在1998年还制作了一部名叫《失去身体的男人》（*The Man who Lost his Body*）的纪录片。

*乔纳森诊断沃特曼患有……*急性感觉神经病变综合征非常罕见，直到1980年才被纽约神经学家赫伯·绍伯格（Herb Schaumberg）发现。

*沃特曼和老墨在任何特定时刻都不知道自己的肢体在什么位置……*阻止章鱼将自己打结的感官实际上是"味觉"。霍克纳及其同事（N. Nesher, et al, 2014）已经

表明，它们能识别自己皮肤的味道，这样就能抑制吸盘的吮吸反射。

*为了避免大脑超负荷，章鱼独特的进化解决方案是……*实际上，霍克纳实验室团队的莱蒂齐亚·祖洛（Letizia Zullo）等人也研究了章鱼的大脑，但没有找到经典触觉地图（见星鼻鼹鼠那一章）的证据，于是他们得出结论，章鱼的大脑无法监测到触手的位置。

《剑桥意识宣言》……2012年7月7日，在剑桥大学举办的关于人类和非人类意识的弗朗西斯·克里克纪念大会上，该宣言得到了公开赞扬。当晚，在史蒂芬·霍金（Stephen Hawking）的见证下，众多著名科学家在当地的杜文酒店签署了该宣言。

一些哲学家提出……意识的分裂……例如，卡尔斯-迪亚曼特（Carls-Diamante）通过章鱼来说明"意识并不一定是统一的"，并提供了"统一意识是智慧行为的先决条件这一断言的反例"。

采访和个人交流：本尼·霍克纳、伊恩·沃特曼和乔纳森·科尔等。

J. S. Altman, 'Control of accept and reject reflexes in the octopus', *Nature*, 229 (15 January 1971), 204–6

Aristotle, *The History of Animals, Book IX*, trans. D'Arcy Wentworth Thompson, Oxford University Press, 1910

Dan Bilefsky, 'Inky the octopus escapes from a New Zealand aquarium', *New York Times*, 13 April 2016

S. Carls-Diamante, 'The octopus and the unity of consciousness', *Biological Philosophy*, 32 (2017), 1269–87

Jonathan Cole, *Pride and a Daily Marathon*, Gerald Duckworth & Co., 1991 Jonathan Cole, *Losing Touch: A Man without his Body*, Oxford University Press, 2016

Thomas E. Finger, 'Evolution of taste from single cells to taste buds', *Chemosense*, 9:33 (December 2009), 1–6

Peter Godfrey-Smith, *Other Minds: The Octopus, the Sea and the Deep Origins of Consciousness*, Farrar, Straus and Giroux, 2016; published in the UK as Other Minds: The Octopus and the Evolution of Intelligent Life, William Collins, 2017

Peter Godfrey-Smith, 'Octopus experience', *Animal Sentience*, 26:18 (2019), 270–5

Pasquale Graziadei, 'Muscle receptor in cephalopods', *Proceedings of the Royal Society of London B*, 161 (January 1965), 392–402

Pasquale Graziadei, 'The nervous system of the arms', in J. Z. Young (ed.), *The Anatomy of the Nervous System in Octopus Vulgaris*, Clarendon Press, 1971

T. Gutnick et al., 'Octopus vulgaris uses visual information to determine the location of its arm', *Current Biology*, 21 (22 March 2011), 460–2

Y. Guttfreund et al., 'Organization of octopus arm movements: a model system for studying control of flexible arms', *Journal of Neuroscience*, 16:22 (15 November 1996), 7297–307

Y. Guttfreund et al., 'Patterns of motor activity in the isolated nerve cord of the octopus arm', *Biological Bulletin,* 211 (December 2006), 212–22

Binyamin Hochner, 'Octopuses', *Current Biology*, 18:19 (2008), R897–8 'Inky's done a runner: the great octopus escape', *New Zealand Herald*, 13 April 2016

Harper Lee, *To Kill a Mockingbird*, J. B. Lippincott, 1960

Jennifer Mather, *Octopus: The Ocean's Intelligent Invertebrate*, Timber Press, 2010

Sy Montgomery, *The Soul of an Octopus: A Surprising Exploration into the Wonder of Consciousness*, Simon & Schuster, 2015

Thomas Nagel, 'What is it like to be a bat', *Philosophical Review*, 83:4 (1974), 435–50

N. Nesher et al., 'Self-recognition mechanism between skin and suckers prevents octopus arms from interfering with each other', *Current Biology*, 24 (2 June 2014), 1271–5

Eleanor Ainge Roy, 'The great escape: Inky the octopus legs it to freedom from an aquarium', *Guardian*, 13 April 2016

Oliver Sacks, 'The disembodied lady', in *The Man Who Mistook His Wife for a Hat*, Picador, 1986

Charles Sherrington, *The Integrative Action of the Nervous System*, Scribner, 1906

G. Sumbre et al., 'Control of octopus arm extension by a peripheral motor program', *Science*, 293:5536 (7 September 2001), 1845–8

M. J. Wells, *Octopus: Physiology and Behaviour of an Advanced Invertebrate,* Springer, 1978

Ludwig Wittgenstein, *On Certainty, Blackwell,* 1969

L. Zullo et al., 'Nonsomatotopic organization of the higher motor centres in octopus', *Current Biology*, 19 (13 October 2009), 1632–6

鸭嘴兽——后记

自然史展厅助理馆长乔治·肖博士……肖还是英国皇家学会会员和林奈学会的创始成员。简而言之，他是一位经验丰富的博物学家。从1789年8月到1813年7月，他每月出版一期《博物学家杂记》。

"我几乎怀疑自己的亲眼所见"……肖继续写道："在已知的所有哺乳动物中，它的构造似乎是最奇特的；其样貌非常像把鸭子的嘴移植到某种四足动物头上。"

"我们的大脑被设置得只能检测到周围环境中极小的一部分"……2011年，当Edge组织询问科学家"什么样的科学概念可以改善每个人的认知工具包？"时，大卫·伊格曼选择了周围境。

David Eagleman, 'The Umwelt', in John Brockman (ed.), *This Will Make You Smarter: New Scientific Concepts to Improve Your Thinking*, Black Swan, 2013

Brian Hall, 'The paradoxical platypus', *BioScience*, 49:3 (March 1999), 211–18

Ann Moyal, *Platypus: The Extraordinary Story of How a Curious Creature Baffled the World*, Allen & Unwin, 2001

George Shaw, 'The duck-billed platypus', *General Zoology or Systematic Natural History*, Vol. 1, London, 1800

George Shaw and Frederick Nodder, *The Naturalist's Miscellany, Part 10*, London, 1799, Plates 385–6

Jakob von Uexküll, *Innenwelt und Umwelt der Tiere*, Verlag von Julius Springer, 1909